SEA POWER

The History and Geopolitics of the World's Oceans

海權爭霸

世界7大海洋的歷史與地緣政治
全球列強戰略布局與角力

詹姆斯·史塔萊迪
ADMIRAL JAMES STAVRIDIS

譚天——譯

獻給所有離鄉背井、漂洋過海的水手

也獻給倚門望著水手返家的蘿拉（Laura）、
克莉絲汀娜（Christina）與茱莉亞（Julia）

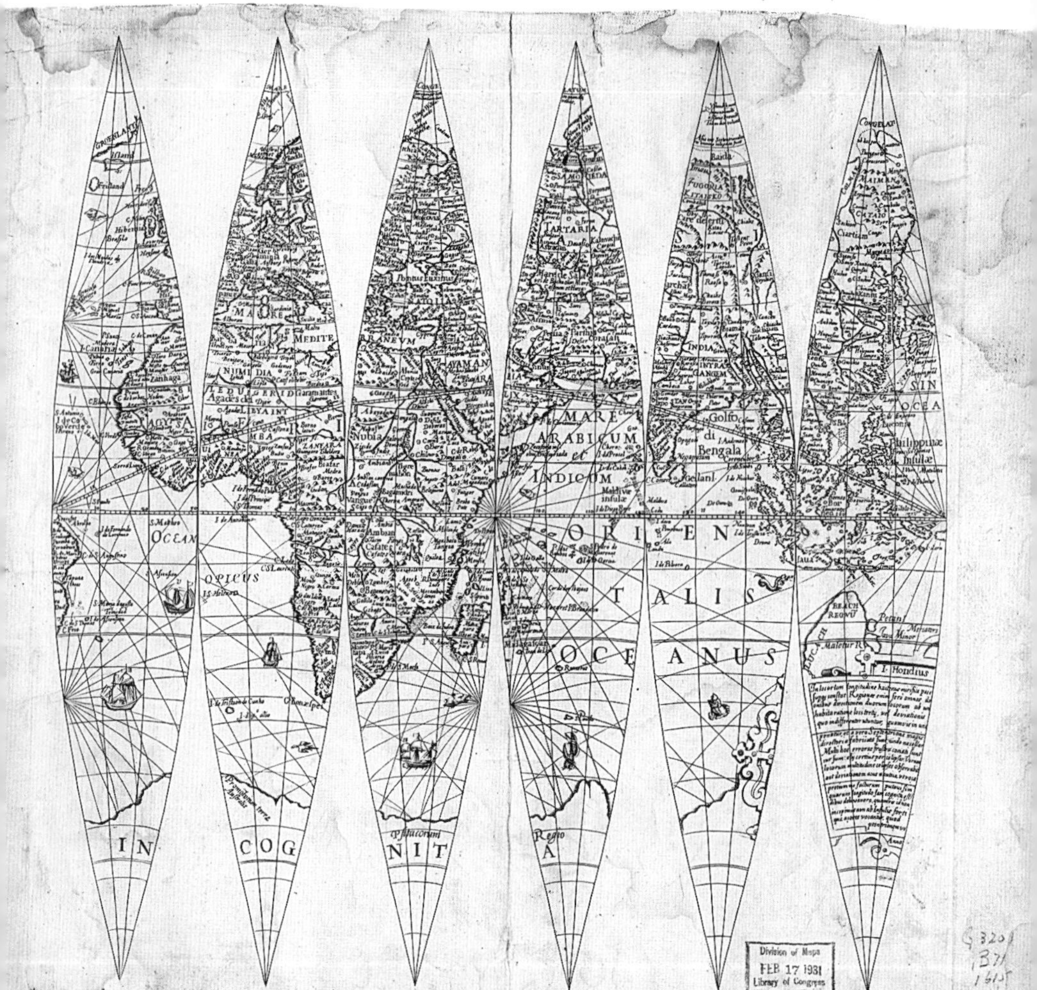

這是約杜柯・杭迪尤斯（Jodocus Hondius）於1615年繪製的世界海洋地圖。雖說這張地圖畫得精緻詳盡，頗令人動容，但海圖輪廓四百年來的變化也大得驚人。

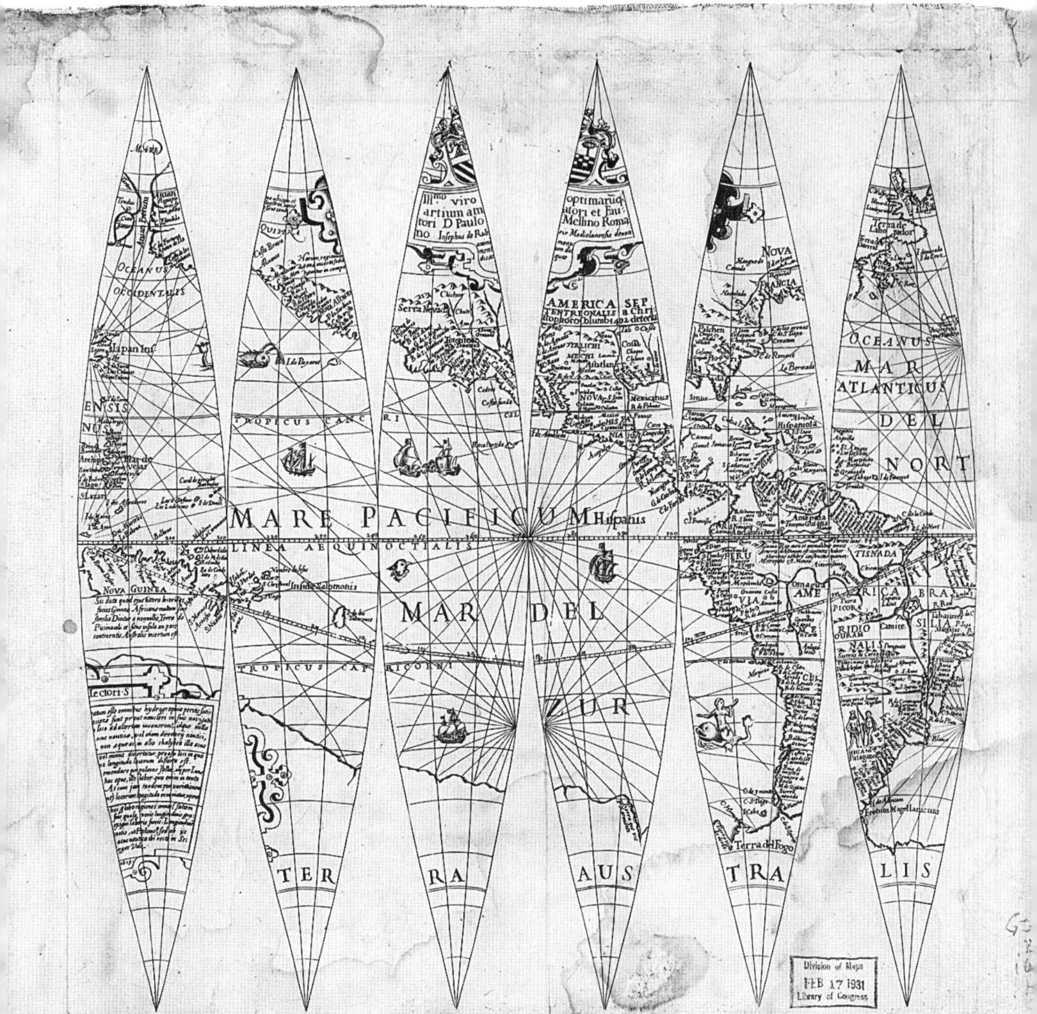
OCEANUS OCCIDENTALIS
Iapan Ins.
NOVA GUINEA
Lectori S.
QUIVIRA
I de Pazaros
Illmo viro artium amatori et Fautori D Paulo Mellino Romano Iosephus de Rubeis
Serra Nevada
AMERICA SEPTENTRIONALIS a Christophoro Columbo 1492 detecta
NOVA FRANCIA
Hispaniola
TROPICUS CANCRI
MARE PACIFICUM
Hispanus
LINEA AEQUINOCTIALIS
Insulae Salomonis
MAR DEL ZUR
TROPICUS CAPRICORNI
PERU
AMERICA
BRASILIA
Fretum Magellanicum
Terra del Fogo
OCEANUS MAR ATLANTICUS DEL NORT
TER RA AUS TRA LIS
Division of Maps
FEB 17 1931
Library of Congress

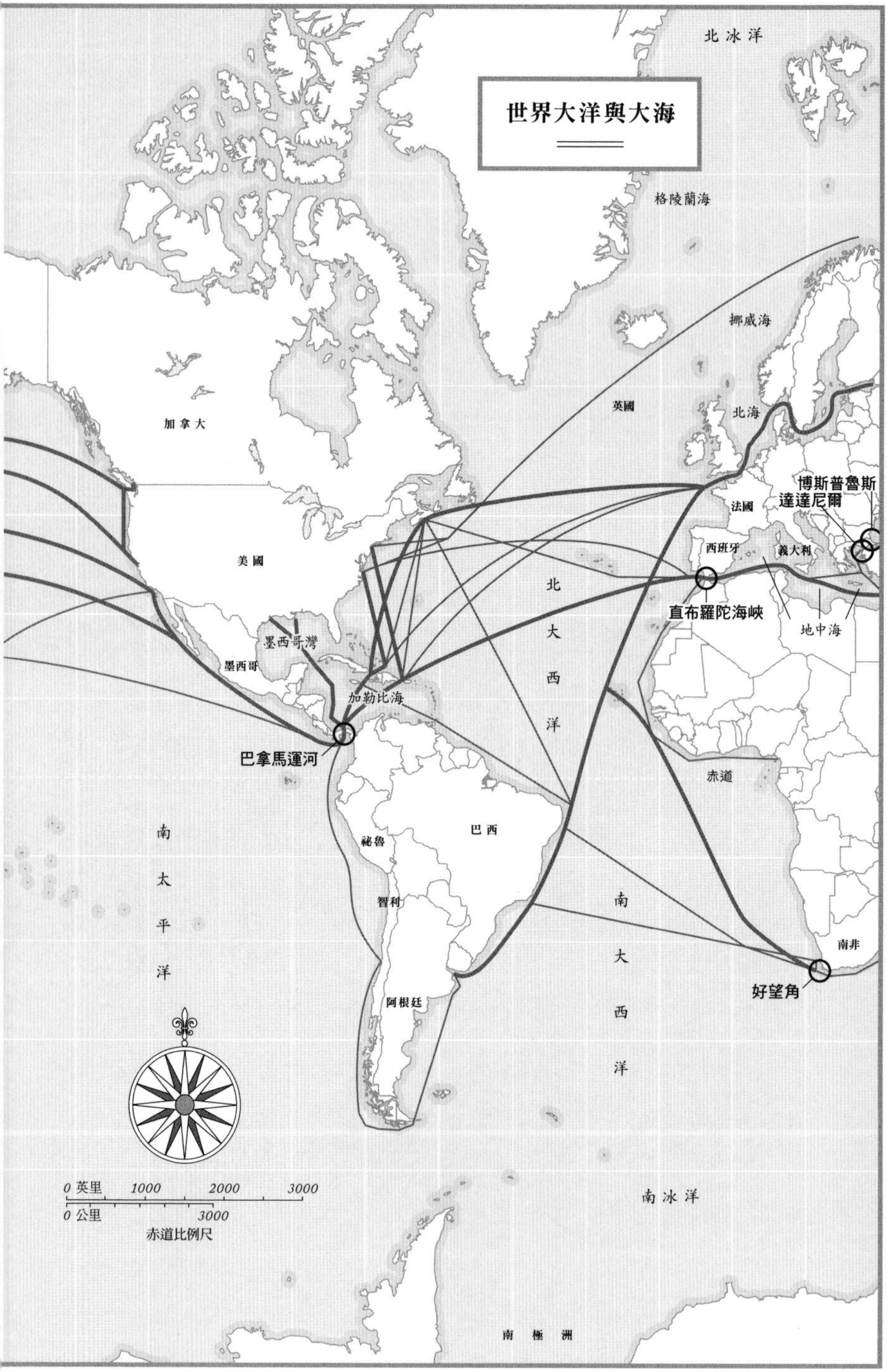
世界大洋與大海
北冰洋
格陵蘭海
挪威海
英國
北海
加拿大
美國
法國
博斯普魯斯
達達尼爾
西班牙
義大利
直布羅陀海峽
地中海
墨西哥灣
墨西哥
加勒比海
北大西洋
巴拿馬運河
赤道
巴西
祕魯
智利
南太平洋
南大西洋
南非
好望角
阿根廷
0 英里 1000 2000 3000
0 公里 3000
赤道比例尺
南冰洋
南極洲

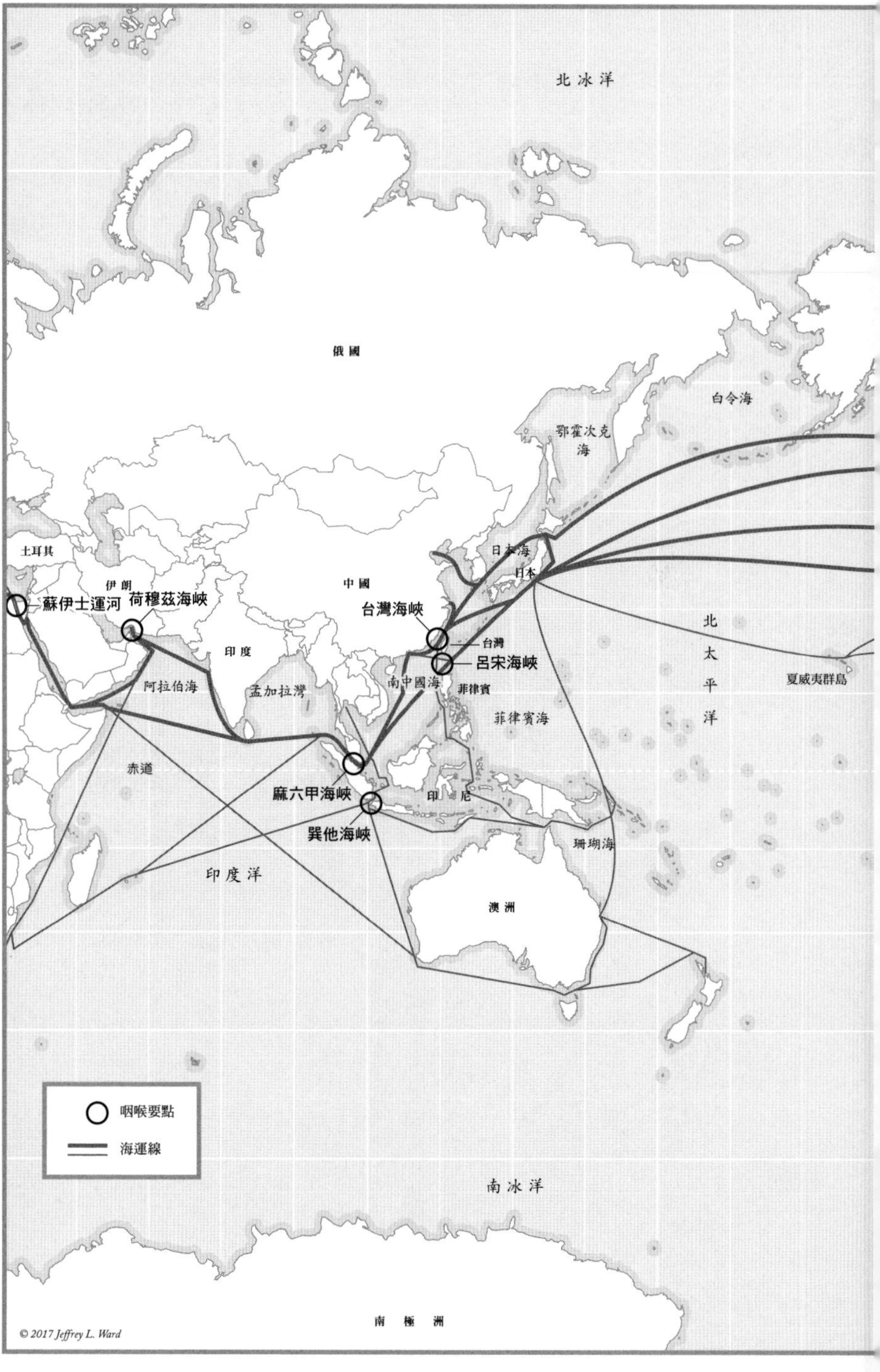

圖中顯示全球各大海運路線、重要海港與咽喉吞吐要點。這些海運線是全球經濟的命脈。

海權爭霸

世界7大海洋的歷史與地緣政治，全球列強戰略布局與角力

目次

的水手，不是開發陸地的殖民者。直到十五與十六世紀，在強悍的葡萄牙人帶頭下，來自南歐較暖地區的航海家才不僅探勘，還從海上與陸地發現、殖民了大西洋世界。

第三章 **印度洋：未來之海** 117

五〇%的海運與貨櫃、七〇%的石油經由這裡進出，使它成為名副其實的全球化十字路口。在進入二十一世紀的今天，我們需要時刻不忘將巨大的印度洋與較小、但極端重要的阿拉伯灣納入考量。比起與它稱兄道弟的大西洋與太平洋，印度洋更加詭譎多變，難以捉摸。印度洋地緣政治如何發展，將成為二十一世紀整體地緣政治走勢的重要指標。

第四章 **地中海：海戰發源地** 155

人類的海上地緣政治旅途以地中海為真正開端。人類在自古以來飄洋過海的旅途中，首先萌生海上作戰構想、之後進一步加以精煉的地點就在地中海。也因此，在早期世界史，至少就戰史而言，能夠以這種開端自居的也只有地中海。如果千百年來葬身海上水手屍骨突然都能浮上海面，你一定可以踏著他們遺骸跨越整個地中海。

推薦序一

二十一世紀是海洋世紀

國立中正大學戰略暨國際事務研究所教授兼社會科學院院長

宋學文

隨著社會經濟發展，陸地可供開發的資源減少，世界各海洋大國之間在海洋經濟、科技、資源、海權等方面的競爭日益激烈。因此利用海洋、保護海洋、認識海洋是沿海國家緩解人口、資源和環境壓力的重要途徑，也是經濟發展、強化糧食、交通與能源安全的重要戰略作法。

史塔萊迪上將將其投身海軍軍官生涯近四十年寒暑的親身體驗，其精華濃縮於此書中；在本書中詳細介紹七大海洋（包含太平洋、大西洋、印度洋、地中海、南中國海、加勒比海及北冰洋）如何成為人類史的推手，如何在當前地緣政治進程上扮演重要角色。而當中又以太平洋與南中國海與台灣最切身相關。

太平洋為海洋之母，為地球上五大洋中面積最大、最深，以及島嶼、珊瑚礁最多的海洋。太平洋地區共有十八個國家，這些國家雖小，但資源豐富，戰略位置極為重要。環太平洋地區在自然和經濟方面具有豐富的多樣性，經濟發展上有世界三大經濟強國：美國、中國與日本皆在此地區。經濟學家們預測，未來世界的經濟中心將由傳統的歐洲、北美東部轉向環太平洋地區。

南中國海（South China Sea）又稱南海，是一座半閉鎖海（semi-enclosed sea），位於東南亞的陸緣，總面積大約有八十萬平方公里。南海航道已成為東亞國家如中國大陸、台灣、日本與韓國等國家海運之主要路徑，許多船隻從印度洋穿越麻六甲海峽後，通過南沙群島，北走台灣海峽至上述國家，或穿過巴士海峽經太平洋至美洲大陸，這條航道每年約有十萬艘船舶通過，全球每年約有高達五兆美元海運貿易必須通過南海水域。南海油輪航量是蘇伊士運河的三倍，更是巴拿馬運河的五倍，占全球總共二五％的原油運量。南海因戰略地位重要，且擁有許多豐富的天然資源與石油等礦產，近年來各國紛紛在此區域內填海造陸，或進行占駐，更進一步引發區域的緊張。

在此水域之中，共有四個島群，其中東沙群島目前由台灣所管轄；西沙群島自一九七四年一月以來由中國大陸所占領；中沙群島終年由海水所覆蓋；南沙群島則有六個國家分別主張全部或部分主權，因此南沙群島的情形特別複雜。除了中、越兩國對兩個群島的主權爭議之外，汶萊、馬來西亞、菲律賓等國也對南沙群島及部分島嶼、島礁和淺沙有主權要求或具實質管轄權力。依據二〇〇九年的一項報導，南海地區計有島礁一百九十二個，在五十三個島礁擁有主權爭議者計中華民國（太平島）、中華人民共和國（占島十一個）、越南（占島二十八個）、菲律賓（占島十個）、馬來西亞（占島四個）及汶萊（宣稱對南通礁擁有主權）等，分別主張全部或部分的南海島嶼主權。現駐兵力以越南兩千餘人最多，中共近六百人居次，菲律賓一百餘。台灣海岸巡防署在太平島設立了南沙指揮部，總兵力約一百一十人，太平島是南沙群島中原面積最大的島，並擁有南沙群島僅有的天然淡水，這些因素使得此島成為南沙群島中最具戰略價值的島嶼。

儘管南海長期以來即有各島礁主權歸屬之爭議，但自第二次世界大戰結束之後至二十世紀末，亞太各國並未因這些島礁之主權爭議而引發大規模軍事衝突，其主要原因為對此地區有影響力的國家，包括美國、中國、日本、印度及東協十國在二〇〇〇年代前大都致力於區域之經貿發展及合作，而較少在這些有爭議的島礁上進行嚴肅的外交談判或重大的軍事舉措。但這些並不表示南海的戰略重要性或島礁爭議之政治敏感性不被重視，而是相關各國採取相對保守或「收斂」的政策使然。

自二十一世紀之後，隨著亞太地區的經貿日益重要，南海的戰略地位也跟著提升，包括中國與南海諸國對南海主權之主張或認知的差異日增，造成南海區域的張力越來越大。中國崛起後，在南海採取較強硬之外交政策與軍事措施，的確與菲律賓、越南有了較大的緊張關係；南海主權爭議所呈現的面貌，是中華人民共和國、中華民國、菲律賓、越南、馬來西亞及汶萊等六國在南海主權相關的申索國之南海島礁主權爭議問題，但其本質卻是美－中競合在全球爭霸之國際權力分配的結構性問題，以及亞太區域和平、穩定及安全之問題。

近十年來隨著印度國力之興起，及日本與澳洲對南海之重視，由美、日、印、澳所強調之印太戰略，未來必將對南海要求越來越大的發言權。二〇一七年十一月亞洲行的行程中，美國總統川普一改華府慣例，以「印太」取代「亞太」用語，而「印太戰略」隱含著制衡中國的用意。目前，美國堅持南海之「自由航行權」及維持南海海事系統之開放，已明顯表示美國視南海海域為公海，並希望南海爭議可以透過「多邊機制」來解決，而此精神也將反映在印太戰略上；而中國雖強調中國會尊重國際法，但中國也多次強調南海主權問題需在尊重歷史和和國際法的基礎上進行雙邊磋商。中國堅持中國歷史上在南海主權，特別是九段線主張立場，且強調透過區域內國家之協商或雙邊協議來處理南海爭議。南海主權爭議的本質並非一個有關南海島礁主權爭議的單純法律問題，而更是一個有關亞太區域權力平衡，乃至全球權力分配的問題，或中、美兩強在亞太甚至全球爭奪霸權的問題。

除了太平洋及南中國海，史塔萊迪上將於本書中提到海權制衡陸權的重要性。隨著亞太地區之政經地位日益重要，及日漸茁壯的中國，美國為了維持其在世界之領導權，已將其全球戰略布局之重心逐漸移向印太地區。綜觀近年來美中關係在亞太區域的發展，可以清楚見到美、中之間因權力或國家利益考量而出現「既競又合」的現象。中國崛起後，亞太區域經貿、政治與安全皆出現一些新的變化，這些新變化包括各國對中國經貿市場或互賴需求之日增，但在另一方面印太地區各國又期待美國提供其區域安全的保障。美國總統川普在上任之後對中國展開一系列之經貿制裁措施，至二〇一八年三月中美貿易大戰拉開序幕，美、中兩強在經貿上之衝突與對立更加白熱化，美、中貿易的衝突其實正反映了美、中兩強在國際體系上霸權之競爭。在此同時，中國在南海群島之主權爭議與資源開發立場上日趨強硬，亦使亞太區域之安全問題更具張力；再加上菲律賓及越南皆在南海主權爭議上，對中國終將採取更強硬立場，而進一步致使區域安全及穩定受到挑戰，這些因素又致使美國在亞太的涉入更形重要且益為深入。未來十年內，美、中兩強之競合，將在太平洋與印度洋區域碰撞出全球權力結構性之轉化，而亞太各國包括台灣將面臨自二次世界大戰結束以來，最大的挑戰與契機。台灣宜利用此區域權力結構重整之際，更積極開拓印太地區的經貿、文化及區域性組織之參與，使台灣能為印太區域之和平、穩定及繁榮有更多的貢獻。

推薦序二

讓台灣成為真正的海洋國家

國立中山大學海洋事務研究所助理教授
高世明

海洋，在今日陸地與島嶼可說都已經被特定國家有效控制的情況下，已是全球各國關切之重點領域。然而，海洋與陸地最大的不同在於，海水是流動的，沒有任何國家或個人可以阻止海水從這個區域流至另一個區域。因此，雖然我們在區分上會把海洋分為幾大洋區，但事實上不論從海權或海洋法之角度觀之，海洋就只有一個。以目前被稱為「海洋憲章」（A Constitution for the Oceans）的一九八二年《聯合國海洋法公約》，其原始的概念即是「一個海洋，一部憲章」，事實上與作者在前言所說的「萬海歸宗」是不謀而合的。

本書係作者從其過去在海軍的歷練出發，分別針對不同洋區或海域中過去在海權上所發生過的歷史、作者過去所經歷之事務或是遭遇到的問題，逐一加以介紹。譬如，介紹太平洋區時當然不忘介紹珍珠港過去被日軍偷襲之歷史；介紹大西洋時一定要介紹維京人時期在海上之擴張，對海權歷史有興趣之讀者提供了對照之資料呈現。此外，作者在文中也針對美國海軍各船艦在海上航行時之各項運作進行介紹，包括海上加油、整補、甚至作者不小心駕駛船艦撞擊碼頭等經驗，這些經驗要不是曾在海軍服役過，大概都沒有機會可以親身經歷。因此，本書對各洋區海權發展之歷史、海軍運作等內容有興趣的讀者，其內容中有許多值得留意之處，亦值得細細再三品味。

本人過去亦是志願役海軍士官退役，曾在我國成功級艦服務三年，也很幸運地參與了中華民國第一次跨越太平洋至中美洲友邦進行訪問之敦睦艦隊，對海軍之運作及各項作為都有著深刻的印象。在該次敦睦支隊出訪時，途中經過換日線、巴拿馬運河、赤道等極具紀念性的地方，船上都會依據過去的傳統舉辦各種慶祝或祈福儀式，讓航行能更加順利。同時，在海上也是隔幾天就得進行一次海上加油或整補的工作，雖然忙碌也不輕鬆，但都是難忘的回憶。因此，對於作者在文中提到的各項海軍作為，本人都有著深刻的體認，也能證明作者所言不假，畢竟這些事本人也都經歷過。海軍是國家海權力量的延伸，只有當國家重視海權的情況下，其所屬海軍艦隊才會強大，也才有能力巡弋在各大洋區。雖然中華民國海軍沒有辦法像美國海軍那樣的強大，但是在東亞地區卻僅次於中國及日本等國，亦有跨洋敦睦的能力，實力仍不容小覷。

然而，我國海軍在維護我國在海上權益之作為，與美國海軍存在著不小的落差。事實上，我國在島嶼主權與海域主張上，與周邊國家一直存在著爭議。譬如在東海，我國與日本及中國在釣魚台列嶼主權及海域管轄權（包括大陸礁層上之石油天然氣及漁權等）一直存在爭議；我國在東部海域與日本與那國島間存在海域劃界爭議。在南海部分，我國一向主張享有南海諸島之主權及U型線內海域之管轄權，也因此與南海周邊國家（如越南、菲律賓、馬來西亞、汶萊及中國）產生爭議；我國也與菲律賓在專屬經濟海域劃界上產生爭議，廣大興二十八號之發生就是最好的例證。因此，我國在周邊海域上並不是「太平盛世」，反而是「多事之秋」。在周邊國家想謀取我國相關海權時，政府自然要據理力爭，海軍力量的展現事實上就是政府維護國家海權的第一考量。

以美國的作法而言，如同作者在書上所說，只要在某個海域涉及到美國的利益時，第一時間美國海軍就會馳赴該地確保該國權利。然而，令人洩氣的是，我國海軍在使用上卻一直受限於「用兵即是動武」之迷思，在考量「兩岸關係微妙」、「台日關係微妙」及「台菲關係微妙」的情況下，我國雖然有四艘基隆級驅逐艦及為數不少之飛彈巡防艦，但在面對上述海域爭議時卻鮮少看到如美國海軍一樣被布署在爭議區域，反而都是派遣本質上應屬「執法警察」身分之海巡署船艦至爭議海域。

事實上，海軍外交之理論一再告訴我們，「用兵不等於動武」，只有在海上軍艦艦長對艦長，才有在談判桌上外交官對外交官的機會。如果「用兵等於動武」，那美國海軍每分每秒都有軍艦在各大洋區巡弋，豈不就是天天在打仗？英國與冰島的「鱈魚戰爭」及加拿大與西班牙的「大比目魚戰爭」，兩造當事方都是出動海軍軍艦在海上對峙，最後不只沒有引發軍事衝突，反而都是透過外交與司法途徑和平解決，就是最好的例證。我國這種派「警察」或「警車」對抗他國「軍人」與「坦克車」以維護國家主權之作法，不僅與海軍外交之理論完全背道而馳，也與作者在文中所提美國海軍之作為大相逕庭。

對我國而言，海洋不應像過去再被視為是「他國入侵我國的天然屏障」，反而應被當成是「他國入侵我國的康莊大道」，對自許為海洋國家的我國而言，更是「國家生存之重要命脈」。在確保我國家海洋權益不受他國侵害，以及我國能利用海洋維持生存命脈之目標上，海軍都是責無旁貸。誠摯推薦本書給大家，更希望不久的將來，我國也能像美國海軍一樣，善用海軍維護國家海權，讓我國真正能成為名副其實的海洋國家！

推薦序三

陸權與海權對抗，故事持續中

聯合報副總編輯、《全球瞭望》節目主持人
郭崇倫

海軍出身的史塔萊迪，是首位海軍將領出任北約最高指揮官，他在這本《海權爭霸》中，以自身當過艦長、美軍南部司令等經歷，談到了他所到過的七大洋（太平洋、大西洋、印度洋、地中海、南中國海、加勒比海、北冰洋）。

由於美國在二次大戰後，於七海所向無敵，他就是這個時代的產物，當然有某種傲慢的氣息，一個小故事最能說明：

他曾多次穿越蘇伊士運河，第一次是在一九九〇年代中期。當時只有三十八歲，是經驗青嫩的艦長，指揮一艘排水九千噸、官兵三百人的美國海軍驅逐艦。

當時要過蘇伊士運河是有陋習的，他不甩前埃及海軍軍官擔任的「專業領港員」的要索小費，決定省下一百美元的香菸錢，而以「非常珍貴」、繡有驅逐艦名號的棒球帽，加上熱誠的握手，作為替代禮物。

這當然讓領港員很不爽，史塔萊迪懷疑領港員有心使壞，決定靠自己的領航官與海圖，結果反而避免了擱淺的命運，他的反省是：「如果我們當時擱淺，我大概會以海軍中校官階退休，過一種非常不一樣的人生」。

但是我卻對這則小故事有不同的想法，當時埃及總統納瑟不惜與英法聯軍開戰，也要爭取對蘇伊士運河的主權，領港員再腐化，也是再行使主權的象徵，所有雙向的商船與軍艦，都必須在大苦湖停泊錯身，其中的深淺海圖，更是不足為他人所知的國防祕密，無論怎麼說，都輪不到由一個美軍海軍中尉領航官指揮通行。

對照此刻，正是美軍兩艘神盾級飛彈驅逐艦通過台灣海峽之際，這雖不是首次，過去行之有年，但這次是由美方與我方公開宣布，有特殊政治含義。

美國與我國斷交已近四十年，中共一直要求台美軍事合作的質與量都要逐步減少，美方為了爭取中共的戰略合作，一直配合，直到一九九五年台海危機，當時美軍派出兩個航母戰鬥群巡弋台海，以行動表達對台灣的安全保障。

但這也正是中共解放軍近年來建軍的目標——以實力排除美方的軍事干預，除了研發東風－21D型陸基飛彈「航母殺手」，俄製「基洛級」攻擊潛艦的引進，甚至這些年開始建造航母，以嚇阻美國介入，美國也不願刺激中國大陸，這幾年也較少聽聞美國航母行經台海。

然而這並不代表美國怕了中共，撤回對台承諾，中共今年一再軍機與軍艦繞島巡航，企圖政治恫嚇民進黨政府，引發美方強烈反應，這兩艘軍艦是美國航母雷根號的護衛船艦，特地脫隊，由台海北上，自東部南下，也來繞島巡航。

美軍不是只有這次對中共解放軍示威，最頻繁的是在南中國海的自由航行行動。與許多人認知不同的是，史塔萊迪強調，美國從來沒有棄守南中國海，在捲入第二次世界大戰之初，考慮到南中國海正是日本提供後勤支援的海上公路，美軍把南中國海列為關鍵性戰略目標，戰爭後期，盟軍採取跳島戰略，步步進逼，最終取得勝利。

越戰期間，美國以菲律賓群島為「迎風立足點」，在蘇比克灣興建巨型海軍與空中作戰設施，還有馬尼拉附近的克拉克空軍基地，都是為了在整個冷戰期間都能在南中國海享有主控權。

現在則是中國，它在南中國海水域建了幾個人工島，當作「三千英畝的航空母艦」使用（美國十萬噸級的航空母艦只有七英畝），中國還在人工島上建立機場、雷達與飛彈系統。

美國第七艦隊於是越來越頻繁地在大陸人工島的十二海浬內出沒，執行自由航行行動的任務，即以實際軍事行動來藐視大陸所宣稱的領海，只不過為了公平起見，也要到其他南海主權主張國的「領海」去逛逛，這包括我國的太平島，雖然太平島是南海最大的自然島，有權享有十二海浬的主權，但是美國不管。

作為協防時期拜訪過台灣的艦長，史塔萊迪對基隆與高雄印象極好，「兩個港都以醇酒、美女以及俱樂部消費便宜聞名」，但這不只是水手們愛停靠的港口而已，「就像地中海的西西里一樣，台灣也是兵家必爭的戰略要地，它像是南中國海的瓶塞，扼住韓國、日本、中國以及南方諸國之間的海上通道。馬漢在世，一定主張在台灣插旗，建一個加煤站」。

南中國海雖是現在衝突的熱點，史塔萊迪特別指出，但二十一世紀的重心在印度洋，近日美軍太平洋司令部改制為印太司令部，反映了美國開始強調印太戰略，事實上這是遲來的覺醒。

印度洋雖說比太平洋或大西洋都小，但它占有全球幾近四分之一的水域，特別是紅海與阿拉伯灣等幾個戰略要衝的水域，全球五〇％的海運與貨櫃、七〇％的石油經由這裡進出，使它成為名副其實的全球化十字路口。

尤其是擁有全球三分之一以上人口的近四十個國家濱臨印度洋，而主要的穆斯林國家，如巴基斯坦、印尼、孟加拉、伊朗、沙烏地阿拉伯、埃及以及波斯灣諸國都位於印度洋近岸，全球超過九成的伊斯蘭教人口生活在印度洋的懷抱。

印度洋更是不斷處於高度軍事緊張的地區，包括印度與巴基斯坦的世仇、中國與印度的對峙，更重要的是，印度洋位於什葉與遜尼兩大教派分界的特定地緣關係，讓美國不得不介入。

過去教派之爭並不重要，但自從巴勒維國王垮台，伊朗成為神權統治，敵視美國、發展核武，波斯灣入口的荷穆茲海峽淪入伊朗的控制下，美軍也從這一刻起，敵我分明地不再稱它為「波斯灣」，而改稱它為「阿拉伯灣」。

目前隨著川普上台，完全倒向遜尼派的沙烏地與聯合大公國，撕毀歐巴馬簽訂的伊朗核協議，更讓德黑蘭與華盛頓的冤仇更加深結，從這個角度，我們可以從拉攏印度對抗中國的狹隘視野拉開來看「印太戰略」。

要控制印度洋，美國其實有現成的導師，早在十九世紀，印度洋就已經成為一個英國湖，英國人的認知是清楚的：想控制印度就必須控制海道。英國一方面透過殘酷殖民手段取得所需的海軍基地，一方面與近岸諸國統治者建立複雜詭譎的聯盟與商貿協議。

誠如史塔萊迪在最後一章〈美國與海洋：二十一世紀的海軍戰略〉中所建議的，美國現在正仿效英國當時的策略，但不幸的是，美國發現在印度洋上出現了新競爭者——中國，北京除了經由一帶一路，與沿岸國家如巴基斯坦、斯里蘭卡、孟加拉、緬甸等國建立起聯盟關係，更在這些國家的要衝建立起軍民兩用的港口，形成美軍所謂的「一串珍珠」，完全照著英國的歷史教本在走。

地緣戰略學家麥金德曾說：「誰能統治東歐，誰就能控有腹地；誰能統治腹地，誰就能控有世界之島；誰能統治世界之島，誰就能控有世界」，史塔萊迪所心儀的海權論作者馬漢，就建議海權可以反過來制衡陸權，阻止陸權大國支配全球。

許多分析家曾經以此分析美蘇的冷戰：蘇聯擁有地緣政治上的內陸優勢，與蘇聯對抗的美國則是一個海洋國，擁有大海洋與地理位置的天然屏障，有一支強大的海軍，能（透過北約）與陸權盟國密切結合，使蘇聯無法完成支配「世界之島」的終極目標。

蘇聯雖然瓦解，但中國大陸取而代之，陸權與海權的對抗，重新開始進入延長賽。

前言
萬海歸宗

莎士比亞在他的不朽名劇《暴風雨》中，有「人生在世誰不逐夢，短暫一生不過是黃粱一夢」這樣一句感嘆人生的話。《暴風雨》以濁浪滔天的海上風暴為開場，莎翁這句警世名言也像那怵目驚心的海象一樣不時纏繞我心，令我感慨萬千。我投身海軍近四十年，若將四顧盡皆汪洋、舉目不見陸地的日子總加起來，也有近十一年。一望無垠的海洋就這樣蹉跎了我超過十年的歲月，也讓我編織了無盡的夢。在那段行船海上的日子，每當面對海洋，總讓我想到眼前景象，與古往今來，數不清的漁民、商旅、海盜、領港員，以及形形色色、搭乘大大小小船隻出海的人所見，豈非一樣？就一種方式而言，海是一種永恆。凝視它一小時、一天、一個月或一輩子，總能讓我們有人世苦短、蒼海一粟之嘆。

除了告誡人們不要高估自己小小人生之旅的重要性之外，莎翁這句話還讓我們想到人類究竟是什麼造成的。就本質而言，我們每個人大體上都是水組成的。嬰兒在出生時，身體約七〇％是水。奇妙的是，地表大約同等比例（略多於七〇％）的面積也為水覆蓋。地球與我們的身體大體上是一片水世界。在海上討過生活的人在面對海洋時，憑本能想必都有那種蒙大海召喚的感受。

我直到如今仍經常夢見行船海上，所以決定寫一本有關海洋的書，回應這些夢也是部分原因。我的臥床儘管現在已經穩穩擺在陸地，但每在昏昏入夢之間，船上引擎的低鳴聲仍常縈繞耳邊，浪打船身、搖擺不定的感覺也猶然歷歷。夢中的我常在天光初亮、前方彩雲朵朵，船正破浪向前時起身前往艦橋。我永遠不知夢將帶我前往何方，但夢醒總在靠岸時，離船上岸也總為我留下一抹遺憾。在夢裡，靠岸永遠是件難事，總覺得船一離開深水，就有迅速擱淺或撞上暗礁之險。就在船將靠岸而未靠岸之際，我會醒轉，惱恨不能在海上多待片刻。

曾經主宰全球海洋多年的英國海軍，深明全球水道相互連結的特性。英國人會告訴你「萬海歸宗」。第一次聽到這四個字，是我在馬里蘭州安納波利斯（Annapolis）美國海軍官校讀二年級時。當時擔任航海教官的是一位頑固的英國海軍少校。他或許只有三十五、六歲，但似乎老得不成樣，而且粗獷之至。這位海上老人精通六分儀，是會走路的航海天文曆與潮汐表，但他真正教給我的，是全球海洋互通聲氣——鑑於各大陸塊間流水始終暢通的事實，這似乎不言而喻——卻又各行其是的道理。他不厭其詳地與我們一一討論太平洋、大西洋、印度洋與北冰洋等大洋，以及地中海、南中國海與加勒比海等大洋分支水系。這位英國少校可以與我們談印度洋與太平洋間的一個特定海峽，談海峽的水在冬天的顏色，談它為什麼重要，一談一個小時。我從他那裡學到許多東西，不僅是駕駛一艘驅逐艦的科技與藝術，還學到海洋學、航海史、全球戰略，學到為什麼我們會像對待機帆船的尾欄一樣，在這種擴展帝國主義的利器上撒上乾鹽（註：在驅逐艦上灑鹽，以防生鏽）。若以我在安納波利斯海軍官校的青少年時代為起點，丟一條鉛錘線，這線會劃過我幾近四十寒暑的海軍軍官生涯，最後以這本書的篇幅為終點。

我的職涯早期大多時間在海上度過。我走遍各大海洋，驗證那位英國教官教的東西，改善我自己的船艦控制與航行技巧，學習在海上領導男女官兵。之後對國際系統的了解與認知與日俱增——我在福雷契法學院（Fletcher School of Law）拿到博士學位，還在塔夫茨大學（Tufts University）教外交，成為一個坐辦公桌的海軍上將——我也越來越了解海洋對地緣政治的影響。兩千年來有這麼多國家級大企業深受海權影響，而且直到今天情況依舊，豈是偶然。萬海歸宗，這話確實不假。特別就一種地緣政治實體而言，情況尤其如此。而且海洋還會繼續對全球事務的發展走勢展現巨大影響力——從南中國海的劍拔弩張，到加勒比海的古柯鹼走私，到非洲外海的海盜猖獗，到格—冰—英海道（格陵蘭—冰島—英國間的北大西洋海域）的新冷戰重啟都是如此。或許一些觀察家對地緣政治並無興趣，但在詭譎多變的二十一世紀，地緣政治會像揮之不去的夢魘一樣，影響我們的政策與我們的選擇。海洋也將深深左右著人類作為的方方面面。

一旦來到海上——無論是隨軍艦進行九個月戰鬥巡弋任務，或是搭乘「嘉年華」（Carnival）郵輪出海玩樂一星期，或只是早出晚歸、揚帆來到不見陸地的海上——我們進入一個截然不同的世界。海在我們身下抖擻戰慄，無阻狂風彷彿利刃般長嘯劃空，我們全無遮攔的船身與大自然融為一體，海豚嬉戲船邊，往往數小時不散——那是一個非常不同的世界。就一種原始意義而言，我們每次出海都是「遠隔重洋」，不再能見到陸地。你上了船，不論船大船小，來到甲板上，緩緩舉目四望，見到眼前只是海與天。你停下來思考人生旅程：眼前這一望無垠的海，與當年亞歷山大大帝駛入東地中海時，與拿破崙慘遭放逐南大西洋途中，與郝賽（Halsey）將軍率領快速航母特遣隊進入西太平洋討戰時，所見的無邊海景豈非無異？從這一點來說，你雖遠隔重洋，與世隔絕，但也踏進海的世界，與千百年來航行海上數不清的男男女女結下因緣。

我希望能透過這本書闡明有關海洋的兩個重要訊息：一名海員的個人經驗，海洋的地緣政治及其如何不斷影響陸地上的事。唯能了解海員的個別與親身體驗，將獨特的海上文化融入海洋如何帶動國際系統的大問題，我們才能全面探討海洋的價值與挑戰。就這個意義而言，在人類千百年集體航海史的任何時間點與地緣點，大多數海員都可以寫這本書。

在這個世紀的現在寫這本書，不過是想面對人類經驗的兩條枝蔓——海員的海上人生，以及海洋對地球這個水世界的戰略衝擊——攝影留念罷了。

我們就開始吧。

第一章 太平洋｜一切海洋之母｜

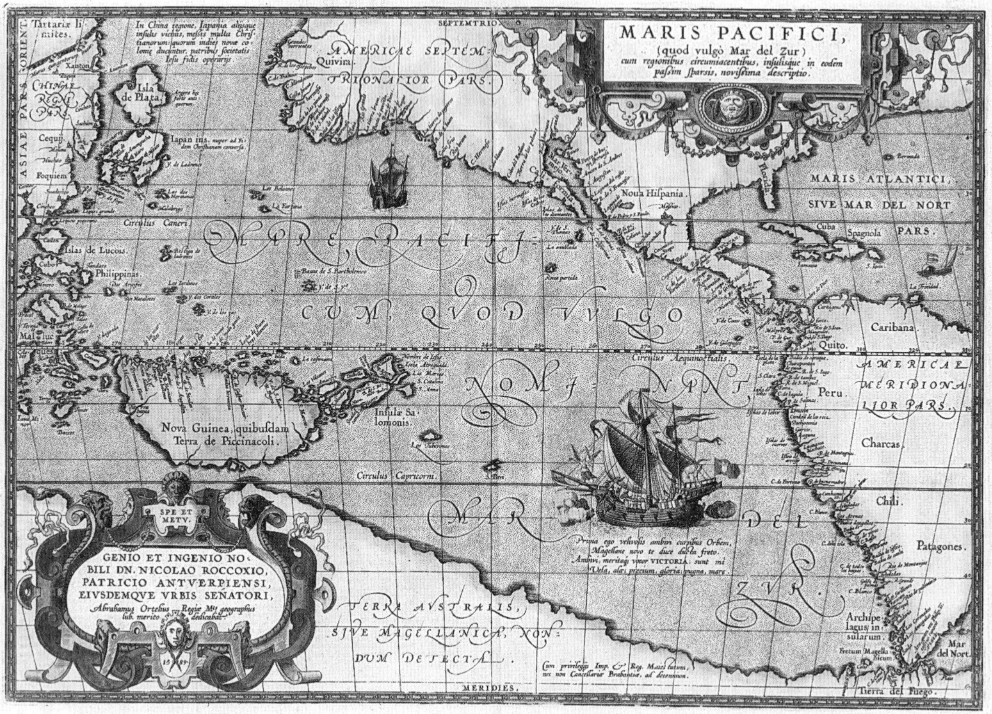

奧堤流斯（Ortelius）於1589年繪製的這張地圖，說明當年西方世界心目中的太平洋究竟像什麼樣。

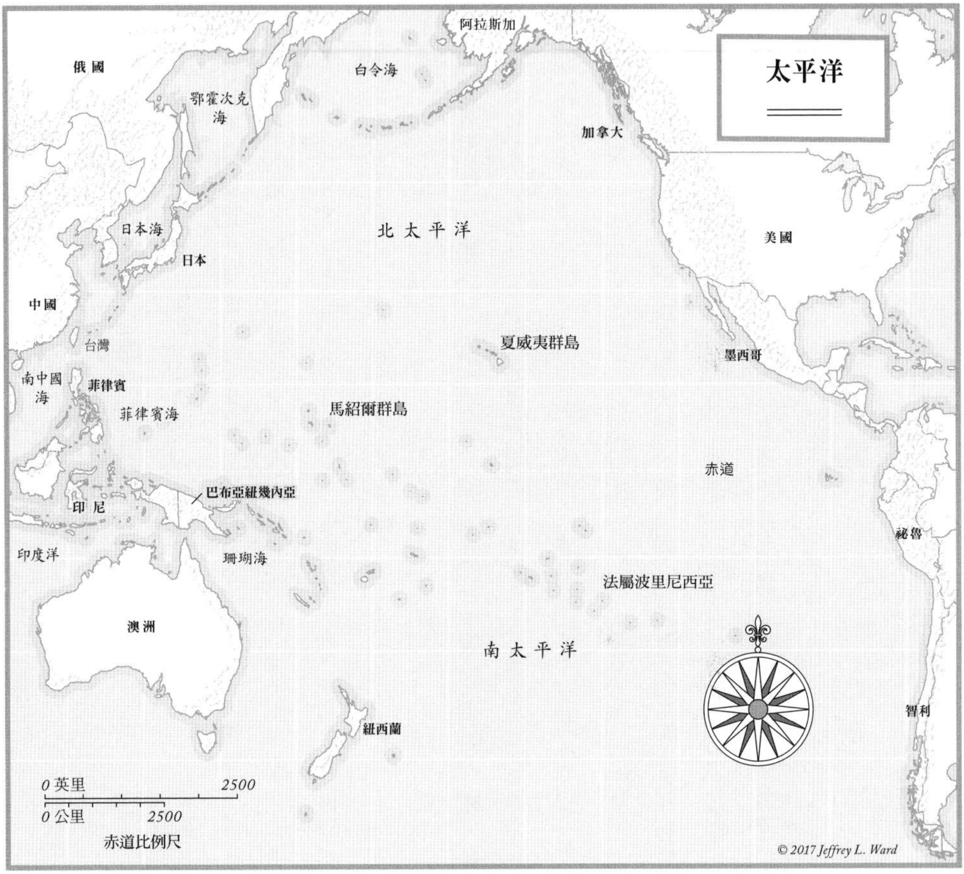
太平洋
阿拉斯加
俄國
白令海
鄂霍次克
海
加拿大
日本海
北太平洋
美國
日本
中國
台灣
夏威夷群島
墨西哥
南中國
海
菲律賓
菲律賓海
馬紹爾群島
赤道
巴布亞紐幾內亞
印尼
祕魯
印度洋
珊瑚海
法屬波里尼西亞
澳洲
南太平洋
智利
紐西蘭
0 英里
2500
0 公里
2500
赤道比例尺
© 2017 Jeffrey L. Ward

我仍然清晰記得第一次進入太平洋的情景。那是在一九七二年，我在美國海軍「朱耶特」（USS Jouett）巡洋艦上服役。朱耶特是一艘漂亮的現代化戰艦，排水約八千噸，艦長五百五十英尺，深二十九英尺，艦寬五十五英尺。以一艘軍艦來說，它算得上龐然大物，但考量到艦上得載五百名官兵，你就了解艦內活動空間並不寬敞。

當時我十七歲，是非常菜的實習准尉。海軍官校生在官校一年級結業後，要以實習准尉（海軍最低階軍官）的身分利用暑假上艦實習。我生長在一個陸戰隊家庭（我的父親曾在韓戰與越戰擔任戰鬥任務，後來以陸戰隊上校身分退休），在進入海軍官校時，也一心一意想像父親一樣，當個陸戰隊步兵軍官。也因此，我滿腹牢騷地在一九七二年奉命向聖地牙哥（San Diego）報到，上艦出海。因為像許多陸戰隊員一樣，我父親服務軍旅的座右銘也是「不要與水靠近」（也不要與國防部靠近，不過那又是另外一個故事了）。

朱耶特緩緩駛出聖地牙哥海軍基地，通過聖地牙哥市區閃閃發光的高樓華廈朝大海進發：或許這是世上最美好的「海港進出」（從碼頭啟程到開闊海洋或回程的一段航程）了。我們從橋下穿過科羅拉多灣大橋，望著聖地牙哥市天際線在右舷、科羅拉多島在左舷緩緩而逝。我奉到的是「纜繩處理，艦尾」的重責大任。也就是說，在又濕又重的纜繩脫離碼頭繫船柱以後，我得前往艦尾幫著收纜。纜繩回收以後，我奉命立即向艦橋報到，等著輪班學習怎麼掌舵。

那是一個陽光明媚的南加州初夏早晨，氣溫華氏七十五度（攝氏二十四度）左右。艦尾纜繩回收完畢時，朱耶特已經隆隆駛經巴拉斯特岬角進入太平洋。所幸海面非常平靜，我這陸地人的胃倒還不覺難受。在我們掉轉艦首指向西方時，我爬了幾層梯來到艦橋。就在跨出相對陰暗的走道那一剎那，撲面而至的和煦陽光、略帶鹹味的空氣，以及廣闊無垠的大海震懾了我。就像聖保羅前往大馬士革（註：根據《聖經》記載，使徒保羅在前往大馬士革途中，因蒙上帝顯聖而皈依基督教）一樣，我突然大澈大悟：我要當海員。有生以來，我們家族一直與海沒有特別淵源，但此時此刻的我，耳畔只有太平洋「你回來了」的低語聲。我就這樣投入大海懷抱，再也沒有反顧。

我們總是將太平洋視為一切海洋之母，因為它太大了。我說太平洋大，可不是隨便說說而已。就算是生活在太平洋周邊的人，從加拿大到智利，從俄羅斯到澳洲，以及每一個生活其間的人，也只能窺及太平洋的一小片水域而已。用google簡單搜尋一下，就知道它的面積有將近六千四百萬平方英里。但除非用其他標準做比對，想認清這個龐大數字的意義並不簡單。單單一個太平洋，就比整個地球上的陸塊面積總加起來還要大。一名從華府飛往檀香山的旅者，花在從加州飛到檀香山的時間，比他從華府飛加州轉機的時間還長：在我們美國這個地理已經不再是熱門學術（這麼說還算是客氣的）的國家，這是一件很難想像的事。而且或許更讓人驚嘆的是，太平洋水域裡沒有多少陸地。所有瀕臨太平洋的國家（這樣的國家不在少數）都將太平洋視為一處沒有止境的後院。就海對地緣的主宰而言，太平洋冠絕全球。

但值得注意的是，在這片廣袤大洋中，有許多形形色色、大大小小、有些無人、有些有人的島。這些島各有獨特文化，往往還有代表幾千年棲息的人種族群，包括大溪地、斐濟、新克里多尼亞、新幾內亞、新愛爾蘭與新喬治亞等等，都是這類例證。我們在稱呼這些地方時，往往不用個別島名，而使用「大洋洲」（Oceania）一詞。

就許多方式而言，這些與世隔絕的孤島竟有人煙已經令人稱奇。古早以前，在最早的殖民行動展開時，總得有人揚帆，穿過似乎永無止境的漫漫水域，發現陸地，然後登陸並生存下來。想完成如此遙遠的海程，不僅需要巧思與勇氣，還得具備非常人所能及的堅決意志。如果是幾百年前的冒險家，運用當年航海科技——包括大型帆船，以及六分儀這類航海裝備，英國海軍提督納爾森（Lord Nelson）爵士在一七〇〇年代末期的旗艦「勝利號」（HMS Victory）就是這類科技集大成之作——征服這些島，他們的成就已經令人嘆服。但人類早在一萬年以前已經想方設法來到這些遙遠的陸地。當年從東南亞大舉浮海的先民，只能划著掛上槳的獨木舟，靠著起伏不定的水流與星象，終於跨海登岸。大多數歷史學者都相信，早在一萬年前，波里尼西亞、密克羅尼西亞與美拉尼西亞這些至今仍住在大洋洲的南島語系民族，已經開始從東亞海岸出發，進入茫茫大海。南島語系民族用他們的槳，順著水流風勢不斷跳島而進，經過長年累月辛勞，最遠抵達五千英里外的夏威夷。第二次世界大戰期間，盟軍就根據當年這些跳島路線逆向而進，揮軍攻入東亞的日本帝國心腹。

在以安納波利斯海軍官校畢業生身分獲得准尉授階以後，我在一九七〇年代末第一次穿越太平洋，對南島語系民族當年那些航海事蹟感佩不已。事實上，第一次穿越太平洋之旅讓我記憶最深的是旅途的漫長。還好，我乘的不是「康堤基號」（Kon-Tiki，模仿古時南島語系民族所用木筏而造的一艘帆船）。我們花了一個星期才從美國西海岸駛到夏威夷群島，而夏威夷不過是進入太平洋的大門而已。一九七七年，我們由三艘艦艇組成的小編隊——包括「海威號」（Hewitt）與「金凱號」（Kinkaid）等兩艘「史普倫」（Spruance）級驅逐艦與補給艦「尼加拉瀑布號」（Niagara Falls）——從歐胡島的珍珠港南下，往訪斐濟、紐西蘭與澳洲，展開一段漫漫行程。從夏威夷南行，穿越中太平洋前往赤道，是一段幾乎沒有事好做、又長又懶散的航程。當然保養裝備、艦上工廠等基本活總少不了，此外我們還有各種演習、訓練以及海上運補作業。驅逐艦在實施這種作業時，與較大的補給艦並排而行，從補給艦取得油管加油，兩艦間距僅一百英尺，過程相當刺激。但大體說來，這段航程平靜、炎熱又無趣，日復一日都毫無變化。

我們儘管也用一些基本電子導航系統，但主要導航工作靠的是六分儀與紙海圖。身為艦上最年輕軍官的我，依慣例要每天看星星，要駕船，要了解艦上工廠的事，還得管理一組水兵（我負責指揮一組反潛戰高科技水兵，但那片廣大水域沒有潛艇出沒，那些水兵當然沒事好幹）。我們最盼望的一件刺激的事就是「跨線」禮——我們在「跨線」那天終於通過赤道，「進入大衛・瓊斯（Davy Jones，註：神話中幽靈船「飛行荷蘭人號」的船長，是超自然的七海霸主）的王國」。

在那個年代，美國海軍艦艇每在穿越赤道時，都會根據傳統舉行一次惡作劇意味相當濃厚的儀式，由過去曾經穿越赤道的「老鳥」（Shellback）惡整第一次穿越赤道的新手——海軍稱這些新手為「蝌蚪」（pollywog），一般又叫「臭佬」（slimy Wog）。老鳥天還不亮就將新手搖醒，將他們趕到前甲板，集中在一起，用消防水喉沖他們，還將垃圾倒在他們身上。新手們得在粗糙的甲板（海軍叫做防滑甲板，很有磨擦力）上爬行幾個小時，將膝蓋與手掌磨得皮破血流。最後，新手們還得爬過幾個裝滿臭不可聞垃圾、用帆布圍成的小洞，來到一名胖水手面前。這胖子打扮成大衛・瓊斯模樣，挺著一個塗滿油脂的大肚皮。新手得親吻這個大肚皮，之後由老鳥將一桶從赤道撈起的海水灌在身上（叫做受洗），才能完成跨線禮。這一天可是不好過。我的運氣不錯，因為我的直屬長官從未跨越過赤道，每在他出現時，老鳥看在他官大分上總是略加收斂，緊緊跟在他身邊的我也因此趁機打混，逃過一劫。

斐濟是個有趣的地方，我們的小編隊靠港以後，它的多元文化特質深深打動了我。當時斐濟人口約有半數是美拉尼西亞島民，約四〇%是印度人後裔（是英國人一百多年前從印度帶入斐濟，在斐濟當養殖場契約工的印度人後裔），還有約一〇%是東亞人或英國人。許多年來，美拉尼西亞人所占比率逐年增加，但直到今天，斐濟仍是多元文化社會。我們在一九七〇年代中期，斐濟宣布脫離英國獨立後不久抵達斐濟。

島群在我們進入蘇瓦（Suva）時展現眼前的情景，至今仍歷歷在目。蘇瓦是斐濟首都，建設相當原始，我們在當地海灘休閒了幾天，還在總督官邸的草地球場打網球。附帶一提，現今斐濟的政治氣候不很安定，因為這個國家不久以前才剛走出軍事政變陰霾（一般狀況下，發動軍事政變的多是陸軍將領，但這次政變是海軍高階軍官發動的）。不過最近的選舉——大體而言公平可信——似乎已經讓這個美麗的群島小國重新走上正軌，也讓澳洲鬆了一口氣。澳洲一直對斐濟政情密切注視，擔心斐濟一旦爆發嚴重暴亂，會引發難民潮。

我們繼續駛往紐西蘭，在北島與南島度過一些時間。一九七〇年代的紐西蘭很像一九五〇年代的美國——安靜、祥和、敏感，略顯單調乏味，不過是那種非常好的單調。構成紐西蘭的南、北兩島既壯觀又美麗，北島富熱帶氣息，南島崇山峻嶺，紐西蘭籍導演彼得・傑克森（Peter Jackson）的巨作《魔戒》（*Lord of the Rings*）就是在這裡拍攝的。

我們在紐西蘭閒逛了一星期，在一間酒吧狂飲紐西蘭著名的長相思白葡萄酒，喝得酩酊大醉。之後，我奉命駕駛海威號驅逐艦在風暴中離開奧克蘭港。那是風狂雨暴、伸手不見五指的黑夜，而艦上那位比我還嫩的少尉操舵官暈船，就算想施展他原本已經很起碼的操舵技巧當然也辦不到。我們因轉彎角度過窄，險些將艦尾掃中一個航道浮標。一旁看著的艦長越看越心驚，於是向我打個手勢，要我接掌操舵。這任務讓我立即振作精神，在作戰官（一位經驗非常老到、技巧高超的水手）的協助與督導下，我們駛出海灣，進入開闊海洋，沒有再發生事故。那天晚上太平洋一點也不太平。

我們隨後駛往澳洲，完成穿越赤道與太平洋之旅，從聖地牙哥來到渾然天成的雪梨港。我們都穿上白色軍禮服，陽光灑在雪梨歌劇院上，將這地標歌劇院美輪美奐的建築照耀得閃閃生輝，彷彿海上揚起的白帆一般。我們在花園島（Garden Island）拋錨繫纜。花園島是一座海軍碼頭，位於突出雪梨港的一處海岬上，對岸就是雪梨歌劇院。在澳洲人熱情款待下，太平洋風浪似乎已經成為遙遠過去。美國海軍在第二次世界大戰期間曾力挽狂瀾，阻止日軍南下澳洲，澳洲人也因此一直對美國海軍心懷感激。或許今天情況不一樣，但在那個年頭，軍艦靠岸時穿美軍制服上岸是個好主意。值得注意的是，澳洲人直到今天仍然與美國人走得很近，在整個伊拉克與阿富汗戰爭期間始終與美軍並肩作戰。以阿富汗戰爭為例，澳洲人是我僅見最善戰的戰士。在今天對付伊斯蘭國的戰爭中，澳洲人也是聯軍不可或缺的重要成員。

在雪梨稍事休閒之後，我們開始沿澳洲海岸北上，在大堡礁的湯斯城（Townsville）盤桓數天。坐落澳洲東北海岸、長矛狀半島底部的湯斯城，今天是個很悠閒的城市，居民只有二十萬，比幾十年以前人數少得多。它是前往大堡礁的門戶，也是重要觀光聖地。喝一罐富士達啤酒，遠眺一帶碧玉綠水外的堡礁與太平洋讓人心曠神怡。我想到這次跨越太平洋之旅已近尾聲，但隨即發現眼前等著我們的還有托雷斯海峽（Torres Strait）。

托雷斯海峽的好處是，就國際海峽而言，它算是比較寬敞的。它位在澳洲大陸東北角與新幾內亞之間，是全球交通最繁忙的水道之一。但壞消息是，它非常淺，而且水道中橫七豎八、藏著許多幾乎潛在水裡的小島與暗礁。當年是一九七〇年代中期，水道中還沒有標示清楚的領航浮標，海威號艦上也沒有人走過這條線。由於穿過這條海峽風險太高，艦長決定親自出馬駕船，這是頗不尋常的決定。身為值班官副手的我，負責根據雷達訊號提供戰術領航建議，艦上領航官則使用目視地標判讀的傳統做法領航。所幸我們在光天化日、風平浪靜的狀況下穿越海峽，而且當時海上交通相對稀疏，當我們從西太平洋的珊瑚海（Coral Sea）進入東印度洋的阿拉弗拉海（Arafura Sea）時，艦上每個人都鬆了一口大氣。

我的第一次穿越太平洋之旅就這樣結束，之後我多次複製這樣的旅程。

第一個穿越太平洋的歐洲人麥哲倫（Ferdinand Magellan）結局可比我差多了。

要了解麥哲倫的海上旅程，你得先將地球轉到東澳洲與印度洋位在球體左下方的角度，再進行觀察。那是一個貨真價實的水世界：除了一小片西北美洲與東北亞陸地以外，你見到的只是一片汪洋。儘管南島語系民族之前早有許多漫漫移民之旅，但直到一五〇〇年代之初，巴波雅（Vasco Núñez de Balboa）穿越巴拿馬地峽、站在高山上發現太平洋，並「代表上帝與西班牙」宣布擁有眼前這片一望無際的大洋以前，從歐洲人觀點而言，過了美洲繼續西行還有什麼世界，始終是個未知數。巴波雅這項發現導致歐洲強權競相進入太平洋，追逐殖民地。又過了三百年，歐洲人才逐漸摸清太平洋龐大的水域。

麥哲倫性情暴躁，是葡萄牙人，代表西班牙王室展開穿越太平洋之旅。為太平洋定名的，其實是麥哲倫。當時他率領的艦隊駛進南太平洋深處，由於眼前一片風平浪靜，於是取名「太平洋」（太平洋在大多數時間可絕對談不上風平浪靜）。麥哲倫是第一個穿越太平洋的歐洲人，他指揮的五艦探險隊是第一個完成環球旅程的探險隊。（不過麥哲倫本身沒能完成這項環球之旅，他於一五二一年在菲律賓遇害。）在麥哲倫以前，大多數前往亞洲（主要為的是找香料與黃金）的旅程都繞道非洲尖端而行。麥哲倫認為，向西航行也可以抵達亞洲；特別是據說他估計太平洋只有六百英里寬——他的估算偏差了一萬多英里。他說服西班牙王室資助他這趟行程，王室在一五一九年給了他五艘船。

麥哲倫率領的這支艦隊共有大約兩百五十人，他們沿著南美洲海岸南行，尋找一處進入太平洋的缺口。天候每下愈況，南半球冬天已至，毀了一艘船，迫使其他四艘船進灣避風，等到隆冬過後再啟碇復出，終於在南美洲尖端發現後世所謂的「麥哲倫海峽」（Strait of Magellan）。天氣狀況仍然嚴峻，其中一艘船的船員不肯繼續前進，但麥哲倫發現南海岸島上的印第安人燃起大火柱——後人因此稱這些島嶼為「火地」（Tierra Del Fuego）群島——認為印第安人將對艦隊有所不利，於是率隊進入南太平洋。

進入太平洋固然令人振奮，但太平洋的廣闊無垠很快讓麥哲倫與他的手下陷於一片茫然。他們逐漸遠離今天智利的西海岸，把自己推向西方，卻始終找不到亞洲。最後在一五二一年初春，他們在馬里亞納（Mariana）島弧的關島（Guam）登陸。他們繼續往西，在那年復活節來到菲律賓，並且在宿霧（Cebu）島上舉行彌撒。之後，麥哲倫幹了件蠢事，捲入一場島與島間的衝突，揚帆來到附近的麥丹（Mactan）島。他率領的五十名西班牙人為當地土著圍困，麥哲倫被殺。他的手下記錄他的死亡如下：「隊長遭矛刺傷，臉朝下倒地，他們立即帶著鐵棍、竹矛與短刀一擁而上，將我們的明鏡、我們的光、我們的保護人與大導師殺死。」

麥哲倫死後兩百年間，歐洲列強競相構築跨太平洋貿易網路，西班牙帝國憑藉菲律賓殖民地之便一路領先。代表西班牙的勃艮第十字架旗雄霸洋面，不過荷蘭、葡萄牙、英國與法國也在太平洋擁有相當勢力。西班牙建了第一個真正國際化的越洋商品輸送帶，載運新世界開採的銀賣到亞洲，再將亞洲製造的產品送回歐洲市場。隨著時間不斷逝去，西班牙勢力因歐洲事件（包括宗教改革戰爭）演變不斷失血而逐漸削弱。到十七世紀與十八世紀初，西太平洋成為荷蘭與英國爭霸的局面。一七四三年，西班牙一艘運寶大帆船在馬尼拉外海遭英國海軍將領喬治・安森（George Anson）劫持，再為西班牙經濟帶來一記重擊。法國對太平洋染指較遲，法國探險家路易斯・布干維（Louis de Bougainville）是第一個跨越太平洋的法國人。雖說探險行動越來越多，貿易規模也不斷升溫，但太平洋仍有大片完全未經探索的處女水域。或許堪稱史上最偉大水手的詹姆斯・庫克（James Cook）船長就在這時登場。

詹姆斯・庫克於一七二八年出生在北英格蘭一個中下層家庭，家人原本打算將他送給一個店老闆當學徒；所幸他自幼就對船艇、河流與海洋特別迷戀，終於在一家海運公司謀得一份學徒的工作，開始學習如何在英國周邊狹窄難行的水域駕馭笨拙的商船。庫克還練成一套極其專業的測量與繪圖本領。七年戰爭（Seven Years' War）爆發後，他加入皇家海軍，成為帶兵經驗豐富的軍官。

一七五〇年代中期，英國因展開真正全球性思考而體認到，測量、繪製太平洋海圖是發展海權、施展全球影響力的重要工具。當局於是要庫克指揮「奮進號」（HMS

Endeavour）完成這項任務。奮進號是一艘一百零六英尺的駁船，船身短而臃腫，但由於吃水淺，可以接近小島，通過海礁。庫克於一七六八年夏末駛往太平洋。與他同行的另有一要員，是富有、英俊的自然科學家喬瑟夫・班克斯（Joseph Banks）。接下來幾年，兩人就一起在太平洋水域深處盡情探索。

你可以安適地坐在圖書館裡，找出一本地圖，循著庫克當年航線輕鬆遊弋太平洋。他曾經駕著不同船艦三次深入太平洋，航程超過十五萬浬。他的座艦分別是「奮進號」、「發現號」（Discovery）、「決心號」（Resolution）與「冒險號」（Adventure）——這些艦名相當精確地說明他從一七六八年起，到一七七九年在夏威夷群島（他稱它們三明治群島）遭土著殺害為止期間的作為。這三次航程的航線圖，幾乎涵蓋太平洋每一處重要海港——包括阿拉斯加的庫克灣（Cook Inlet）與威廉王子灣（Prince William Sound），西加拿大的努卡灣（Nootka Sound）與俄羅斯的堪察加半島（Kamchatka Peninsula）——以及夏威夷、瑪克薩斯群島（Marquesas Islands）、大溪地、斐濟、新克里多尼亞、復活節島（Easter Island）、庫克群島（Cook Islands）、湯加群島（Friendly Islands）、紐西蘭的北島與南島等所有重要島嶼。他沿著南極洲海岸航行，環行澳洲，繞經南美洲尖端的合恩角（Cape Horn），航線並且深入大西洋與印度洋。美國作家東尼・郝威（Tony Horwitz）曾經遵循庫克當年路線，從阿拉斯加航行到塔斯馬尼亞（Tasmania），從復活節島前往俄羅斯，還根據這段旅程寫了一本非常精采、淺顯好讀的回憶錄《藍色緯度：勇探庫克船長古早航跡》（*Blue Latitudes: Boldly Going Where Captain Cook Has Gone Before*）。在這位約克夏郡（Yorkshire）農家孩子到來以前，太平洋基本上仍是一片未經探究、未經測量繪圖的蠻荒水域——他的聰明才智開啟了大洋，他的英勇事蹟令今天所有航行在這些水域的海員感念。

太平洋門戶大開，俄羅斯當然不會缺席。俄國船員利用他們在東西伯利亞的基地，憑藉起碼科技在寒風刺骨的水域中完成多次艱險航程。在與白令海峽（Bering Strait）近在咫尺的阿拉斯加，他們當然插旗伸張主權，但他們的影響力也南向伸展，遍及太平洋大部水域。十九世紀初，皮貨交易引來美國與加拿大捕獸人，也讓俄國商船進駐舊金山以北的羅斯堡（Fort Ross）這類前進基地。但濫捕造成毛皮獸數量銳減，也使所費不貲的捕獸行動得不償失。一八四〇年代，沙皇朝廷由於帝國幅員過大、負擔過重而出現財務危機，進入太平洋未久的俄國人被迫撤出羅斯堡。一八六七年，在美國南北戰爭結束不到兩年後，俄國人把它對阿拉斯加的主權賣給美國，當時這項交易還在美國各地廣遭嘲弄。俄國人在阿拉斯加進駐時間雖說短暫，但對這個地區的科研探勘功不可沒。

美國人進入太平洋的過程時斷時續。早在獨立戰爭期間，從波士頓啟碇的商船已經長途跋涉前往中國。但直到一八四〇年代，在美－墨戰爭結束、購併加州之後，美國才在太平洋建立一處長久據點。一八四八年，沙特磨坊（Sutter's Mill）意外發現金礦，引爆加州尋金熱，也造成大舉湧向西部的移民潮。他們或經由陸路穿越北美大陸，或通過巴拿馬地峽（當年巴拿馬運河尚未開通），或像三百年前麥哲倫一樣，繞道火地島進入西部。由於鯨魚油的使用漸趨普遍，捕鯨成了熱門能源工業，重心並且因濫捕而從大西洋移往太平洋。之後數十寒暑，獲利頗豐的中國貿易越來越重要。這種厚利使美國人對太平洋更加垂涎。

燃煤動力輪船在十九世紀六〇年代問世，改變了美國人在太平洋的做法。燒煤的輪船比帆船既快又可靠，但煤很重，而且是消耗材。輪船只能載有限的煤，否則難逃沉船厄運。為保持高速運行，輪船需要在每隔相當距離處設置專用加煤站。所幸，太平洋雖說廣大無垠，中間卻星羅棋布許多位置恰好、可以作為加煤站的小島。美國正是基於這項考量而於一八九八年兼併夏威夷，以美麗的珍珠港作為美軍太平洋艦隊的大本營。

就地緣政治意義而言，有一個發人深省的問題：日本為什麼沒有像英國那樣發展，成為太平洋的英國？兩國就地緣政治而言有許多類同之處：兩國都是島國，都在立國之初不斷面對入侵威脅（在立國第一個千年間，英倫三島向外力屈服的次數遠比日本多）；兩國都軍事人才輩出，擁有能力超群、充滿自信的社會；兩國都有許多技藝高超的海員與造船工匠；兩國境內天然資源都相對稀少，理論上來說都有轉向海洋發展的必要。既如此，為什麼英國人透過海路建了一個幅員廣大、左右全球的帝國，而日本人在向西方世界門戶洞開之後三百年來，大多數時間卻只是向內陸發展，直到二十世紀才開始積極走向海洋？

這個問題的答案，至少一部分與太平洋與大西洋地理條件的差異有關。

第一個也是最重要的一個差異是，太平洋比大西洋大得太多。相對而言，太平洋沿岸的亞洲國家土地面積都不大，而且東邊都面對巨型海洋。由於大洋無邊無際，駛往東邊的船隻幾乎總是一去不復返。此外，英國與歐陸之間只有極窄的英倫海峽一水之隔，而阻隔日本的海面較廣，與英國相形之下，可能進犯日本的鄰國不僅較少，侵略性也較弱。日本人也很清楚太平洋之大足能為他們提供天然屏障，讓他們無須擔心來自東面的入侵。

日本人早在十三世紀已遭蒙古入侵，但都能將剛上岸的蒙古人圍剿在灘頭，相對輕鬆地擊敗了蒙古軍。儘管當時日本內戰方熾，但日本能先將內爭擱在一邊，在一二〇〇年代末期兩度藉狂風、海嘯之助（日本人稱這兩次海嘯為「神風」）將入侵蒙古艦隊打散，擊敗蒙古人。

經過長期兼併，在幾任大將軍的鎖國統治結束後，日本在一五〇〇年代侵入亞洲大陸，並於十七世紀之交攻擊朝鮮半島，但遭中國地面部隊與朝鮮水師擊敗，於是退回本島。這時約當地中海爆發雷班托海戰（Battle of Lepanto）的同時，太平洋方面海軍科技也在這時出現重大變化——過去用來掠奪與撞擊敵艦的輕武裝、單甲板大帆船逐漸淘汰，能夠攜帶大型火炮的重型艦艇取而代之。十六世紀最後十年，在兩度圖謀入侵朝鮮功敗垂成之後，日本人決定大體上不跨出本國水域。不同於英國人的是，日本人無意跨越太平洋，決定全力經營本身西海岸，而以遼闊的太平洋水域為天險屏障，免除後顧之憂。這成為日本官式策略；誠如著名亞洲問題學者約翰・寇提斯・裴瑞（John Curtis Perry）所說，在日本人心目中，出海就是「出外」。

中國人也一樣，把主力投入西方陸地邊界。為什麼？因為對中國而言，威脅來自西方，不來自太平洋。他們認定，危及中國文明的主要外來威脅是亞洲草原的野蠻人（萬里長城因此修建），透過貿易與交往而至的歐洲文明，也多少形成一種感染流毒。鄭和曾在十五世紀率領艦隊幾次遠渡重洋，但未竟其功。這幾次航行雖曾抵達南中國海、印度洋與東非洲一些已知實體，但由於中國內部政治情勢逆轉，不利遠洋探究，在為土著留下短暫印象之後，中國艦隊蹤影逐漸消逝。遠眺東方，一望無垠的太平洋為中國人帶來的地緣政治想像，不比日本人（或任何其他太平洋文化）更勝一籌。就這樣，頗具反諷意味的是，最後大舉真正穿越太平洋、以一種超越間歇性貿易與傳教活動的方式，將東、西方兩個世界連結在一起的是歐洲人。而在這些打開太平洋的活動過程中，最富戲劇性張力的個別行動，首推美國海軍准將馬修・卡萊斯・裴利（Matthew Calbraith Perry）一八五〇年代的日本之旅。

日本當時，就或多或少的程度而言已經鎖國超過兩百五十年，並且發展出一種高度同質、極度內向的國家文化——就算在商界，不同階級間的交易與通婚也很有限。但美國對日本卻嚮往不已。對美國經濟極度重要的太平洋捕鯨，產業重心已經從南太平洋移往北海道北方外海。日本本土諸島，也因為美國與中國不斷增加的貿易，而成為支援海上交通非常有利的後勤基地。美國總統米拉・菲爾默（Millard Fillmore）因此寫了一封要求使用日本港口的信，要裴利轉交日本當局。

儘管獲得使用武力的授權，裴利在研究日本之後，決定採取另一種外交色彩較濃的做法。他率領幾艘蒸汽動力輪船進入日本水域，船上滿載禮物，極力扮演大國親善特使的角色。他在一八五三年七月駛入東京灣，用我們今天所謂「軟實力」與日本人溝通——他保持文化敏感，避免軍事武力訴求，以經濟與外交手段為首選。他見到日本人對他的船艦驚羨不已，於是利用那年冬天擴大艦隊規模。一八五四年三月，裴利與日本人簽訂《神奈川條約》，創下跨太平洋類似協議的先河，讓美國海員在兩個日本港口享有海難救助與添加燃料的權利。

歐洲就這樣開始與日本打交道，大多數列強，特別是俄羅斯與英國，都搭上這班日本列車。日本內部有關現代化的辯論造成一場兩年內戰，最後日皇重新掌權，展開所謂「明治維新」。彷彿就在一夕間，日本開始不折不扣地進軍大海，揭開海軍發展的重要史頁。

日本工業自十九世紀末葉起全面啟動，迅速大舉擴充陸軍與海軍軍力。日本將海軍官校生派赴英、美受訓，境內造船廠也開始生產戰力極強的大型戰艦。千百年來，在日本地緣政治地圖上一直是空蕩蕩一片汪洋、作為緩衝天險的太平洋，開始成為日本當局的征服目標。

像英國一樣，日本也是島國，與大陸只有一水之隔，也都對中國與俄國等陸權大國憂心忡忡。日本開始在海軍戰略上像英國一樣思考，自不足為奇。由於朝鮮基本上是中、日之間一塊緩衝區，日本人當然認為他們應該控制朝鮮，然後以朝鮮為盾牌，對抗比他們大得太多的中華帝國。日本與外國打過兩場重要戰役，海軍在這兩場戰役中都扮演重要角色。第一場是一八九四年的中日甲午戰爭。當時日本海軍攻擊一個駛往朝鮮、增援當地中國駐軍的中國運兵船團，掀起這場戰役。順帶一提的是，日本似乎對奇襲戰術情有獨鍾：在發動甲午戰役時對中國不宣而戰，五十年以後，他們如法炮製，突襲了美國珍珠港。

甲午戰爭激烈而短暫，日本海軍打得很好。海戰決勝關鍵是否在於重裝甲與大砲，是那個年代的海軍戰術辯論重點。值得注意的是，黃海海戰（註：甲午戰爭的前夕戰）未能提供船堅炮利必能取勝的明證。但它證明機動能力與速度確實重要：在這場海戰中，伊東祐亨率領的日本海軍就憑藉這兩項優勢擊敗中國海軍。伊東將他的艦隊分成兩支，一支是由快速艦組成的「機動隊」，另一支是速度較慢、但火力仍強的主艦隊。在整個交戰過程中，伊東始終能運用機動隊的速射火力打擊中國艦艇。之後幾個月，中國軍全面潰敗，戰爭於一八九五年結束，日本兼併了朝鮮、台灣與其他許多島嶼。就地緣戰略態勢而言，日本這時已經在西太平洋取得主控，現在需要強化它的左側翼，與俄國一戰因此勢在必行。

挑起日－俄戰爭的其實是俄國人。在日本戰勝中國後，俄國開始威逼日本帝國，要求將朝鮮半島非軍事化，並攻占旅順作為不凍港。俄國與其他歐洲列強合作，極力壓制日本擴張。一九〇四年的日－俄戰爭，遂在俄國於軍事與政治兩方面都未做好準備的情況下爆發。就軍事而言，俄國幅員廣大，艦隊散置國境各處，需要時間集結兵力。就政治而言，在俄國境內，最後導致俄國革命與沙皇垮台的民怨已經逐漸沸騰，聖彼得堡的統治精英無法全力應付正在俄國太平洋沿岸醞釀的這場外來風暴。

儘管在數量上居於劣勢，但日本人能集中兵力、先發制人，讓俄國人無暇完成對抗日本的戰略整合。剛擊敗中國艦隊的日本艦隊，又一次大舉不宣而戰——日本驅逐艦發動夜間魚雷攻擊，損毀幾艘停留在港內的俄軍重要戰艦。俄國雖然起用充滿幹勁的新海軍司令史蒂芬・馬卡洛夫（Stepan Makarov，他在戰事爆發後不久因座艦觸雷戰死），雖然長途跋涉將波羅的海艦隊調入太平洋，但始終未能占得戰術上風。日本則憑藉國內戰略態勢之助，與相對較新的科技搶占上風。俄國太平洋艦隊終告瓦解，關鍵性的旅順港基地也於一九〇五年一月失守。

一九〇五年五月，自之前一年十月起就從波羅的海兼程趕赴太平洋參戰的五十三艘俄艦，在對馬海戰遭日本海軍擊沉，波羅的海艦隊潰滅，為俄國在太平洋帶來致命一擊。面對艦隊全毀的厄運，俄國被迫在美國總統席奧杜．羅斯福（Theodore Roosevelt）斡旋下與日本議和——羅斯福還因此得了諾貝爾和平獎。俄國人所以輸了這場戰爭，固然因為他們每交戰必在戰術上屈居下手，但主因仍在於未能集中兵力、在戰略上失算，遂遭日本各個擊破。

這場戰事也為美國帶來一項重要教訓，讓美國了解建造巴拿馬運河的重要性——如果不能開通巴拿馬運河，美國艦隊基本上處於兵力分散狀態，必須耗費數月時間繞道南美洲南端才能將兵力集中。另一耐人尋味的註腳是，戰艦艦長們行之有年，「降艦旗」以示投降的原則，在日－俄戰爭中，由俄國艦長們行使了最後一次。這些艦長後來在返國以後，都遭到俄國軍法審判而處死，徹底終結了一切投降的概念。今天，無論在美國海軍或在大多數其他國家海軍，降艦旗體面地投降絕非正統概念，今天的海軍講究「不棄艦」，寧可戰至最後一人。

美國在占領及營造夏威夷群島之後，才真正躍身為太平洋強國。位於歐胡島的珍珠港是個絕佳的天然港，我仍清楚記得一九七〇年代末第一次駛入珍珠港的情景。當年的我仍是非常嫩的艙面值班官，艦長令我指揮操舵（駕艦）入港。那天風很大，將軍艦駛入拋錨區是一件讓人提心吊膽的事。當時港口當局提供了拖船，還派一位有經驗的領港員登艦協助，但我由於曾經看過那位經驗老到的艦長做過幾次入港拋錨，竟然蠢得婉拒了拖船協助，也不肯聽這位領港員的建議：就像一個剛學步、自以為是的小兒一樣，我要全部自己來。

不幸的是，我「打」舵打得太強（就是我們的速度過快），將艦尾狠狠撞在碼頭上，磨損了許多塗裝，還在右後舷一三五度方向留下一道雖說不起眼，但讓人尷尬之至的凹痕。艦長來到我旁邊，對我說了一句奧尼斯・金恩（Ernest King，二次大戰期間美國海軍悍將）將軍的名言：「偉大的舵手絕不讓自己陷於一種需要用盡力氣操舵的情勢」——換言之，下次要用拖船，還有要聽領港員建議。我記取了這個教訓。

那天，在定下神來以後，我在這美麗的海軍基地閒逛，發現自己置身所在，正是美國通太平洋的門戶與美國海軍心腹重地。美國海軍現代史與二次大戰的太平洋戰役難捨難分，想到許多年前那些率艦出擊的海軍傳奇人物，我覺得自己的軍旅生涯大概很難望其項背——七〇年代的冷戰造成大規模海戰的機會似乎不大。尼米茲（Nimitz）、史普倫（Spruance）、郝賽（Halsey）、金凱（Kinkaid）以及其他許多太平洋戰爭名將，都因為對這廣闊的大洋獨具見識，而能籌畫規模龐大無比的跳島戰術，終於擊敗日本帝國。美國海軍軍魂幾乎可說以珍珠港起步，邁向一望無際的大洋。也因此，根據後見之明，日本在一九四一年十二月初偷襲珍珠港，將戰火燒到美國，既屬想當然耳，也讓人跌破眼鏡。

要了解二次大戰太平洋戰區的激烈性與全面性，你必須想到這個戰區從太平洋北端一直延伸到赤道以南的事實，人類能將軍事行動覆蓋如此廣闊地區，有史以來這還是第一次。已故作家威廉・曼徹斯特（William Manchester）在他寫的五星上將道格拉斯・麥克阿瑟（Douglas MacArthur）傳《美國的凱撒大帝》（*American Caesar*）中，描繪得很清楚：這個戰區「覆蓋里程數相當於從英倫海峽到波斯灣」——是亞歷山大、凱撒或拿破崙最遠的征服旅程的兩倍——自我意識極強的麥帥想必對這比喻甘之如飴。過去用獨木舟划槳需要幾十年，用蒸汽船也得耗時數月才能穿越的這片廣大水域，現在只需幾星期就能縱橫來回。科技不僅增加船的動力，也為戰爭帶來新層面。在水面上，飛機與雷達改寫了距離演算。在水面下，潛艇可以在幾乎不示警的情況下對軍用與民用船隻構成威脅。就在太平洋初次淪為全面大戰戰區的同時，海戰突然間與過去千百年來大不相同了。

一九四一年十二月七日晨，飛機的螺旋槳怒吼聲與空襲警報聲響徹夏威夷。日本海軍航空軍發動當時有史以來規模最大的空襲。由海軍上將山本五十六——他足智多謀，是哈佛畢業生，而且熱愛美國文化——策畫的偷襲珍珠港行動，摧毀了停在港內的美國艦隊與停在陸地基地的美軍飛機。但純粹由於運氣，這次行動的首要目標、美國太平洋艦隊最重要資產的航空母艦，在攻擊發生時不在港內，也因此逃過一劫。「亞利桑那號」、「奧克拉荷馬號」、「西維吉尼亞號」與「加利福尼亞號」等幾艘戰鬥艦運氣差得多。在那個原本平靜的星期天，在大多船員都在岸上的情況下，它們遭日軍擊沉。

我的妻子蘿拉何其有幸，今天是海軍新下水驅逐艦「約翰・芬恩號」（USS John Finn）的「船艦贊助人」。這艘軍艦為紀念珍珠港榮譽獎章（Pearl Harbor Medal of Honor）得主約翰・芬恩而命名。蘿拉在二〇一五年為這艘軍艦命名下水，並且將繼續保持與艦長以及艦上官兵的溝通聯繫，成為這艘軍艦作業的一部分。也因此，我們花了相當時間了解珍珠港遇襲期間那駭人聽聞的幾個小時：天外飛來橫禍，美麗的港口在目瞪口呆的水兵眼前頓時化為人間地獄。海軍上士約翰・芬恩當時架起一挺機槍，「抓了」幾個水兵一起向來襲日機開火，在戰鬥過程中多次遭流彈擊傷。他英勇作戰直到整個大戰結束，得享百餘歲高壽。發生在那個平靜的星期天早晨、永遠改變了世界的那次事件，一直長存他的記憶中。

同一天，在距離珍珠港五千五百英里的太平洋彼岸，日軍攻擊駐菲律賓美軍。就像在夏威夷一樣，菲律賓境內停在陸地的飛機也遭日軍擊毀。與夏威夷不同的是，菲律賓不是世上最孤立的島群。近在咫尺的中南半島已被日軍占領，意味日軍地面部隊即將入侵。駐守巴丹半島（Bataan Peninsula）柯雷吉多（Corregidor）的美軍雖說英勇奮戰，菲律賓仍然陷落，直到一九四五年才光復。日本戰爭機器已經全速運轉，而且所向披靡。對美國與美國的太平洋盟友而言，一九四二年初前景一片黯淡。

美國在一九四二年六月的中途島戰役（Battle of Midway）時來運轉。日本人計畫跨太平洋發動奇襲，打亂美國部署，讓日本搶占最有利地位，以對付美國在人力與工業產能方面的優勢。但在大戰初期發生在中途島附近的這場海戰，美國儘管可用艦艇數遠比日本少得多，卻取得大勝。幸運之神再次光顧美方（就像在珍珠港一樣）：日方一架偵察機因機械故障延誤起飛時間十五分鐘，未能及時發現美國航空母艦行蹤。日艦隊指揮官在無法確定美艦隊位置的情況下，決定將艦載機上攜帶的炸彈（用來攻擊中途島上美軍碉堡）取下，轉掛魚雷（用來攻擊美軍艦隊）。

由於這十五分鐘延誤，就在日方戰機停在航空母艦甲板上更換武裝時，美機大舉襲來，這場貓捉老鼠的遊戲於是情勢急轉直下。四艘曾經參加珍珠港偷襲行動的日本航母就這樣沉到太平洋海底，日本對抗美軍數量優勢的希望也就此泡湯。曾經參加中途島戰役的奧宮正武中佐（之後做到日本空中自衛隊中將）曾在《中途島：讓日本註定吞敗的戰役》（*Midway: The Battle That Doomed Japan*）一書中說，「太平洋戰爭由不了解海洋的人發動，由不了解空中的人進行」。

在取得中途島戰役勝利之後，美國兵分兩路跨越太平洋出擊。第一路由齊斯特・尼米茲（Chester Nimitz）將軍率領的海軍主攻，經由過去供船艦與飛機加煤的一個個島嶼，以跳島的方式跨越北太平洋。另一路由陸軍上將麥克阿瑟領軍，從澳洲經由南太平洋撲向菲律賓。麥帥麾下的美軍與北太平洋的美軍戰鬥環境同樣困苦。印尼與新幾內亞叢林處處是死亡陷阱與病毒疫症。我日後曾經提心吊膽通過的那個托雷斯海峽，當時由日軍衛戍部隊守得鐵桶相似，他們造成的威脅當然遠比暗礁致命得多。對兩路美軍來說，攻勢都極其艱苦。但這套緩步而前的系統戰術逐漸收效，美國工業能力開始彰顯，日本卻因資源切斷，戰略選項越來越少。最後投降的命運已經在所難免。不過日本逐島死戰的做法也讓美國心驚膽戰。美國當局認為，入侵日本本土之戰必將為雙方帶來巨大傷亡，於是決定使用核子武器。投在廣島與長崎的兩枚原子彈，加上對東京鋪天蓋地的燃燒彈攻勢，終於結束了這場曠日持久的戰爭。這場大戰，以及戰後美軍占領——以麥帥為首——造成的心理衝擊，將日本本土摧殘得滿目瘡痍。之後許多年，日本退出全球軍事與安全事務，全力投入重建。

尼米茲麾下另有兩位讓人緬懷的海軍將領：威廉・「公牛」郝賽（William “Bull” Halsey，不過郝賽不喜歡這綽號）與雷蒙・史普倫（Raymond Spruance）。湯瑪斯・亞歷山大・休斯（Thomas Alexander Hughes）的《比爾・郝賽將軍：一位海軍的一生》（*Admiral Bill Halsey: A Naval Life*），以及湯瑪斯・布爾（Thomas Buell）的《沉默戰士》（*The Quiet Warrior*），對這兩位在太平洋戰爭中戰功彪炳的將軍有極為傳神的描繪。這兩位將軍的差異大到不行：郝賽勇猛、暴躁、講話很大聲，史普倫則安靜、理智、喜歡沉思。尼米茲將這兩位個性與專長天差地遠的將領搭配在一起，讓兩人領導這場無論就時空規模與拚殺激烈程度而言都屬空前的海軍攻勢。只要一日有海軍登艦出海，這幾位將領的英名將一日與太平洋常伴左右。

可悲的是，太平洋地區的衝突沒有因第二次世界大戰結束而消失。大戰結束後不過幾年，韓戰爆發，又隔十年，美國捲入越南戰爭。不過廣大的太平洋水域本身倒是重歸太平。當然，冷戰讓太平洋從水上到水下劍拔弩張。經過沙吉・高希柯夫（Sergei Gorshkov）將軍多年勵精圖治，自俄羅斯在日－俄戰爭吞敗以來，蘇聯海軍首次在太平洋重振旗鼓。裝備核彈頭的潛艇在太平洋各處出沒，提供神不知鬼不覺的核子嚇阻，雙方水面艦艇也想盡辦法尋找、追蹤他們的對手。但太平洋各處群島與島上居民大體上未受干擾。大戰結束後，美國託管從日本手中占領的幾處西太平洋群島。幾十年來，這種託管關係逐漸演變為「自由協作公約」（Compact of Free Association）——美國與馬紹爾群島、密克羅尼西亞聯邦與帛琉三國簽訂的協定——公約直到今天仍然有效。重歸和平，日本經濟復甦，以及台灣、韓國、新加坡與香港等新興經濟體的崛起，使泛太平洋貿易在一九八〇年代首次超越泛大西洋的貿易。這項趨勢直到今天仍然不變。

我們是不是活在太平洋世紀？這很難說。歐巴馬政府幾年前在宣布「轉進太平洋」

（pivot to the Pacific）時當然如此認定，但鑑於中東種種事端以及俄羅斯的再次崛起，太平洋世紀是否已至尚有待觀察。不過全世界最大、最強的國家都在太平洋地區，經濟力也朝太平洋轉向，卻都是不爭之實。美國、中國、日本與俄國都不斷自稱太平洋國家，澳洲、韓國、加拿大、墨西哥、印尼、哥倫比亞與智利等欣欣向榮的國家也都在這個地區。幾近半數世界貿易出現在太平洋周邊。而這還只是開端，特別是由於印度也開始大舉介入太平洋，這個地區的重要性更有可期。或透過美國主導的「跨太平洋夥伴關係」（Trans-Pacific Partnership，我希望所有有關各造都能批准這項協議），或經由中國倡議的「亞洲基礎設施投資銀行」（我希望亞投行能成為負責有效的機制），環太平洋諸國都在努力刺激經濟發展，開發這個地區的潛能。

太平洋雖有極大潛能，但也是充滿風險的地區。非法、不申報、無規範（illegal, unreported, and unregulated，即所謂IUU）的漁捕仍不斷增加，對全球漁產資源的永續性構成濫捕危害。人類汙染也已嚴重危及這個地區的生態，一個與德州一般大的塑膠垃圾島正在太平洋上載沉載浮。在環境陣線上，太平洋上颱風猛烈，對菲律賓、台灣與越南這類首當其衝的國家危害尤凶。這類風暴越來越頻繁（許多科學家認為這是全球氣候變化的結果），除非區域內相關國家能在人道支援與災難救助（HA/DR）方面做適當投資，否則它們將帶來難以估計的災害與經濟損失。太平洋各地的軍事與民間機構需要全力合作，以因應這些挑戰。

就地緣政治與安全陣線而言，值得密切注視的一個有力指標是，太平洋各地軍備競賽方興未艾，競賽不僅規模龐大，而且正不斷加劇。太平洋周邊諸國既將龐大國家財富投入軍備，一旦出現爭端，自然更可能訴諸軍事解決，外交選項更加滯礙難行，區域內出現公開衝突的可能性因此有增無已。而且它們的武器系統設計用途，絕大多數都是在海上、在海下，或是從海中攻擊西太平洋周邊的鄰國。

從二〇一三年起迄今的資料顯示，太平洋國家在軍備上強調的，不是增加現役部隊規模，而是將系統現代化。大數據走勢令人心驚。根據「軍事均勢」（Military Balance，註：國際戰略研究所〔IISS〕發表的年度環球軍力分析報告），廣義亞洲（包括印度）的國防開支從二〇一三年到二〇一五年增加九％，從三千二百六十億美元增加到三千五百六十億美元。相對而言，同期間美國國防開支減少六％，從六千三百三十億美元減少到五千九百七十億美元，而歐洲也少了一二％，從二千八百一十億美元減少到二千四百六十億美元。我們怎麼做才能讓這場軍備競賽降溫，確保太平洋周邊的安全？

從二〇一三年到二〇一五年，太平洋周邊最不按牌理出牌、最危險的國家北韓，已經將軍事開支增加一倍有餘。雖說這個國家與世隔絕，想評估它的確切開支極度困難，但它近年來多次進行核子試爆，試射長程飛彈，使用路面機動發射平台，自然引起關切。即使面對嚴厲的新制裁，與不斷惡化的經濟環境，國防開支仍將是北韓政權優先要項，因為它那年輕領導人金正恩知道，唯有透過軍事力量，他才能掌控內部，在附近地區享有若干影響力。

太平洋地區國防開支所以增加，中國是一個大得不成比例的來源。自二〇一三年以來，中國國防開支增加二六%，增到幾近一千四百七十億美元——而且這個數字還不能涵蓋全貌；實際國防開支可能遠遠超過兩千億美元。最能展現中國進取野心的，是它在引起爭議的南中國海水域建了幾個人工島，當作永駐當地的「三千英畝的航空母艦」使用（美國十萬噸級的航空母艦只有七英畝）。中國因這項決策而與區域內其他許多國家發生爭端。在人工島上建立雷達與飛彈系統，還造機場，是中國又一關鍵性軍備投資。

此外，中國投資研發殲－20與殲－31先進戰鬥機，推出號稱「航母殺手」的東風－21反艦彈道飛彈，並準備打造一支航空母艦艦隊，也進一步彰顯它的科技與戰略先進。擁有這些先進系統以後，再加上它對攻勢電腦網路的強調，中國將能超越目前所謂「反介入／區域阻絕」（antiaccess/area denial，A2/AD）戰略，改採更積極的防禦，從而提升它投射攻勢兵力的能力。對太平洋地區來說，這會是一項改變遊戲規則的發展。

就戰略而言，直到目前為止，中國是太平洋地區軍備開支最龐大的國家，不過包括陸地與海上，中國必須支應的區域面積也比所有其他亞洲國家都大。中國所以將策略方向從

「和平發展」轉為「積極防禦」，目的很可能在於掩飾內部問題，讓國民將注意力從中國本身矛盾轉移到外來挑戰。東風－21D型導彈的成軍，使美國必須重估中國的威脅，特別是對美國航母造成的威脅。最後，中國的航母建軍計畫也引起相當關注。中國航母還不是美國航母的競爭對手，但是就一種「國威展示平台」來說，它們具有象徵重要性，一旦與亞太地區一些小國進行海戰應能產生效益。不過這其間有個矛盾：中國刻意研發的「A2/AD」科技已經由於日本、南韓與越南競相跟進，而對它自己的航母構成威脅。就戰略而言，中國的航母建軍計畫不能造成基本盤的變化，但它能使一些較小的鄰國神經緊張。

綜上所述，美國的軍力以及海上應變潛力值得我們重視。憑藉它的六艘核動力重航空母艦、數十艘配備精密空防系統的巡洋艦與驅逐艦，外加駐在關島的長程轟炸機，美國在亞太地區仍擁有強大海上主控態勢。特別也因為日本、南韓等美國盟友實力不容小覷，中國在南中國海建人工島，以及研發長程反艦導彈，縱能改變，也不能完全扭轉亞洲的權力均勢。

除中國以外，其他亞太國家也在增加軍費開支。以日本為例，就在二〇一六年增加國防開支，創下十餘年來首例。日本國防以與美國的「無縫整合」為政策重心。日本刻正大力發展飛彈防禦、空中監測與先進戰機，進一步提升它已經很高的戰力。東京當局並計畫在二〇一七年建一個「水陸機動團」（Amphibious Rapid Deployment Brigade），整合陸、海、空、網路與太空作戰。

日本憑藉科技優勢而擁有全世界第二強的海軍，空軍與陸軍戰力也極為可觀。由於能根據國家安全需求提升國防戰力，日本在集體防禦體系中對美國比過去更加重要。日本在二〇一六年創紀錄的四百二十億美元國防預算，雖說與中國相比仍然微不足道，但日本的國防開支重心明確而在地化，能幫日本減少它與它最重要的盟國——美國——協同作業上的間隙。

日本已經轉變國防政策重心，以支援集體防禦為優先，減少陸上自衛隊、增加航空與海上自衛隊的預算，就是這項政策轉變的確證。這些投資顯然志在與中國一較長短。另一方面，中國的國防開支必須涵蓋更大區域，而且以內部安全為重心。對外與對內開支兩者間的比率究竟是多少不得而知，但我們知道，北京當局對外用兵的雄圖將繼續受到內部安全考量的掣肘。

南韓繼續投資科技，一方面提升人員素質（不是數量）。南韓從二〇一三年到二〇一五年將國防預算增加六％，但在同期間將兵員人數裁減四％。它並且開始採購重大系統：將F-16戰鬥機隊升級，推動F-X計畫以研發第六代戰機，並研發一種供陸軍與陸戰隊使用的新型無人機。儘管仍然依賴美國提供空中與飛彈防禦，面對來自平壤的威脅，南韓正不斷努力，建立由本國操作的飛彈與空防系統。

同時，美國另一堅強盟友的澳洲也將國防開支增加約七％，這些經費主要用於作戰飛機與艦艇，包括將它的柴油動力潛艇部隊升級。

就連遠在太平洋盡頭的印度也在加強軍備。在二〇一三到二〇一五年間，除了中國之外，印度是唯一將現役兵員規模增加的國家（與中國一樣，它也增加二％）。主要為響應總理納倫德拉・莫迪（Narendra Modi）的「印度製造」計畫，印度大幅提升軍事開支，斥巨資推動本國國防生產。此外，新的軍購項目也遍及多項領域：包括新型戰術直升機、新型拉法葉（Rafale）戰鬥機（儘管法國與印度的軍購談判問題不斷），以及更多重型運輸機——還大幅增加對美國系統的軍購開支。除印度以外，越南、南韓、台灣以及其他亞太國家也正加強國防開支，而且以可能出現的海上戰爭為著眼。

這場亞洲海上武器競賽，因每一個有關國家都認為即將遭到外來威脅而出現。在最惡劣的情況下，亞太地區將陷入所謂「休希底德陷阱」（Thucydides trap，註：新崛起大國必將挑戰既有大國，而既有大國也必將因應這項挑戰，遂使戰爭無法避免），因一方誤判對方意向而導致武裝衝突——可能引爆美國與中國之間的全球大戰，或是中國與日本的區域性戰爭。

想避免這類衝突，最好的辦法是透過外交途徑解決問題。想透過外交途徑解決問題，從人工島（以及美國隨後為伸張「航行自由權」而展開的巡邏）到網路入侵，到貿易平衡爭議等各項問題上，美國與中國首先必須不斷保持高層對話。美國應該鼓勵它在亞太地區的盟友（如日本、南韓、菲律賓、澳洲等等）相互合作，以免造成中國與美國為首的集團之間的一場亞洲冷戰。

此外，應該鼓勵太平洋周邊國家投入軍事演習、訓練與其他信心構築計畫——以美國主持的年度環太平洋軍事演習（RIMPAC）為例，就有中國相當程度的參與。這類演習能加強信心，以及軍方與軍方間的合作。此外，今後數十年間，亞太諸國還可以用軍隊進行救災、人道支援與醫護外交行動，在軟實力項目上合作。

太平洋武器競賽規模很大，危險性也高。透明、合作與外交可以降低熱戰爆發的可能性。這類紓解機制現在就應建立，一旦衝突國決定動用軍事手段，以硬實力解決地緣政治爭議，再行設法就太遲了。

雖說環太平洋地區充滿緊張與風險，亞太地區和平發展的可能性應該高於五〇%。儘管競相加強軍備是事實，亞太諸國都沒有帝國主義行為的長遠傳統，也大多能在各種層面上找出辦法進行合作。北韓是目前為止這個地區最危險的國家。但除了北韓以外，亞太地區似乎沒有一個國家會為了遂行政策目的而開啟戰端。南中國海風雲時或緊張，但國與國的高層面戰鬥可能性很低。

一九七〇年代冷戰期間，年輕、無知、不成熟的我初次駛入的太平洋，比現在更加危機四伏。今天所有重要亞太國家，包括日本、南韓、中國與美國等，都很清楚太平洋海戰可能導致的毀滅。商業實力、文化深度與亞太諸國人力資本素質，都說明這是一個充滿正面成長契機的地區。在二十一世紀的今天，南中國海與朝鮮半島雖出現挑戰與緊張，太平洋仍然有望常保太平。這一切的關鍵，端在太平洋國家能不能在這片將它們命運綁在一起的大洋上合作。如若不能，像出現在地平線上的來襲風暴一樣，戰爭的爆發——或許出現在朝鮮半島，或許是日本與中國間的衝突——將勢所難免。二十一世紀的太平洋會出現許多無法預期的轉折。

第二章 大西洋｜殖民的搖籃｜

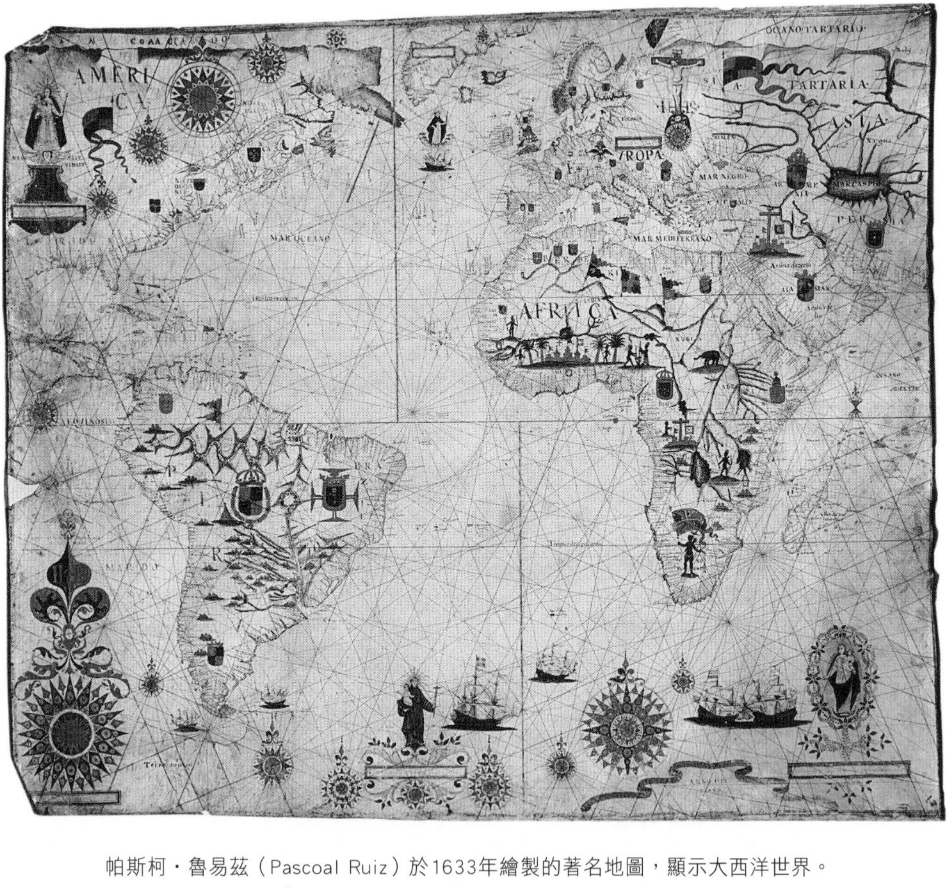

帕斯柯・魯易茲（Pascoal Ruiz）於1633年繪製的著名地圖，顯示大西洋世界。
圖片由「全球漁業觀察」（Global Fishing Watch）提供。

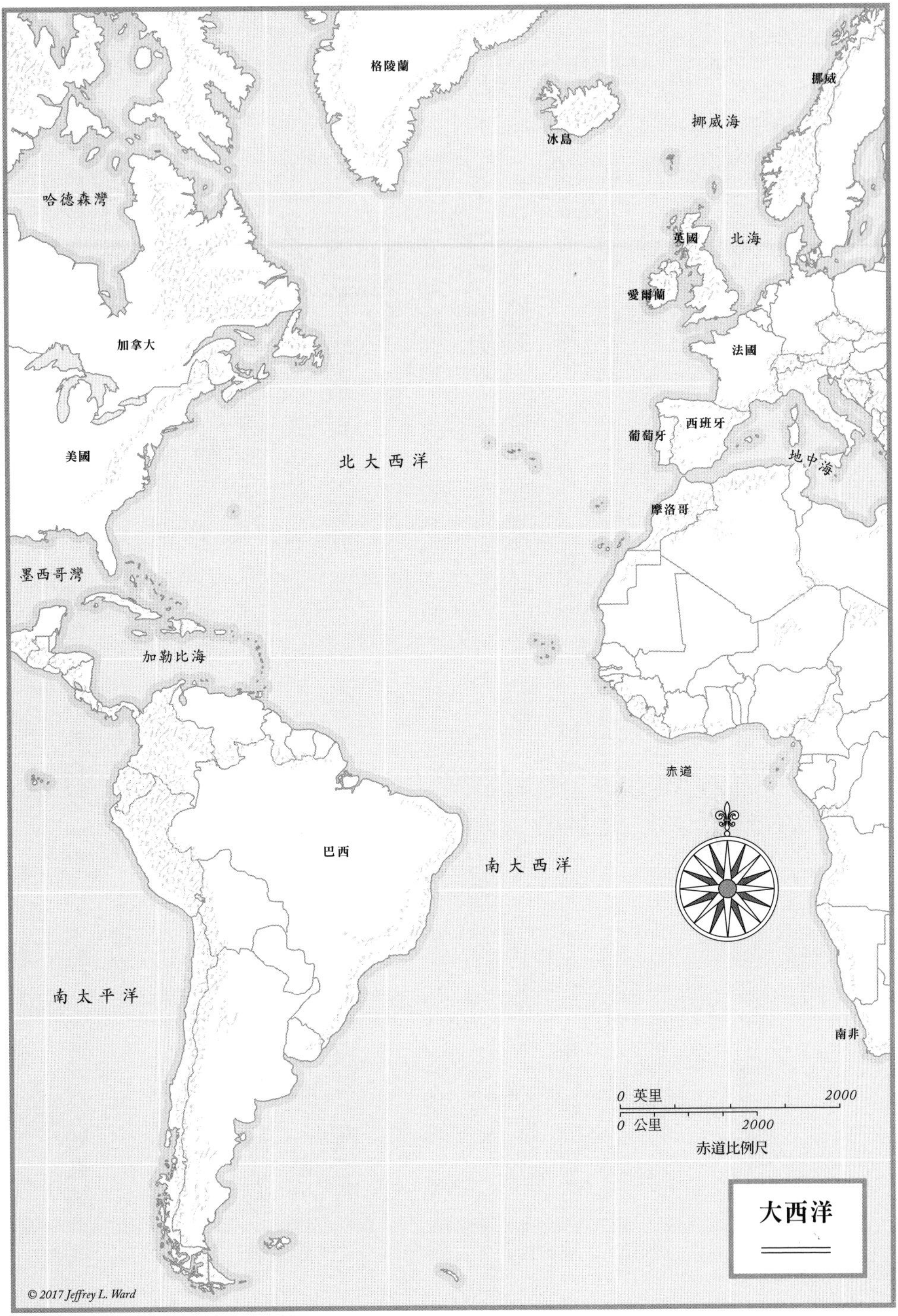

格陵蘭
挪威
冰島
挪威海
哈德森灣
英國
北海
愛爾蘭
加拿大
法國
葡萄牙
西班牙
美國
北大西洋
地中海
摩洛哥
墨西哥灣
加勒比海
赤道
巴西
南大西洋
南太平洋
南非
0 英里 2000
0 公里 2000
赤道比例尺
大西洋
© 2017 Jeffrey L. Ward

許多人說二十一世紀是太平洋世紀。就許多標準而言，太平洋——特別是如果納入南亞與印度次大陸附近水域，將它視為印度－太平洋——確實是這個新世紀最具支配意義的水域。歐巴馬政府著名的「轉進太平洋」（在中東與歐洲出現事端過後，這項政策已經改為一種「太平洋的再平衡」）似乎也為這個概念做了背書。

但無論這個世界今後在哪一個海洋比較重要的問題上會出現什麼變化，大西洋有一個不容改變的事實：它永遠是西方文明的搖籃，特別是如果將地中海也視為它的一部分，如果考慮到它促成歐洲國家、新成立的北美諸州、拉丁美洲文明、加勒比海與非洲之間的交流，尤其如此。

每想到大西洋，我常想到路易斯・馬利（Louis Malle）在一九八〇年拍的一部經典之作《大西洋城》（*Atlantic City*）。這部在大西洋城拍攝的電影，由畢蘭卡斯特（Burt Lancaster）擔綱，飾演一名老邁的幫派分子盧（Lou），盧在片中幫蘇珊・沙蘭登（Susan Sarandon）所飾的一名加拿大年輕女子逃亡。許多年前，盧年紀尚輕，在幫會崛起時曾旅經大西洋。他想到大西洋之絕美與洶湧，誠懇地對她說：「妳要是能見到當年的大西洋就好了。」我認為大西洋在盧短短幾十年的生命中沒有多大變化，但千百年來它的魅力始終長存人類心中確是事實。

大西洋是僅次於太平洋的全球第二大洋，幅員四千多萬平方英里（比美國大十倍還不止*），約占地表總面積二〇%。「大西洋」（Atlantic）這名字源出古希臘神話人物亞特拉斯（Atlas），根據神話故事，亞特拉斯神用祂的雙肩撐起地球。大西洋其實是兩大水域結合而成的，這兩個水域各據赤道一邊，一般稱為「盆」（basin），若從太空觀察，整個大西洋呈「S」狀。只須對非洲西海岸與南美東海岸稍事觀察，任何人都會立即猜想，這兩塊大陸原本一定合而為一，之後在遠古時逐漸漂離分家，造就大西洋的海底。

大西洋有地中海與加勒比海兩個關鍵性分支海域，還有一個通往北方的重要戰略通道（格－冰－英海道），這處通道一直是競爭激烈的海上要衝，冷戰期間曾經險些引爆戰端。在南方，大西洋經由相對較小的德雷克通道（Drake Passage）與太平、印度兩洋相連，在東方則以廣闊洋面與印度洋交會。加上兩個支海，大西洋沿岸有將近一百個國家與地區，其中有美國與巴西這類幅員與經濟兩強的大國，也有貝里茲（Belize）與蒙賽拉（Montserrat）這類蕞爾小國。

我本人對大西洋的第一個印象來自一九六〇年代初期。那時我還只是個小孩，隨當年擔任陸戰隊現役軍官、前往美國駐希臘大使館履新的父親從紐約搭船駛往希臘首都雅典。在那個年代，乘郵輪飄洋過海頗有二〇與三〇年代搭乘豪華輪船之風——精緻的食物、不

* 一般認為，美國面積為三百八十萬平方英里。

大但高雅的客艙，還有隨時都能享用的酒吧。我們搭乘的「憲法號」提供許多兒童節目，但大西洋浪濤洶湧、滾滾而逝的情景總令我心馳神怡、流連忘返。海鷗高飛在灰白相間的空際，原本一平如鏡的洋面瞬間捲起朵朵浪花，霎時又變化為潮湧大浪。那是一場永不落幕、充滿聲光美景的大戲，讓一個小男孩迷戀不已。在那趟行程中，我們穿越地中海，在里斯本與羅馬小停，然後抵達進入雅典門戶的比雷艾夫斯港（Piraeus Harbor）。

十年後，我在一九七〇年代之初換上一副嚴肅面貌重返大西洋，這次我乘的是當時嶄新的航空母艦「尼米茲號」。當時我剛滿二十歲，即將進入官校最後一年。我們從諾福克（Norfolk）駛入洶湧、暗藍色的墨西哥灣流（Gulf Stream）。這股灣流一開始在非洲西海岸外海成形，像海洋中的河流一樣流經大西洋中部，是西大西洋最醒目的特色之一。它在撞上南美洲東北海岸以後反彈，分成兩股，然後改道朝北、通過佛羅里達海峽（Strait of Florida）。

墨西哥灣流一般寬約六十到七十英里，幾近四千英尺深，海面流速很高，有些地方達到時速五英里。十八世紀殖民當局的海員對這股海流已經非常了解，不過怎麼做才能充分利用它的速度與衝力，一直是爭議不斷的話題。許多文學作品與電影談到它，而對於海員來說，它像一股洶湧無情、沛乎難禦的力，把擋在前面的一切推入北大西洋深處。海明威對墨西哥灣流有一段翔實、但多少有些沉悶的描述，或許想從頭至尾讀完海明威寫的這段故事，我們得來一大杯海明威黛桂里雞尾酒才行。直到今天，大西洋仍是騷人墨客興嘆、歌詠的對象。

雖說古希臘人穿越今天稱為直布羅陀海峽、他們所謂「海克力士之柱」（Pillars of Hercules）的旅途，重重深裹在神話與傳奇中，最早駛入大西洋的歐洲人或許是古希臘人。這些神話主要談到傳奇之城亞特蘭提斯（Atlantis）的存在。想知道古希臘人的世界觀，就得了解古希臘神話。我對希臘神話的認識主要來自父親，當時是一九六〇年代，還是小孩的我隨父親住在希臘。根據希臘神話，天神亞特拉斯站在世界邊緣，面對住在「歐西納斯」（Oceanus，環繞世界的海）岸邊蘋果園中、守護金蘋果的仙女希絲波萊（Hesperides）——永不厭倦地用雙肩撐起世界。這個地圖當然談不上多精確。

早自六世紀起，已有各式各樣探險家探討亞特蘭提斯的神話，其中包括愛爾蘭修道院住持、人稱「航海人」的聖布倫丹（Saint Brendan）。這位教會長老的行程理應以宣教、勸人皈依為目的，不過在海上似乎找不到什麼宣教對象。若干紀錄顯示，他的行程遍及英倫諸島（到了蘇格蘭與威爾斯），可能還穿過英倫海峽抵達布列塔尼（Brittany）。根據「航海人布倫丹」的傳奇故事，他到過格陵蘭外海，碰上冰山，可能還抵達冰島南岸。這些早期探險家都沒有將旅途中學到的東西廣為公開，對歐洲人而言，大西洋仍是一個危機四伏、撲朔迷離的世界。在大西洋西海岸那些稀疏散落的美洲土著屯墾區，除了沿海一些短程往還以外，似乎也沒有出現進一步行動。大西洋仍是一處未經探討的大洋。

直到西元八百到一千年維京人崛起時代，揚帆駛入大西洋的實證紀錄才出現。真正第一批進入冰島屯墾的可能是維京人，時間或許在八〇〇年代末期。根據紀錄，畢賈尼‧賀約森（Bjarni Herjolfsson）等人曾在九〇〇年代末期進入大西洋。賀約森的船顯然遭遇風暴，從冰島與格陵蘭附近比較熟悉的水域一路颳往西邊，根據紀錄，他還見到西方出現茂密的森林。若干觀察家因此認為，第一個發現新世界、透過「海上公路」將歐洲與北美聯繫在一起的是維京人。而直到今天這條海上公路仍然無比重要。到第十與十一世紀，今天的加拿大已經出現屯墾區，即拉布拉多（Labrador）與紐芬蘭（Newfoundland）。有些報導說，在北美內陸深處的明尼蘇達與美國中西部北部地區都發現所謂「維京人遺址」，不過絕大多數學者不予採信，認為這些說法不過是聳人聽聞的都市傳奇罷了。今天歐、美兩洲每年有超過四萬億美元貿易往還，是全球經濟規模最大的貿易關係，很難想像當年維京人若見到今天這種盛況，將作何感想。

維京人這些活動究竟算得上是「發現」新世界，或只是「抵達」新世界，仍是學術辯論的議題。丹尼爾‧布斯汀（Daniel Boorstin）就這個議題發表過一篇令人信服的論文，將探險之旅與發現行為做了區分。根據布斯汀的觀點，唯能為歐洲文明提供回饋，造成歐洲人世界觀大幅改變的，才能稱為「發現」。可以確定的是，早年那些駛向海上的愛爾蘭人與維京人，開啟了我們今天所了解的大西洋世界，為我們帶來一條極端重要的海上橋梁。但歸根究柢，他們畢竟主要是行走海上的水手，不是開發陸地的殖民者。直到十五與十六世紀，在強悍的葡萄牙人帶頭下，來自南歐較暖地區的航海家才不僅探勘，還從海上與陸地發現並殖民了大西洋世界。就一種意義而言，海洋本身——金光閃閃的海，不過是世界貿易、商務、研究與國防安全活動進行的孔道與場所而已——與海洋聯結的廣大陸地世界的豐富多彩，兩者之間的差異就在於此。

我在一九九〇年代中期第一次以艦長身分跨越北大西洋。我的「貝利號」（USS Barry）是一艘嶄新的阿萊．伯克（Arleigh Burke）級導彈驅逐艦，有大約三百名官兵，以及巨量空防、地面攻擊與潛艇獵殺飛彈，即所謂多任務戰艦。這艘軍艦根據獨立戰爭期間愛爾蘭裔作戰英雄約翰．貝利（John Barry）艦長命名，也因此，當我們奉命在一九九四年初夏往訪愛爾蘭時，最先的任務是親善訪問。在短暫停留之後，我們進入阿拉伯灣（Arabian Gulf，又稱波斯灣），準備隨時迎接戰鬥任務。

那年國殤日（Memorial Day，註：美國國殤日在五月底），在跨過浪潮滾滾的大西洋洋面時，我想到早期航海家的經歷，今昔相比，感慨萬千。我們艦上擁有各種如居家般安適的設備，包括豐盛的熱食與淋浴設施，舒適的船艙，可以與國內親友通訊（不過與今天相比仍顯有限），還有加油艦在海上為我們加油，讓我們燃油無缺。艦上的食宿生活設施雖不豪華，與當年維京人的長船相比，我們已經彷彿國王帶著堂皇的宮殿出海一樣，生活在一個非常不同的世界。

但激勵我們前進的動機是一樣的：我們為國家執行任務，離開家人出海七個月，最後還得進入當年因薩達姆・海珊（Saddam Hussein）當道而危機四伏的阿拉伯灣水域——像兩千年來那些出海遠行的水手一樣，我們艦上官兵也有榮辱與共的一體感。我們當然不是維京人，我們的航海也不像維京人那樣富戲劇性，但無論就任何意義而言，我們都是說不完的大西洋故事的一部分。我們知道我們往哪裡去，但不知道會碰上什麼狀況。那種不確定與冒險感，正是讓我們勇於走上海上的主要原因。

航海科技在第十四與十五世紀出現關鍵性改善。脆弱的單桅維京船——其實它只是將希臘人與羅馬人一千年以前使用的船稍加改裝而成的東西——已經落伍，代之而興的是多桅、船頭有斜桅載帆的大船。羅盤廣為應用，人們開始用打了結的繩作為測速工具（船行速度以「節」為單位，就是這麼來的）。在星象導航技術問世，並逐漸精進以後，以陸標訂定航線的「推算航行」誤差問題解決了。貨品——特別是香料、黃金、首飾、香水、染劑與寶石——交易開始流通，海上交通越來越旺，船也越走越遠。

姑且不論首先大舉跨越大西洋的歐洲人是不是愛爾蘭人（或維京人），葡萄牙人早年造成巨大衝擊是不爭之實。在這些勇者中，最具標竿性的人物首推封為維賽亞公爵

（Duke of Viseu）、綽號「亨利王子航海家」（Prince Henry the Navigator）的葡萄牙親王亨利（Infante Henrique of Portugal）。他生長在十五世紀上半葉，在一四〇〇年代初期多次出海探險，穿越大西洋南緣，探討非洲海岸。他早年曾隨十字軍攻打修達城（Ceuta），即今天的摩洛哥，在修達發現香料、金、銀，與大西洋南岸大陸那些可能帶來財富的寶藏，對探險與牟利的胃口也因此大開。他還在葡京里斯本附近的薩格雷（Sagres）成立並主持一個非正式的「海事庭」，將當年許多最優秀的航海家與水手聚在一起。亨利究竟在多大程度上參與這個「庭」的會務，學術界頗有爭議，但他不時讓海上事務專家共聚一堂汲取集體智慧，似乎是合理推斷。

亨利王子贊助的許多海上探險，不僅充實了有關南方世界的知識，還拓展了航海科技新領域。前後架設三角帆的輕帆船（caravel）是這些探險的重要工具。輕帆船雖小，但可以用小編隊方式運作，而且不僅可以順非洲海岸南下，還能逆風行駛，沿海岸北上。我們談到「冒險、反其道而行」時，常說「頂風而前」（sailing close to the wind），這幾個字就源出於當年葡萄牙人使用的輕帆船。

當年的葡萄牙航海家，還練就一身駕馭大西洋各式盛行風與洋流的本領，首先從里斯本與拉哥斯（Lagos）駛往西南方，抵達赤道非洲海岸，隨後往北往西——與葡萄牙越行越遠——最後在亞述爾群島（Azores Islands）附近掉頭，轉往東北方，利用所謂「葡萄牙洋流」返國。這種巨型三角航線稱為「volta do mar」，即「海上折返」之意。還有一種較小型的版本，首先駛往中等距離外的非洲海岸靠港，然後轉向西北，取道加那利群島（Canary Islands）折返葡萄牙。在取得駕馭風與洋流（即所謂大西洋環流）的優勢以後，歐洲人的探險活動更趨頻繁。輕帆船科技的問世，使探險家可以經由這兩條航線徹底探勘非洲西北廣大的海岸，從直布羅陀海峽南端的古港修達，直到今天茅利塔尼亞（Mauritania）外海的阿爾金（Arguin）島。葡萄牙人在阿爾金建了在非洲的第一個大型城堡，守了兩世紀，直到一六〇〇年代。

亨利王子於十五世紀中葉死後，在不折不扣生長在探險時代的新一代水手帶領下，葡萄牙人繼續走向海洋。其中最關鍵的三位船長是巴托洛穆・迪亞士（Bartolomeu Dias）、法斯科・達賈瑪（Vasco da Gama）與佩卓・阿法利・卡布拉（Pedro Álvares Cabral）。以迪亞士為例，就在一四八〇年代末離開塔霍河（River Tagus）的白塔（White Tower），探索好望角（Cape of Good Hope，多少出於意外，因為根據傳說，他的船因為遭到風暴，才被吹向東方），一年半以後才重返葡萄牙。達賈瑪走得更遠，在十五世紀結束時成為第一個抵達印度次大陸的歐洲人。在十六世紀第一年，卡布拉發現巴西，並繼續前進，完成人類史上已知第一次觸及歐洲、南美、非洲與亞洲印度次大陸四大洲的航行。

這些葡萄牙船長們的探索逐漸打開非洲西南方海岸，他們協助構築了海上貿易路線，繼續搜尋傳說中約翰長老（Prester John）統治的基督教王國（一直沒找到），終於繞道好望角，進入印度洋。他們偉大的發現之旅激勵了歐洲人，壓榨了非洲人（往往手段極盡殘忍能事），開創了十五與十六世紀大西洋與印度洋之間的聯繫。有人稱這段時間為「大海洋時代」（Oceanic Age）的黎明。

我第一次駛入里斯本沿塔霍河北上，是在一九六二年。當時奉派出任駐希臘大使館海軍助理武官、任期三年的父親，帶著我們一家搭乘「憲法號」前往雅典，身為步兵軍官的父親似乎對海上旅行並不特別迷戀，不過我卻愛極了那段經驗。里斯本是我們離開波士頓以後第一個停靠的港口，之後在一個炎炎夏日，我們沿塔霍河北上。雖說當時我年僅七歲，看著眼前水岸邊進進出出的船隻，美麗寬廣的河，還有自一五〇〇年代初期以後，每一位葡萄牙船長在啟程走向世界時，都見到的那座閃閃發光的白塔，在在令我神馳。幾十年以後再次回到里斯本時，我已經兩鬢斑白，官拜海軍四星上將，有許多海上帶兵經驗，以及數不清值得回憶的海上旅程，但那座白塔為我帶來的神奇感仍與當年一般無二。走進距岸邊幾條街的葡萄牙海事博物館參觀，讓我對當年那些探海人的勇氣感佩萬分——你得將一切你知道的，包括歐洲與基督教世界，以及多采多姿的社交生活與關愛的親友全部拋棄，駛入南方未知的一片蠻荒。當他們漸行漸遠，那座白塔——當時叫做貝倫塔（Belém Tower）——在他們眼前逐漸消逝時，他們想必像世界各地的海員一樣，內心在對家的渴望與對海的嚮往之間掙扎不已。

我們會在下文加勒比海專章深入討論哥倫布與他著名的一四九二年之旅，但值得注意的是，哥倫布一開始原本希望替葡萄牙進行這趟探險，但遭到拒絕，最後贏得西班牙王后伊莎貝拉（Isabella）與國王斐迪南（Ferdinand）的信任與財務支持（還有熱情）。哥倫布在一開始往南駛向西非，但之後趁著順風轉而向西。就這樣一個月剛過，他在今天的巴哈馬（Bahamas）登陸，改變了世界史。哥倫布之後又三度駛入「新世界」，留下許多直到幾世紀後的今天仍為人們津津樂道的事蹟。他最後獲封「海洋大將軍」（Admiral of the Ocean Sea）——這大概是海事史上最誇張的封號了。

不過事隔幾十年，到十六世紀，跨大西洋航行已經越來越普遍。值得注意的是，哥倫布「發現」新世界不到二十年後，之後完成環球之旅的斐迪南・麥哲倫（Ferdinand Magellan），在一次航行中發現連結大西洋與太平洋的水道——位於南美洲尖端的麥哲倫海峽。頗具反諷意味的是，麥哲倫是葡萄牙人，但奉西班牙王室之命出航。如前文所述，他在完成環球旅途之前遇害，但他的探索以及因而導致的海圖繪製變化，對英、法等後起海上新秀影響甚巨。麥哲倫死後，英、法航海家開始深入大西洋，特別是北半球的大西洋水域。

率先通過大西洋進入加勒比海與南美的雖是葡萄牙與西班牙人，全力經營北美的是英國與法國人。約翰・卡巴（John Cabot）——讓人感到反諷的是，他是義大利人，但代表英國王室出航——在十五世紀結束時探勘了紐芬蘭，但之後在一次五艘船組成的後繼探險行動中失蹤。對英國的探險熱這多少是一陣冷水淋頭。不過大約百年後，英國人再次大舉跨越大西洋。十六世紀展開以後，英國與法國都在今天的加拿大建立殖民地，還在今天美國的大西洋沿岸屯墾。

在亨利八世統治下，英國造了第一批戰艦，走上海洋的傳統遂於一五〇〇年代成形。這些戰艦裝備砲口裝填的重砲，以及塔狀隆起的艦首與艦尾，以便居高臨下攻擊敵人。英國人這種多門艦砲一起發射的所謂「舷砲齊發」（broadside）戰術，在之後五百年的海戰過程中一直是造成毀滅性效果的利器，直到二十世紀中葉飛機與長程飛彈問世，情況才逐漸改觀。宗教改革後，亨利八世決定與天主教決裂，不再承認教皇的權威，宗教戰爭於焉爆發。到十六世紀末，在宗教戰爭推波助瀾下，英格蘭與西班牙的地緣政治爭霸戰全面展開。英國那些浪跡海上的「私掠船」（privateer）——其實就是獲有英王正式授權的海盜船——遂成為英格蘭與西班牙決戰的戰略武器。其中最凶悍的兩名私掠船船長是約翰・郝金斯（John Hawkins）與法蘭西斯・卓克（Francis Drake）。特別是卓克的「金鹿號」（Golden Hind），更曾在一五〇〇年代末揚威南美洲海岸，令西班牙人聞風喪膽。

這些發展於是導致大西洋的一場大海戰——英國對西班牙「大艦隊」發動的攻擊。

大艦隊又稱為「無敵艦隊」（Grand Armada），在當年確是一支龐大的武力，擁有遠超過一百艘船艦，一千門砲，與近三萬名官兵。在集結這支艦隊的同時，西班牙還在今天的荷蘭打宗教改革戰爭（荷蘭與德國基本上是這場大戰的核心戰場）。英國方面也集結了三十艘重型戰艦，加上武裝商船助陣，總計動員近兩百艘艦艇參戰。雙方艦隊的重大差異是，英方艦艇較小較輕，機動力較強，而且船員技藝也較高。西班牙的船艦噸位較重，舷砲火力比英艦大一倍還不止，但射程較短。這場在英國外海進行的海戰是帆船艦隊第一場大型衝突，也是天主教與新教徒對抗的關鍵之戰，意義自然重大。

雙方在這場海戰中互相開了好幾萬發砲彈，但由於兩支艦隊距離遙遠，這些砲彈沒有造成多少殺傷力。西班牙人隨即開進他們第一個目標，法國卡萊（Calais）港，計畫在卡萊搭載更多軍隊然後跨過英倫海峽，入侵英格蘭。西班牙人運氣不佳，因為他們的重磅砲彈幾已告罄，而且由於距離本國兵工設施遙遠，無法再補給。而英國艦隊則占靠近本國地利之便，得以重新運補。儘管擁有這項優勢，英國人沒能打垮西班牙艦隊，只能把他們逐入北海，最後迫使他們撤回西班牙。西班牙艦隊在這次撤軍行動中，遭遇幾次大風暴，再加上導航技術不佳，沉了好幾十艘船。當無敵艦隊終於跌跌撞撞敗回本國時，兵力已經折損半數。英國人在勝利獎章上刻了一段文字：「上帝呼了一口氣，吹散了他們。」

之後一世紀，荷蘭開始以新興海權國之姿走向大西洋與新世界其他地區。在一六〇〇年代，英國與荷蘭打了三場戰爭，結果對荷蘭人不甚有利——荷蘭人需要駛經幾條水道才能通往大西洋開闊水域，但這些水道都為英國掌控，英國因此享有重大戰略優勢。當時正值英國「聯邦」（Commonwealth）期間，大權在握的奧立佛・克倫威爾（Oliver Cromwell）對海軍將領極度不信任（我很遺憾，不得不這麼說），他決定將陸軍將領（當然都只有陸地部隊指揮經驗）調赴海上領軍。當然，這麼做的結果是，海軍開始採取比較有秩序的縱隊戰術與所謂「長蛇陣」戰術，不再採用過去憑操縱手法，讓船貼近敵艦發動攻擊的「混戰」戰術。到一七〇〇年代，英國與法國在大西洋纏鬥時，指揮權已經重新回到海軍將領手上，但縱隊與精確運動仍是海戰戰術理念核心。

一七〇〇年代中期的七年戰爭稱得上是第一場真正的全球性衝突，因為在這場戰爭中，英、法兩國在大西洋、在地中海與加勒比海、在太平洋、還在所有這些地區的岸上交戰。英國設計了一套沿用三百年都很管用的戰略，與歐陸列強結盟，建立地緣政治均勢以對抗主要對手——法國。英國一方面實施封鎖，不讓法國艦艇離港出海，並且透過歐陸盟友（俄羅斯）在陸地威脅法國，一方面對全球各地法國殖民地、對法國在大西洋的艦隊發動攻擊。由地緣戰略天才威廉・皮特（William Pitt）設計，有時也稱為「皮特計畫」（Pitt's Plan）的這套戰略，在之後三個世紀雖或稍有增削，大體上一直是英國基本策略。法國也努力保衛它的殖民地，並揚言進犯英國。最後，英國憑藉制海權取得決定性優勢，除占有加拿大外，在加勒比海也斬獲頗豐。七年戰爭證明全球性海軍軍力與海上交通控制權是贏得戰爭的關鍵。

歐洲人跨越大西洋的漸進過程，另有一件值得注意的大事：探險帶來必然的轉型。遠航與頂風行船的迫切需求，帶來航海技術、風帆、索具以及船身型式的變化。但除了這些技術性改善以外，新農產品的發現與運回歐洲也造成其他重大轉型。經由海路運回的異國動植物，一開始雖只是好奇嘗新，之後逐漸演化為商業產品，終於改變了歐洲人飲食習慣。這就是所謂「哥倫布交換」（Columbian Exchange）或「新世界交換」（New World Exchange）。

就像歐洲人跨過大西洋將「槍炮、病菌與鋼鐵」（作家賈德・戴蒙〔Jared Diamond〕在他的同名經典之作這麼說的）帶進非洲與美洲一樣，新世界也將產品送回歐洲。番茄、馬鈴薯、橡膠、香草、巧克力、玉米與菸草從新世界運來，歐洲也將洋蔥、柑橘、香蕉、芒果、小麥與稻米送往新世界。牲畜大體由歐洲運往美洲，從根本上改變了美洲生活方式——馬、豬、驢、狗、貓、蜜蜂與雞都因這座大西洋橋梁而引進美洲。兩個新大陸的發現為歐洲人造就新貿易路線，隨著時間演變，奴隸開始湧入美洲，在養殖場（主要是糖、棉花與菸草）工作，然後將成品運回歐洲。這條運送奴隸的所謂「中間航線」（Middle Passage）是駭人聽聞的大悲劇，也是大西洋史上最惡劣的一刻。這股跨大西洋的巨型移民潮（奴隸運輸只是它的一部分）一直持續，終於為今天的美洲帶來超過十億居民。

所有這一切帶來原材料貿易與跨大西洋的人員流通，終於為十八世紀的工業革命創下基礎。由於貿易與商務活動漸趨頻繁，以及隨之而來的工業產能增加，大國地緣政治出現了。法國、英國、西班牙、荷蘭與葡萄牙等大西洋五大帝國逐漸陷於一連串殖民地戰爭，紛紛以大西洋作為推動經濟發展、支援美洲戰事的後勤橋梁與海上公路。或可稱為「大西洋之戰」的戰事，就這樣在美洲與歐洲陸地與海上打了兩個世紀。基本上，這場戰爭是一場新世界產品的爭奪戰，爭的是金、銀、奴隸、糖、菸草、漁產、皮草、製造商品以及市場本身。帝國主義列強都了解，今天我們所謂的「制海權」是國家力量不可或缺的要件。儘管描述這些策略的一貫性理論架構，與奧夫瑞・薩耶・馬漢（Alfred Thayer Mahan）的相關論述還得再等兩百年才問世，但這是一場人類史上規模最大的海權爭霸。大型船艦（包括商船）相繼下水，打造了制海權引擎，讓國家向海外伸張權勢——這種情勢支配全球政治數百年，直到今天仍然持續。而這一切都在大西洋誕生。

在美國，相對而言不算大的新英格蘭開始發展，成為美國第一個真正的全球性海上樞紐。在美國獨立革命前幾十年，初具規模的造船廠開始在新英格蘭成形。殖民地所以終於能夠掙脫英國掌控，這些造船廠的獨立自主以及它們創造的財富居功厥偉。

美國獨立戰爭的核心爭議——從不給代表權卻要向殖民地課稅，到殖民地自由意識逐漸高漲的事實（由駛入茫茫大海的探險家創建的新政治實體，習俗與行為當然與英國漸行漸遠）自然也源出於大西洋貿易。當時的貿易路線已經日趨複雜，到一七〇〇年代中期，貿易項目增加到木材、肉、穀物、焦油、樹脂、瀝青、稻米與靛青染料等等；數以千計的船隻投入這項貿易，數以百計的戰船隨行護送，海上大小衝突、爭戰也持續不斷。除了合法貿易與軍事護送之外，當然還有以加勒比海為中心、越來越猖獗的海盜文化。之所以如此，是因為加勒比海四季如春，有許多小港灣、小島，而五個國家在一個相對小型的水域競爭，也帶來自然地緣政治的混亂，為海盜活動造成許多有利條件。我們在後文還會進一步討論。

所有這些貿易、財富與地緣策略競爭，形成一種複雜、易燃的東西，最後因「啟蒙」（Enlightenment）理念而引燃，為美國革命創下有利條件。在美國革命過程中，大西洋又一次扮演重要角色。繼法國與印第安戰爭（北美地區的七年戰爭）之後，英國處境漸趨困難：國內出現動亂，法蘭西帝國對英國憤憤不平，美洲殖民地人民也對英國越來越不滿，認為英國加在他們身上的稅負與義務過重。持續增高的稅賦造成殖民地大規模動亂，終於造成一七七三年波士頓茶黨事件（Boston Tea Party）——這次事件惹毛了英國當局，對殖民地加緊鎮壓，並關閉波士頓港。到一七七五年，特別是北部殖民地已經處於叛亂狀態，萊辛頓（Lexington）與康柯德（Concord）兩場戰役（基本上只是槍擊與小型衝突）卒演變為全面戰爭。

歷史上沒有一場革命是全民擁護的。在美國革命戰爭一開始，殖民地的美國人約有三分之一希望繼續身為英王臣民，約三分之一多少有些模稜兩可，還有三分之一則堅決主張獨立。但一旦新英格蘭投入戰鬥，殖民地風向轉變，革命精神漸趨昂揚。雖說與英國相形之下，美國人幾乎沒有像樣的海軍，但法國支持美國——在法國與印第安戰爭敗北的法國人，想盡辦法在美洲削弱競爭對手，獨立戰爭為法國帶來打擊英國的機會。殖民地當局運用小型船隻在張伯倫湖與湖邊加拿大境內對英國利益發動游擊戰。令人稱奇的是，他們還利用私掠船與「大陸海軍」（Continental Navy，註：美國革命戰爭期間成立的海軍）最早的幾艘戰艦，將戰爭帶進英國水域。英國派軍大舉進駐殖民地，全面徹底控制大西洋水道，對只有輕武裝的美國船艦造成重創。美國人很快發現，想戰勝英國，就必須解決英國控有大西洋的關鍵問題。直到法國在一七七八年參戰以後，美國人才能在美國海岸建立若干程度的今天所謂制海權。

到一七八〇年代，美國海軍軍官已經在北大西洋取得幾次海戰大捷。以其中偶像人物約翰・保羅・瓊斯（John Paul Jones）為例，就曾先後駕「游騎兵號」（Ranger）與「好人理查號」（Bonhomme Richard）進入愛爾蘭與英國水域，進行阻截海上交通的游擊戰。他在一七七九年率領一支輕武裝小型艦隊攻擊一個英國船團，擄獲重武裝英艦「賽拉皮斯號」（Serapis）。這或許是美國海軍在革命戰爭期間最著名的一場戰役。當時瓊斯的座艦幾已被英艦擊沉，英艦艦長問瓊斯是否準備降旗投降，瓊斯答道：「我還沒開始打呢」。這句話在安納波利斯美國海軍官校為一代代官校生（包括一九七二年夏一個名叫史塔萊迪的官校菜鳥）傳為佳話。

約翰・保羅・瓊斯或許還是美國人能夠喊得出名姓的唯一一位著名美國海軍軍官。他曾經多次穿越大西洋。雖說許多人尊他為「美國海軍之父」，他其實是替美國與俄羅斯帝國作戰的傭兵，在俄羅斯海軍官拜少將。在整個革命戰爭期間，他對自己在美國受到的待遇不甚滿意（瓊斯是脾氣火爆的蘇格蘭人），於是回歐洲爭取升官發財，但遭宮廷政治排擠，始終未能得意。他於一七九二年在巴黎去世。死時身無分文，葬在法國一處公墓。

不過，由於席奧杜・羅斯福翻舊帳，對他產生興趣，瓊斯的星運在死後開始亨通。一九〇五年，在三艘巡洋艦護航下，瓊斯搭乘美艦「布魯克林號」（USS Brooklyn）又一次穿越大西洋。在隆重軍禮與全副儀仗排場下，他首先葬在班克洛夫山（Bancroft Hall，安納波利斯官校學生大隊駐地），最後葬在安納波利斯美國海軍官校大教堂一座華麗的黑色大理石墓穴中。他很可能是世上唯一一位曾在前後三個世紀（從十八世紀末到二十世紀初）跨越大西洋的人。

草創之初的美國運氣不錯，因為法國為扭轉戰局開始跨越大西洋為美國運補，對英軍實施突襲，還計畫出兵南部殖民地。法軍統兵官拉法葉侯爵果然是殖民地需要的可靠盟友，他率軍在南維吉尼亞的約克城發動一場決定性的重要戰役。這場歷時數月的大戰充分顯現了海權價值。最重要的是，它的決勝關鍵在於跨大西洋的制海權。此外，美方能夠隨意調動軍隊，在最有需求的地點發揮戰鬥力，也是海權帶來戰略機動力的成果。一七八一年夏末秋初，敵對雙方經由海路向約克城集中兵力，大西洋海戰也演變為一場英、法兩軍艦艇的殊死惡鬥。法國海軍挫傷英國海軍，迫使英軍往北，為困守在約克城的英陸軍將領康華里爵士增兵運補。但時機不利英軍，美方（在美國最早、最老的盟友法國協助下）憑藉優勢海權迫使康華里投降。到一七八三年，英國面對更大地緣政治挑戰，國內動亂情勢也愈發嚴峻，於是簽定《巴黎條約》結束戰爭，承認版圖從大湖區綿延到佛羅里達的新美國獨立。大西洋海岸是美國最主要的地緣特性，因為它是獨立後的美國通往世界的門戶。

大西洋扮演中心要角的下一波大戰，是由於拿破崙・邦納帕崛起而在歐洲引發的腥風血雨。這場戰爭從十八世紀結束一直打到十九世紀最初十年，爭鬥雙方一邊是拿破崙的法國與他征服的國家，或經他說服與他並肩作戰的國家，另一邊是英國領導的聯盟。這是一場地緣政治之戰，儘管拿破崙支配歐陸，英國能運用海軍力量維護獨立，一面封鎖法國勢力，在遙遠的殖民地作戰，而且繼續在經濟上運作。英海軍將領霍雷蕭・納爾森子爵（Viscount Horatio Nelson）是這場長期爭戰的決勝關鍵。在拿破崙戰爭期間，或許堪稱史上最有名水手的納爾森，曾經跨越大西洋數十次，在加勒比海、波羅的海與地中海等大西洋各角落奮戰。他在戰爭初期對法軍的兩場勝仗，意義尤其重大：在埃及的尼羅河之戰很可能使英屬印度免遭法軍征服之厄；在丹麥的哥本哈根之戰則迫使拿破崙走上談判桌。他對英國海軍的影響直到今天依然常在。

值得一提的是，若換成今天這種強調「透明度」與「政治正確度」的時代，納爾森爵士一定過不了美國參議院的人事認可這一關。他有嚴重的暈船毛病，還有其他各式各樣的健康問題。他骨瘦如柴，而且身高不到五尺六寸，還在戰鬥中瞎了一隻眼，斷了一條臂。納爾森與愛瑪・哈米爾頓（Emma Hamilton）交好多年，有一個非婚生女兒。而愛瑪名聲不佳，客氣地說，是當年的名妓。當時的海戰講究嚴密編隊、中規中矩、一絲不苟，但納爾森總是奇招百出，以不守成規為樂。他能從各路海上好漢糾集一批「鐵桿兄弟」，從而組建了一支堪稱古往今來第一流的海上戰鬥武力。

納爾森爵士所以能夠青史留名，最重要的原因是當時正逢十八、十九世紀之交，拿破崙領導的歐陸強權法國正計畫征服世界海上強權的英國，而納爾森的成敗關係英國命運。英國想生存，就得控制大西洋以及歐陸近岸各海海上交通，同時維護全球各地殖民地的經濟活力，而他是英國能不能執行這項經典海上戰略的決定性人物。

到一八〇五年，拿破崙積極組建入侵部隊，準備攻擊英國。納爾森深知只要能將法國艦隊（以及法國的西班牙盟友）擊敗，就能保證英倫三島的安全與尊嚴，於是全力進擊法軍艦隊。英國當局知道，戰略重心（當時英方稱為「一切勝負關鍵」）在英倫海峽，以及用海軍控制英倫海峽的能力。納爾森的進擊終於導致一場史上最著名的海戰，即一八〇五年十月、兩支巨型艦隊在大西洋東部西班牙外海打的「特拉法加之戰」（Battle of Trafalgar）。就戰術意義而言，這場海戰所以重要，是因為納爾森在大戰前夕寫下的一份作戰守則備忘錄。

納爾森知道，一旦開打，他將無法與麾下近四十艘大型戰艦保持清楚而立即的通訊，戰場的撲朔迷離與可能出現的陰霾天候，都可能導致指揮與管制混淆。他因此在備忘錄中寫道：「海戰過程中沒有一成不變的事；所以必須見機行事。」他為這場海戰訂定基本方針與戰術，還加註一句備戰水兵們經常引用的名言：「在見不到訊號，或不了解訊號意義的情況下，艦長只要將他的艦靠近敵艦，就算錯也錯不到哪裡。」他揭示的這種指揮獨立精神，以及因而形成的果決行動傳統，直到今天仍活在英國與美國海軍——以及許多盟國海軍——心中。

在那個十月早晨，通常波濤洶湧的大西洋顯得異常平靜。納爾森將艦隊分為兩路長縱隊，近三十艘艦魚貫而前，衝向西班牙與法國艦隊，迫使他們應戰。就在納爾森的艦隊插入敵線中心、戰火即將點燃時，納爾森寫了一份遺囑與禱詞，其中有這麼一句話：「願取勝後的寬仁成為英艦隊最主要的特性。」之後他揚起號旗，發出任何英國海軍都能朗朗上口的訊號：「為英格蘭，每個人都要盡責。」他毫無疑問盡了責。可悲的是，數小時以後，他掛滿勳章綬帶，不避敵火站在後甲板領軍督戰時遭狙擊手槍殺。那天，大西洋海面無風無浪，平靜得出奇，納爾森就在水波輕搖聲中，在旗艦「勝利號」座艙內傷重不治。英軍此役大獲全勝，擄獲十五艘法國與西班牙艦隊最有戰力的戰艦。拿破崙因此放棄入侵英國的計畫。幾十年後，美國海軍史學家奧夫瑞・薩耶・馬漢，也在他的海上戰略經典之作中指出，特拉法加之戰證明「海權對歷史的影響力」。

頗具反諷意味的是，特拉法加之戰最大輸家的拿破崙，最後在南大西洋深處抑鬱以終。他首先遭盟國放逐到地中海小島艾爾巴（Elba），從艾爾巴逃出並再次掌權以後，又在滑鐵盧戰敗。這一次盟國把他放逐到離歐洲更加遙遠的小小火山島聖赫勒納（St. Helena）。極度失意的他不得不面對人生現實。他不再神采飛揚，寥寥可數的幾名跟班也似乎總是愁雲深鎖。茱莉亞・布雷邦（Julia Blackburn）的《皇帝的最後小島》（*The Emperor's Last Island*）一書對聖赫勒納與拿破崙晚年生活有非常生動的描繪。這本書對聖赫勒納島與大西洋的敘述不下於對拿破崙的著墨。拿破崙・邦納帕在這個五英里寬、十英里長的小火山島上度過漫漫六年流亡歲月，於一八二一年在島上去世。在臨終最後幾年，他經常夜以繼日、凝望大西洋永無止境的波濤。而這正是他終其一生未能征服的海。

大西洋地緣政治史的下一章，要談到美國海軍為因應革命過後動盪多事的歲月而崛起。當時美國的兩大政黨，亞歷山大・漢密爾頓（Alexander Hamilton）的聯邦黨（Federalist）與湯瑪斯・傑佛森（Thomas Jefferson）的共和黨（要順帶一提的是，這個共和黨不是今天的共和黨的前身；今天的共和黨是輝格黨〔Whigs〕與其他團體演變而來的）在「大海軍」的議題上相互對立。聯邦黨認為美國利益與時俱增，僅僅靠大西洋天險不足以保護這個年輕的國家，因此主張建立真正的遠洋海軍。傑佛森則認為，美國真正的擴張方向應該是南方與西方，因此應該列為施政優先的是農業，而不是海上進取。就本質而言，兩人的說法都有道理。也因此，在革命過後數十年間，美國海軍的建軍既不積極，過程也時斷時續。十八世紀最後幾年，為應付與法國的一場不宣之戰（即所謂「準戰爭」〔Quasi-War〕，從一七九八年打到一八〇〇年，戰場主要在加勒比海），美國成立海軍部。

傑佛森雖不喜歡大海軍，但巴巴里（Barbary）海盜對美宣戰，在十九世紀最初十年不斷掠奪美國船隻，當時擔任總統的他被迫一連幾次派遣艦隊進入地中海，以為因應。一八〇三年，愛德華・普雷保（Edward Preble）少校與史蒂芬・德卡圖（Stephen Decatur）上尉等幾位年富力強、積極進取的美國海軍軍官，以西西里為基地，在地中海進剿海盜，揚名立萬。草創初期的美國海軍最後在這場跨大西洋的攻掠中取勝。

儘管美國國防安全顯然有賴真正海權，在位的共和黨人仍然決定，美國只需配備砲艇等小型艦艇與岸防堡壘，能保衛大西洋海岸就行了。當時建的這類堡壘直到今天仍呈鏈狀、綿延不絕散置於美國東大西洋海岸。當然，在一八一二年與英國作戰時，事實證明這些做法並不恰當。所幸，雖說政府強調砲艇與堡壘戰略，海軍建軍初期六艘中型護衛艦——伊安・陶爾（Ian Toll）的《六艘護衛艦》（*Six Frigates*）對這段歷史有精采陳述——的造艦計畫這時已經完成。

沒隔多久，大西洋又一次淪為美國與英國兩軍的戰場。這場戰爭的遠因是美國獨立為雙方造成的夙怨，導火線則是英艦「豹子號」（HMS Leopard）官兵強行登上美艦「齊薩皮克號」（USS Chesapeake）。英艦首先對齊薩皮克號開火，然後登上這艘措手不及的美艦，強行帶走四名涉嫌的英軍逃兵（事後證明其中只有一人是逃兵）。這件事造成美國群情激憤，再加上英國對中立的美國商船施加貿易限制，遂造成兩國關係緊張。到一八一二年，情勢失控，急轉直下。海軍總兵力只有十八艘遠洋戰艦的美國，向擁有數百艘重型戰艦與許多世紀海戰經驗的英帝國宣戰。美國總算幸運，因為英國把一八一二年這場與美國的戰爭視為龍套，一直沒有大舉投入兵力。英國執行這場戰爭的手段大體上只是封鎖，而美方戰艦則力謀對英國海上運輸實施突襲。美國在大西洋一連串小型海戰中取得意外勝利，經過幾年戰鬥，雙方大體不相上下。

歸根究柢，這些海上戰鬥雖說對美國士氣有利，卻不是整體戰爭勝負的決定因素。由於英國對美國商業活動實施封鎖，也由於英軍成功入侵美國、燒了首都華府，美國在一八一二年這場戰爭中受創很重。美國雖在北方的海上行動取得部分成功，但無力扭轉戰爭頹勢。不過美國運氣不錯，因為英國當時有更重大的問題必須解決。就這樣，一方面迫於其他重大全球性要務，一方面也因為久戰兵疲民困，英國決定走上談判桌，結束這場戰爭，播下與美國「特殊關係」的種子，這關係一直持續到今天（不過這兩個大西洋表兄弟之間偶爾也會出現緊張）。

從一八一二年戰爭結束到南北戰爭期間，大西洋相對平靜，整個世界也因拿破崙戰爭結束而不再那麼紛紛擾擾。但無論如何，在戰爭期間的發明與構想刺激下，一場不一樣的革命（海軍科技革命）在海上出現了。海軍開始從帆船轉型為蒸汽動力輪船，還在艦艇兩舷裝上真正裝甲。必須在極端近距才有殺傷力的滑膛砲逐漸落伍，射程與精確度都大幅提升的來福線砲管問世。初步的射控——用光學瞄準系統調整槍砲——理念逐漸成形並實施。砲口裝填系統（用這種系統發射砲彈不僅緩慢而且笨重）成為過去，擊發系統逐漸成為主流，射擊效率與發砲速度於是顯著增加。這些新科技的測試與使用，大多出現在歐洲與美國大西洋海岸外。在這四十年間，大西洋附近海域雖也爆發過幾場戰爭——墨西哥灣的美墨戰爭，波羅的海與黑海的克里米亞戰爭——三百年來頭一遭，大西洋本身尚能平安無事。但這一切隨即因美國爆發內戰而改觀。

一八六〇年代，來自南軍與北軍兩方的兩支美國艦隊（以歐洲標準而言，規模都相當小），在內陸湖泊與河流、沿海近岸水域，偶爾也在大西洋深處進行對決。北軍運用的主要戰術是實施封鎖。北軍之所以能夠採取這種戰術，是因為海軍軍官大體上效忠聯邦，擁有船艦數量上的優勢。由於船艦數量眾寡懸殊，南軍在艦對艦基礎上，一直不是北軍對手。南軍因此採取私掠船策略，一方面發出「許可證」（letters of marque），授權武裝私掠船扣押敵方船艦，一方面選定目標對運貨商船進行突襲。南方邦聯也曾設法向當時一般而言同情南方的歐洲買船，並且努力說服其他國家，強調北軍的封鎖只是紙上談兵——在戰爭爆發第一年，這種說法確實不假，但北軍之後以更有組織、更有系統的手段執行封鎖行動，前後動用船艦超過兩百艘。雙方都在戰爭中用了「鐵甲艦」（ironclad），例如「維吉尼亞號」（CSS Virginia）與砲塔奇形怪狀、扁平的「聯邦監督者號」（Union Monitor），並且使用魚雷（torpedo，今天叫做水雷）等海戰新科技。

南軍的海上突襲造成一些衝擊（特別是拉法葉・沙瑪〔Raphael Semmes〕艦長指揮的「阿拉巴馬號」〔CSS Alabama〕的戰績，對南軍士氣尤具振奮效果），但無論就任何意義而言都不能扭轉戰局。陸地戰情況也一樣，由於擁有工業實力與可用人力資源的龐大優勢，科技也更先進，聯邦的最後勝利只是遲早問題。就像在岸上一樣，北軍在大西洋海上也占得上風，封鎖行動更讓南軍抵抗能力窒息。大西洋在這場戰爭中雖說主要扮演支援北軍陸地戰的角色，但北軍因它而能實施成功的戰略，卻是不爭之實。

幾乎就像美國內戰期間南、北雙方的戰鬥因新科技而轉型一樣，十九世紀的工業革命也改變了美國與大西洋的關係。國與國之間的競爭範疇，因造船科技的進步而擴及海戰以外，商務本身開始成為一種國家施政工具。各式各樣海運公司與個別包輪的出現，就是見證。「詹姆斯・蒙羅號」（SS James Monroe）成為無視風浪與天候狀況，史上第一艘按時啟程的海船。最早先的幾家海運公司，包括黑球船隊（Black Ball Line）、紅星船隊（Red Star Line）與燕尾船隊（Swallowtail Line）等等，都在十九世紀第三個十年間展開營運。當然，在一開始，這些船隊用的都是帆船，它們一般稱為「快速帆船」（clipper），經常在速度紀錄上較勁。唐納・麥凱（Donald McKay）旗下快速帆船「閃電號」（Lightning），曾在一天奔馳四百三十六英里，創下帆船一天最遠航距世界紀錄。這項紀錄一直保持到今天。

這些新科技造成的淨效應，帶來某種心理力，讓人產生海洋逐漸縮水的感覺。對北大西洋而言，這種感覺尤其真實。到十九世紀中葉，蒸汽動力輪船益發普及，海洋似乎更小。越來越大的海輪在海床成功架設電纜，跨大西洋電報在一八六〇年代也開始穩健運作。在電纜全面運作以前，一般跨海通訊得靠船隻運輸，而跨大西洋之行一般得需十到十四天。電報纜線建立妥當以後，跨大西洋傳遞電訊只需不到幾分鐘。

在電報線開通儀式上，英國維多利亞女王送了一份賀電，給當時住在賓州貝德福溫泉酒店（Bedford Springs Hotel）的美國總統詹姆斯・布加南。她說，希望這條纜線的開通，能為「因共同利益與相互尊重」而交好的英、美兩國創造「額外聯繫」。布加南在覆電中說，「這是比征服者在戰場上所能贏得的任何勝利都更輝煌的勝利，因為它對人類更加有用得多。願大西洋電報得蒙上帝垂恩，成為貴我兄弟之邦永久和平與友誼長存的屏障，成為天意所賜，為全球各地廣布宗教、文明、自由與法治的工具。」

只是我們不能忘記，儘管科技進步，海上旅行始終有風險。就算對大西洋所知不多的人，也知道號稱「不沉之船」的「鐵達尼號」撞冰山沉沒的故事。撇開那部還算精確的電影，以及片中那段愛情故事不提，這件悲劇讓我們感嘆人類的傲慢以及大海的無情。事件發生一百五十年過後，當我一九九〇年代中期駛經北大西洋時，雖說我駕的是一艘高科技、純鋼打造、全新的美國驅逐艦，「鐵達尼號」的故事仍在我腦中盤旋。

在短暫但凶狠的美－西戰爭中，兩國海軍在古巴附近水域數度交手。接下來一場在大西洋的惡鬥是第一次世界大戰。美國原也嘗試置身事外，但最後終不免全面捲入。所幸，在全面介入那一刻，美國海軍實力已經大幅提升。這是結合海軍少將史蒂芬・魯斯（Stephen B. Luce）與之後晉升少將的奧夫瑞・薩耶・馬漢上校的戰略思考，與席奧杜・

羅斯福積極奔走、給予政治支援的直接成果。馬漢與魯斯在羅德島新港的海軍戰爭學院聯手合作，馬漢還一連寫了幾本理論書，用歷史眼光描述海權重要性。馬漢成為羅斯福在知識上的導師。一九〇一年，威廉・麥金利（William McKinley）總統遇刺身亡，羅斯福成為美國史上最年輕的總統。

羅斯福當上總統以後展開造艦計畫，造了許多威力強大的戰鬥艦與驅逐艦，建立一支真正的遠洋海軍。他積極推動巴拿馬運河開通，不斷在拉丁美洲與加勒比海進行干預，並運用新科技改善美國海軍戰力。一萬五千噸、甚至更重型的戰鬥艦，能裝備龐大的八英寸砲，以接近二十節高速行駛——比過去的帆船，或比較原始、充其量只能有十二到十五節的蒸汽動力船快得多。無煙火藥，射程更遠、更快、更精準的魚雷也發展成功。飛機也在二十世紀那第一個十年問世。美國境內出現的第一次飛行，是在北卡羅萊納州小鷹城（Kitty Hawk）海灘，趁著大西洋風勢升空的。在羅斯福「說話柔和委婉，但要手持大棒」的理論中，遠洋海軍正是這「大棒」的終極化身。今天，以他的名字命名的核動力航空母艦、十萬噸的「席奧杜・羅斯福號」，就以「大棒」為艦隊暱稱，實不為過。歐洲聯盟的複雜結構於一九一四年夏末崩潰，「歐洲燈火漸熄」，大西洋又一次淪為海戰戰場。英國與德國都擁有以大型戰艦（主要是戰鬥艦）為核心的強大艦隊。事實上，英國之所以對德國起疑，原因之一正是德國艦隊的趕工造艦——有鑑於英國長年以來的海上策略史，英國有此顧慮也是理所當然。而且德國造的艦艇大多巡航距離有限，更使英國認定它們的設計目標是攻擊英國，為入侵部隊護航。

大英與德意志帝國的兩支大艦隊，都志在打一場為己方帶來優勢的「決定性艦隊行動」（用地緣政治的話來說，就是摧毀對手有效發動海戰的能力），兩國之間的北海於是成為潛在戰場。由於英國本島地理位置正好扼住北海出口，德帝國艦隊在整場大戰過程中一直困守愁城，形同囚犯。兩國打了幾場不具決定性的海戰，包括一九一五年在北海中央的道杰岬（Dogger Bank），以及一九一六年春那場更重要的日德蘭海戰。在南美洲外海的南大西洋，也發生福克蘭群島之戰等幾場海戰。儘管海戰勝負立判，雙方陸軍在中歐迅速陷於僵持，成為曠日持久的消耗戰。盟國——特別是因陸戰而元氣大傷的英國——於是另謀解決之道：決定在「歐洲柔軟下腹」的地中海展開海上行動。在當時還非常年輕、擔任海軍大臣的溫斯頓・邱吉爾（Winston Churchill）呼籲下，英國「毫不保留」（套用邱吉爾的話：「totus porcus」）發動了達達尼爾／加里波利之戰。英國在此役遭到慘敗，本書會在下文地中海專章有更詳盡討論。電影《加里波利》對這場戰爭造成的人類悲劇有很生動的描繪。

無論如何，就戰略重要性而言，雙方對敵方海運展開的攻擊，比這些在北大西洋主戰場周邊進行的戰事更重要。英國實施海軍封鎖，德國則發動「U艇戰」（潛艇戰）進行反制。德國一開始用潛艇攻擊英國實施封鎖的艦艇，在見到潛艇戰的戰略效益之後，遂加派海面艦艇助陣。到一九一五年，潛艇戰戰略重要性更加重要，一九一六年五月，德潛艇擊沉客輪「露西塔尼亞號」（Lusitania）。艾利克・拉森（Erik Larson）的暢銷書《死亡之旅》（*Dead Wake*）對這次事件有栩栩如生的描述。一百二十八名美國人在事件中罹難，美國於是在經過一番掙扎之後加入戰團。一九一六年年底，德國宣布無限制潛艇戰，英國加速反應，盟國也被迫組建船團系統。美國因參戰得以享用更多新科技，包括早期雷達與聲納系統。

美國開始不斷增兵，開赴歐洲戰場，於是扭轉戰局。大西洋成為一座運送作戰物資、支援海陸兩軍作戰的橋梁，或許最重要的是，它成為貿易與商務流通、接濟盟國作戰的管道。華特・李普曼（Walter Lippmann）等地緣政治評論家的北大西洋國家社群理念，就在第一次世界大戰期間開始成形。李普曼在他的著作中稱這個社群為「西方世界攜手合作、意義深遠的利益網」。根據李普曼的說法，「英國、法國、義大利、西班牙、比利時、荷蘭、斯堪地那維亞半島諸國以及泛美都是一個大社群的組成分子，這個大社群能滿足他們最深的需求與最深的宗旨……我們不能背叛大西洋社群……我們必須為西方世界的共同利益而戰，必須為大西洋列強的一體整合而戰。我們必須認清我們其實是一個大社群，必須以社群一分子自居」。

可悲的是，第一次世界大戰結束後，美國基本上排斥締造大西洋社群的理念，不願加入「國際聯盟」（League of Nations，今天聯合國的前身），走上愚蠢拙劣的孤立主義道路。大約一百年後，在二〇一六年總統選戰打得火熱之際，唐納・川普的言論在我們耳邊再次吹起當年那種不智之音：他主張再造保護主義高牆、在美國與墨西哥邊界築（實體）牆，還主張解散北大西洋公約組織（NATO）、否定我們與全球各地盟友的關係，讓我們背離外在大世界。兩百年來，孤立主義DNA一直在美國國家心理中作祟，川普的言論反映了這件事實。坦白說，我們早在兩次世界大戰中間二十年間已經見證過孤立主義抬頭，與它帶來的必然而可怕的後果——第二次世界大戰。此外，當年法國為防範希特勒的納粹德國入侵，也曾構築「馬其諾防線」自衛，結果這條當時稱為「偉大城牆」的工事不堪一擊。

在第二次世界大戰之前那段歲月，儘管也訂了條約對海軍造艦設限，全球大國都在重建艦隊。國際聯盟宣告死亡後，集體安全也隨即夭折，法西斯主義開始在德國、義大利與西班牙崛起。英國與法國為避免又一場世界大戰，對希特勒在歐洲不斷兼併的擴張野心故作不見。就像過去一樣，姑息策略這次也告失敗，德國在一九三九年侵入波蘭。英國與法國於是對德國宣戰，歐洲再次為戰火吞噬。由於德國以地面部隊為建軍重心，在海軍重型艦艇上投資不多，英國至少在大西洋占有相當優勢。英國憑藉這項優勢，甚至在法國於一九四〇年淪陷之後仍能保有獨立。

但儘管規模相對較小，德國憑藉戰力高強、科技先進的潛艇，能不斷擊沉戰艦與商船，打擊英國海權。即使在重建嚴密的船團護航系統之後，跨越北大西洋的盟國船隻仍然繼續淪為「U艇」獵殺犧牲品。除U艇以外，德國大型水面戰艦也在北起大西洋北緣、南到南美洲海岸水域進行對商船的突襲。到一九四一年中旬，英國已陷於孤軍困守、命懸一線的極度險境。美國海軍於是在北大西洋展開不宣之戰，海軍驅逐艦攻擊德國潛艇，德國潛艇也用魚雷回敬。當美國在一九四一年十二月因珍珠港遇襲而全力參戰時，大西洋之戰早已鏖戰多時。能不能擊敗德國潛艇，成為第二次世界大戰大西洋海戰勝負的關鍵。誠如當年威靈頓公爵在談到滑鐵盧戰役時所說，盟軍這場勝利「贏得非常險」。

在德國用潛艇「充斥海域」的情況下，盟國再次啟用一次大戰期間的戰術、技術與程序。德國採取「狼群」戰術（wolf packs，註：用多艘潛艇對船團發動協同攻擊），一方面改善跟監與鎖定能力，並且組建一個後勤系統，用噸位大得多的母潛艇為出擊的「狼群」實施海上再補給。盟國再次運用複雜的船團系統，增調大量反潛戰艦艇（包括驅逐艦與護衛艦）保護船團，並且用更多新科技，包括用雷達與聲納監測潛入海中的潛艇。盟軍艦艇也開始裝備更新、更大、火箭投射的深水炸彈，以對付德國U艇。U艇的攻擊圈很廣，美國海岸與加勒比海深處都在U艇攻擊範圍內。一九四〇年夏季與秋季，德國每個月可以擊沉幾十萬噸盟國運補船隻。單在一九四〇年十月，被擊沉的盟國運補船隻就超過三十五萬噸。

美國參戰以後，盟國想扭轉頹勢，必須破解軸心國當時用來與潛艇通訊、指揮狼群攻擊特定船團與運輸路線的密碼。此外，雷達與聲納科技能否改善，能不能不斷折損U艇（在盟軍逐漸增加對歐陸壓力的情況下，德國想重建U艇很難），也是大西洋之戰的成敗關鍵。又因為盟國試圖透過北線船團，沿北極圈前往莫曼斯克（Murmansk）為俄國運補，北冰洋水域也戰火漫天。

儘管盟國加緊部署，德國於一九四二年春在大西洋全境發動又一波U艇攻勢，在那年五、六兩月擊沉一百多萬噸船貨。這波攻勢在同年十一月達到最高峰，盟國船貨損失高達七十萬噸。德軍潛艇艦隊司令卡爾·唐尼茲（Karl Dönitz）將軍這時擁有三百多艘U艇，認為憑藉這些「狼群」足以讓英國人民吃不飽肚子。盟國雖擁有打擊U艇的新科技，但操作人員缺乏經驗，德國人占有上風。此外，德軍啟用新密碼，盟軍追蹤德軍U艇的能力又一次受挫。盟軍於是實施新戰術以為因應，包括建立檢察船隊，獵殺轉運過程中的U艇。盟國同時繼續投注力量，破解德軍密碼，到一九四三年春，情況已有轉機（不過在一九四三年三月，仍有近七十萬噸船隻沉沒）。盟軍能在大西洋戰場轉敗為勝，有兩大關鍵：首先，盟軍能用較佳科技與戰術更有效地攻擊U艇，其次，美國發揮工業生產力，為盟國帶來壓倒性多數的船團護衛艦艇。到一九四三年春末，最惡劣的情勢已經成為過去。儘管德國仍希望能藉科技突破取勝（例如德國當時研發的音響導向魚雷），但情況已經明顯，盟軍能夠逐漸獵殺足夠U艇，在大西洋戰場搶占上風，讓美國調派大軍進入歐洲，（與極端重要的俄境戰役雙管齊下）打贏這場戰爭。德軍的U艇雖摧毀近三千艘盟國船隻，擊沉遠超過兩千萬噸船貨，到最後還是以失敗收場。

誠如邱吉爾所說，「在整個大戰過程中，大西洋之戰一直是決定性關鍵。我們一刻也不能忘記，無論在陸地、海上或在空中，一切發生在其他地方的事最後都決定於大西洋之戰的戰果……英勇奮戰與堅苦卓絕的事蹟不勝枚舉，但逝者已逝，他們的故事永遠埋沒。我們的商船船員展現最高素質，拚死擊敗U艇，寫下同舟共濟、生死與共最光輝的史頁。」由於英國每週需要一百多萬噸食物與原材料補給，德國想擊敗英國，最上上之策就是讓英國得不到補給、窒息而死。像千百年來所有戰役一樣，大西洋之戰的成敗也取決於勇氣、創意與通訊能力的總合。盟國所以能在大西洋之戰擊敗U艇，真正靠的是長程飛機、裝在U艇偵搜機上的雷達、深水炸彈與聲納科技、英國情報工作與密碼（例如德國「謎」式密碼Enigma）破解技巧、船團部署路線的迴避戰術，以及「雷光」（Leigh Light，一種與雷達配合使用的探照燈，盟國飛機靠著這種裝備在夜間搜索，尋找浮上海面、為柴油電瓶充電的U艇）等光學儀器的發展。

在終於擊敗德國與日本，取得二次大戰勝利之後，美國做了一個重大決定：它沒有像一次大戰後那樣驟然抽身，而決定繼續參與全球事務。為防範又一次世界大戰，聯合國與所謂「布雷登森林」（Bretton Woods）機構（包括世界銀行與國際貨幣基金）相繼成立。雖有這些好消息，但蘇聯在二次大戰結束後崛起，成為全球威脅，美國於是大動作回應，終於導致後來所謂的「冷戰」。

當時適逢一九七〇年代中期，我本人的軍事生涯也於焉展開。在服役海上最初十五年，我的主要任務不是追逐蘇聯船艦、潛艇與飛機，就是被他們追逐，是不折不扣的冷戰戰士。近年來，有鑑於俄國最近在烏克蘭、喬治亞、摩爾多瓦（Moldova）與敘利亞那些好勇鬥狠的地緣政治行徑，經常有人問我，「我們會走向一場新冷戰嗎？」答案是「或許不會」。我在冷戰期間花了許多時間在廣闊的大西洋追蹤蘇聯機艦，自然年長得足以有所記憶。冷戰過程中，雙方各擁數百萬精兵沿著中歐富爾達隘口（Fulda Gap）對峙；在那段過程中，從北大西洋與北極圈直到南美外海、世界最南端，兩支巨型艦隊玩著貓捉老鼠的遊戲；在那段過程中，雙方無時無刻不處於高度警戒，兩萬件核子武器隨時待命出擊，將整個世界完全毀滅。何其幸運，那樣的世界對今天的我們而言已是塵封往事，但我們確實需要對海洋地緣政治小心在意，以免稍有失誤，再次陷入那二十世紀末的黑暗世界。

冷戰期間的大西洋之戰像什麼樣子？首先也是最重要的是，它是一場格陵蘭—冰島—

英國（格－冰－英）海道的控制權爭奪戰——雙方跟監能力以及戰略與戰術資產部署的全面競爭。這塊方圓幾千英里的海域所以在戰略上如此重要，是因為無論哪一方只要能控制它，就能監控北大西洋咽喉，任意在北大西洋實施海上（包括潛艇）交通的進出。也因此，一旦蘇聯攻打西歐，它能控制人員與物資進入歐洲。與二次大戰期間的德國不一樣的是，蘇聯擁有數量龐大、極具戰力的遠洋艦隊，若讓它們突破封鎖、衝出北極基地、進入格－冰－英海道，盟國將不再能控制進入歐洲的運補線——二次大戰期間，德國用U艇艦隊拚死競逐的，正是這條運補線。

就這樣在冷戰期間，蘇聯（與它的《華沙公約》盟友）以及以美國為首的北約盟國，一直就在這條海道的控制權上爭來爭去。為控有這塊海域，美國不僅在冰島、加拿大、丹麥、與英國本身，並且在美國東北部基地部署大規模戰鬥武力。北約盟國動用的武力包括P-3「獵戶座」（Orion）反潛機（威力強大，用來搜尋蘇聯潛艇的獵殺機器）、監控大洋的衛星，還不時派遣驅逐艦與巡洋艦隊（我就擔任過這類任務），裝備聲納、魚雷以及其他專門對付潛艇的感應系統來去巡弋。蘇聯也部署彈道飛彈潛艇（裝備核彈頭的長程飛彈）以及潛艇與水面艦艇艦隊。雖說北大西洋水域並沒有真的擠成一團，對反潛部隊來說，它是一處「目標豐富的水域」。

對西歐（自由歐洲）與美國不斷擴張的經濟體而言，大西洋逐漸成為一條巨型貿易通道。在歐洲經濟聯盟情勢益趨看好的情況下，這條跨大西洋往來孔道對美國的重要性也有增無已。

當二十世紀接近尾聲時，大西洋南方盡頭深處爆發了又一場血腥衝突：福克蘭戰爭。一九八二年春，英國與阿根廷為爭奪福克蘭群島，打了一場前後十週的惡戰，結果奪走一千條人命，十六艘船艦沉沒，一百多架飛機被毀。阿根廷人稱為馬維納斯群島的福克蘭群島，原是（目前仍是）英國保護地，島上住著英國人，但阿根廷多年來一直宣稱擁有這些島嶼。英國海軍將領桑迪・伍華德（Sandy Woodward）爵士在他的經典之作《福克蘭戰爭一百天》（*One Hundred Days*）中，從英國觀點生動描繪了這場戰爭。伍華德率領英國艦隊，在南半球寒冬將至之際，經過一場血戰將福克蘭群島從阿根廷入侵部隊手中奪回，這本書是他寫的回憶錄。兩國目前對福克蘭群島主權問題雖說仍有爭議，但爆發另一回合暴力衝突似乎不大可能。海軍戰略家與歷史學者在研究這場戰爭後提出確證，說明巡弋飛彈正當道，海面艦艇很容易遭到攻擊。冷戰期間在海軍服役的我，經常翻閱伍華德爵士這本回憶錄，思考如何才能在可能出現於全球各地的海戰任務中克敵制勝。福島戰爭是大西洋國際衝突史在二十世紀的最後一役，但願和平能夠就此永駐。

有史以來頭一遭，從北極圈直到最南方的南極大陸海岸，今天的大西洋是一處合作與和平之區。雖說仍有一些揮之不去的領土議題有待解決——包括幾處非洲近海的主權爭議，加勒比海幾座島嶼，與前文所述南大西洋的福島／馬島之爭——大西洋本身以及它幾乎所有的支海都處於相對和平的狀態。只有東地中海與（就若干程度而言）黑海有爆發嚴重衝突的可能。許多世紀以來，人們心目中的大西洋，一直是一塊無數海軍將領爭先恐後用鮮血在上面作畫的戰爭畫布，而事實上也正是如此。不過今天的大西洋已經與過去大不相同了。

● 第三章

印度洋｜未來之海｜

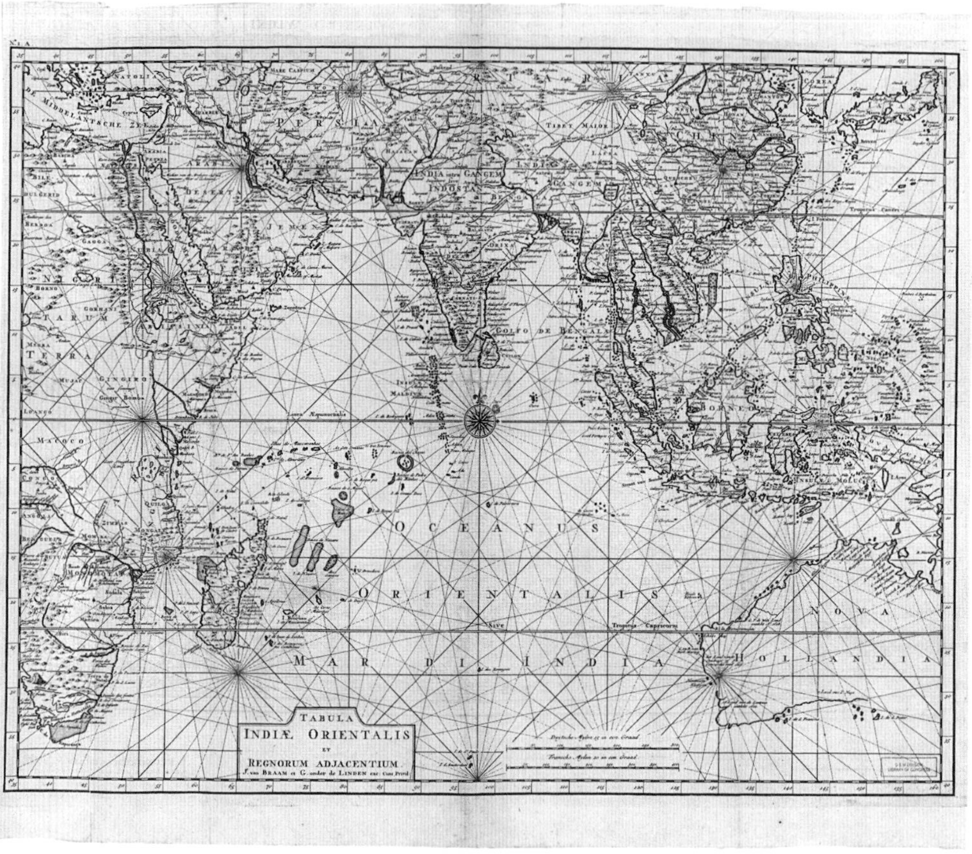

印度洋是海洋轉彎的中心。
強尼・逢布拉（Joannes van Braam）繪圖，1726年。

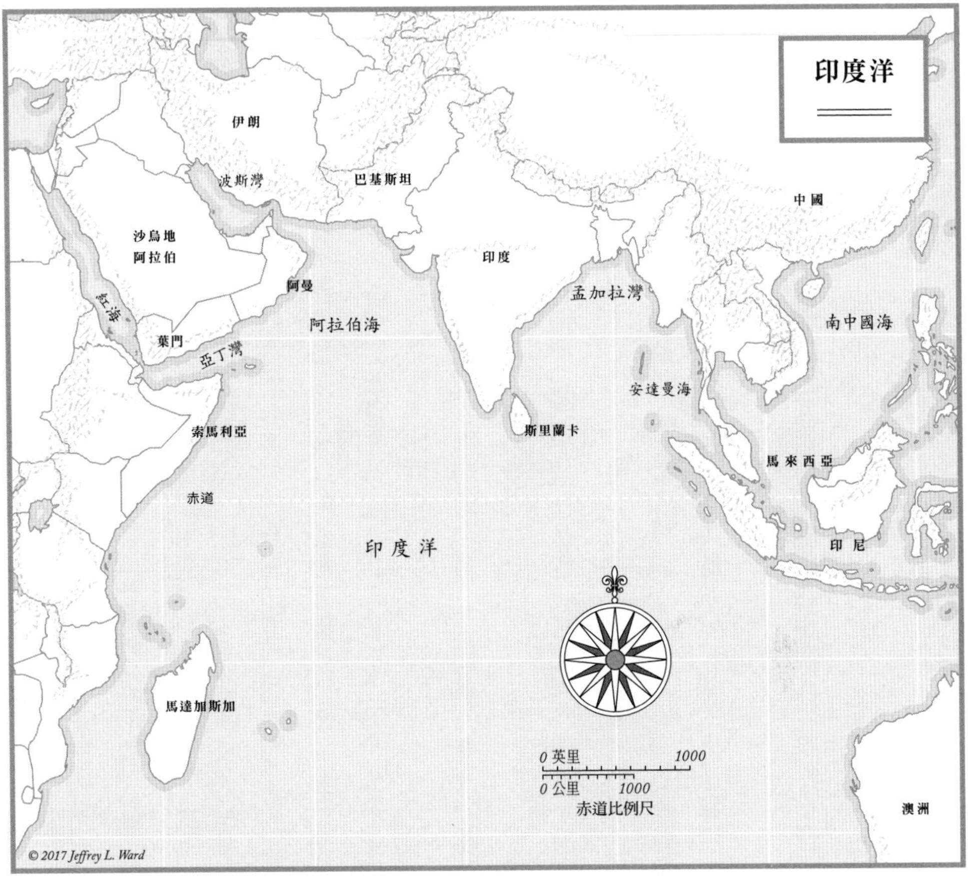

今後數十年，印度洋仍將是全球大洋的經濟動力。

印度洋幅員廣闊，占有地表面積二〇%，是僅次於太平洋與大西洋的第三大海洋。如果你把整個美國放進印度洋，美國會像一個非常大的島一樣，輕輕鬆鬆浸在印度洋裡。事實上，就算把三個美國放進去，你可能還有在周邊水域行船的充分餘裕。但儘管有這麼大空間，相對於太平洋與大西洋而言，印度洋本身的人文與地緣政治史卻少得多。而且值得注意的是，就地緣政治意義而言，就算是印度洋的支海——阿拉伯（即波斯灣）與紅海——也要等到二次大戰過後，因全球航運崛起與波斯灣地區石油輸出，才開始具有特定重要性。雖說這種欠缺全球性衝擊的現象，因印度的全球抱負與影響力不斷升溫而即將出現變化，但就地緣政治意義而言，印度洋仍算得一塊白板。

我在一九八〇年代中期通過麻六甲海峽，第一次從東方進入印度洋。當時我在嶄新的「神盾」（AEGIS）空防巡洋艦「福吉谷號」（USS Valley Forge）上擔任作戰官。神盾是一種高科技、自動指管（指揮與管制）武器系統，可以同時偵察、追蹤並擊落多個目標。我們的任務是首先在狄耶戈加西亞（Diego Garcia）加油運補，然後全速通過印度洋，進入波斯灣。狄耶戈加西亞是英國屬地，位於印度洋中央腹地。身為作戰官的我，必須準備海圖，訂定航線，在我們駛離印尼與馬來西亞中間水域，朝印度洋進發時，在點點繁星夜空下負責第一班守望勤務。

在離開新加坡以後，我們加速通過漫長的麻六甲海峽。這是全球交通最繁忙的海峽之一，夜班勤務過程中，無數巨型油輪、舢舨與小船在我眼前進進出出，偶爾還有其他戰艦用信號燈向我們致意。新加坡地扼從東端進入麻六甲海峽的門戶，居民有馬來人、華人、印度人、英國人等等，這種種族大雜燴的特性使它無論就任何意義而言，都是真正的門戶城。離開繁忙的港區，加速駛入擠滿大小船隻的麻六甲海峽時，你會有那種穿過直布羅陀海峽進入地中海的感覺。不過你知道印度洋與地中海不一樣，它基本上是一個廣大而開放的海道。

夜班勤務結束後，由於執行特別導航任務（船艦在距離陸地過近，或在非常擁擠的交通狀況中，增設的額外守望勤務），我仍然留在艦橋輪值，望著太陽在我們進入泰國西海岸外的安達曼海時逐漸升起。突然間，我們已經置身無邊大海中，於是轉向西南方，前往珊瑚礁小島狄耶戈加西亞。

與地中海不一樣的是，走在印度洋上的海員有一種海天茫茫、無邊無際的感覺，彷佛走在西太平洋與太平洋中部一樣。偶爾見到一艘船，也只在目視所能及的遠方。在執行漫長而單調的守望勤務時，你會不自禁神遊幾世紀前，凝望海天交界盡頭，想像即將出現的不是下一艘船的煙囪，而是英國或荷蘭東印度公司旗下那些大船的巨帆，趁著東北季風與赤道洋流朝你逼近。也或許，這是因為當年的我實在太年輕，又看了太多喬治・麥唐諾・福雷賽（George MacDonald Fraser）、佛雷斯特（C. S. Forester）與派屈克・奧布利安

（Patrick O'Brian）以十九世紀為背景的小說所致。

不過，從海平面另一邊駛近的船，事實上多半是運貨商船而不是戰艦。因為印度洋與太平、大西兩洋不一樣，與永遠爭戰不休的地中海更加截然不同：印度洋最突出的特色是，它基本上一直就是一個貿易區。早在西元前近三千年出現於印度河谷的哈拉帕（Harappans）印度文明時代，就有商旅沿著今天的印度與巴基斯坦海岸，跨越波斯灣與非洲之間的紅海，往來於古地中海與早期印度洋近岸社會之間。在歷經許多世紀的帆船時代，這一切跨海活動的主要動力來自大自然：在機器推進器問世以前，商船與戰艦行走印度洋，主要靠的是強大而型態永遠不變的季風與赤道洋流。

亞歷山卓（Alexandria）一名古希臘人（姓名因年代久遠已不復可考）寫了一份叫做〈伊利垂亞海航行記〉（Periplus of the Erythraean Sea）的文件，我們從文件中發現，紅海、非洲海岸與印度次大陸當年已經有初步商業活動。印度洋海岸水域發現兩千多年前的希臘雙耳瓶、錢幣與其他貿易活動的具體證據，也與這些發現相互呼應。季風帶來長程運輸能力，而古代海員將它們融會貫通。這類型的風可以預測，也因此可以記錄。秋冬兩季，東北季風從亞洲內陸吹往印度洋，應運而生的洋流也為通往印度洋的航程助一臂之力。春夏兩季，西南季風從印度洋吹回亞洲內陸，洋流也扭頭回流。雖說季風與洋流動態間或也有例外，但可靠程度已經足以讓古文明時代的航海人跨越似乎無休無止的海洋，進行商貿活動。

古印度文明可能早自西元前五世紀起，已經展開印度洋之旅。在底格里斯河與幼發拉底河流入北波斯灣的地方，波斯薩桑帝國（Persian Sassanian Empire）與哈拉帕、孔雀（Mauryan）與笈多（Guptan）等幾個印度帝國之間也你來我往，爭戰不休。與地中海情況不一樣的是，主要因為地理條件大不相同，這裡沒有曾出現大海戰的紀錄。印度洋的戰略地理是一處廣大而開闊的空間，除了波斯灣與紅海兩個內陸海以外，基本上它是一處龐大的海岸地區。這兩個內陸海雖間歇出現過幾場海戰，但大多數重要戰爭是陸戰，爭的是土地控制權。

古埃及、古希臘人與印度、波斯文明貿易，也與它們作戰。貿易內容包括沒藥（myrrh）、香、烏木、油、木材、工藝品、穀物、牲畜、黃金與其他金屬。亞歷山大大帝短暫但驚世駭俗、征伐不斷的一生，不僅促發貿易，開創新城市，還擴大了文化影響力——他不僅建了埃及大城亞歷山卓，還在波斯灣開了幾座港。當時還很年輕、擔任低階軍官的我，在第一次抵達科威特時，就曾在一處希臘神廟遺跡流連忘返。埃及人與希臘人都跨越紅海貿易，之後羅馬約於基督誕生時期征服埃及，加入印度洋上不斷擴大的貿易。羅馬時代的亞歷山卓成為早期貿易樞紐，將來自遙遠中國的紡織品，與玻璃以及工藝品送進印度洋，也將來自印度洋的香料——特別是黑胡椒——運回羅馬。

同時，波斯灣東方的幾個波斯帝國也闢建新港口，在波斯灣展開進出口貿易。除上述商品以外，珍珠、地毯與馬匹也成為交易一部分。荷穆茲海峽（Strait of Hormuz）由於緊扼波斯灣入口，戰略價值不斷升高。波斯人為控制這處要衝，早在兩千多年前已在海峽建立要塞與海港。直到今天，荷穆茲海峽仍是世人矚目焦點。

波斯灣與它窄得出奇的荷穆茲海峽孔道，自古以來就是文明與文明角逐的衝突點。一九八四年，我在第一次駛經荷穆茲海峽時，腦際盤旋的正是這件事。當時福吉谷號巡洋艦奉命進入波斯灣，執行一項叫做「誠摯意願」（Earnest Will）的任務，護送油輪通過阿拉伯灣危機四伏的水域。當時薩達姆・海珊的伊拉克，正與什葉派宗教領導人統治下的伊朗打得難分難解，進出阿拉伯灣的油輪很可能遭到飛彈甚至飛彈快艇的攻擊。我們的任務不輕鬆——我們要盡量靠近噸位比我們大十倍的油輪，運用艦上高度精密的雷達與飛彈系統保護它們。

那是一件提心吊膽的工作。身為戰術行動官（有權發射飛彈）的我，得站在戰情中心（福吉谷號的作戰指揮中心，除了電腦螢屏微光以外，室內一片黯淡）許多小時，全神貫注執勤。每次值班一定碰上全艦備戰警報，這樣的警報一響，艦上每個官兵必須立即就指定戰鬥位置。我們艦上的飛彈隨時處於待命發射狀態。所幸，停在阿拉伯灣外、北阿拉伯海的一艘美國航空母艦也派出戰鬥機，為我們提供支援。當時的伊朗雖說能力有限，但動向意圖不明，所以真正的威脅來自伊朗。而伊拉克當時設法在死敵伊朗的飛彈與砲火下出口石油，可能在過程中犯錯或做出誤判，也是一個問題。我們的任務是保護懸掛美國旗的油輪，保持海上通訊暢通，同時設法避免緊張情勢升高。

坦白說，千百年來，波斯灣情勢並無多大變化。與印度洋廣闊無垠正好相反：波斯灣狹窄、閉鎖、水也很淺，集海員之恨之大全。雖說為了貿易就得通過波斯灣，貿易云云對它並無影響。

當然，波斯灣有它自己的歷史。它與較大的印度洋縱橫交錯，但自伊斯蘭教在它周邊陸塊崛起以來，它一直是一個獨特的伊斯蘭教之海。從它的北端，在底格里斯河與幼發拉底河流入波斯灣的阿拉伯河三角洲，到它的南端、只有三十五英里寬的荷穆茲海峽，波斯灣全長只有六百英里，與從華府到波士頓的距離一樣。它的周邊都是伊斯蘭教國家，不過有什葉與遜尼兩個宗教派系之分。伊朗是什葉派伊斯蘭教國，沙烏地阿拉伯、阿曼、阿拉伯聯合大公國、巴林、卡達與科威特則主要是遜尼派伊斯蘭教國。透過阿拉伯河與巴斯拉（Basra）港，僅有小小孔道與波斯灣相通的伊拉克，是什葉與遜尼兩派勢力相當的國家，也因此始終動盪不安，紛擾多事。

以沙烏地阿拉伯王國為首的遜尼派，與伊朗領導的什葉派不僅造成伊斯蘭世界的宗教分歧，還在地緣政治上激烈角逐，終於使波斯灣成為兩大教派之間的「冷戰」之湖。過去十年來，伊朗對這個地區的影響力與權勢大幅增加。今天的德黑蘭在伊拉克、敘利亞、黎巴嫩與葉門境內或享有直接控制權，或享有相當影響力。阿拉伯灣本身也已成為伊朗與遜尼派阿拉伯諸國海軍的貓捉老鼠競技場。當然，這場競技的核心是美國與美國全球艦隊中規模最大的第五艦隊。而這場什葉與遜尼兩派之爭，無論就地緣政治與宗教意義而言，都讓人擔心什葉與遜尼兩派陣營的伊斯蘭教國家，會像阿拉伯人與波斯人千百年來一樣，隔著阿拉伯灣（波斯灣）再次爆發全面大戰。

第五艦隊總部設在巴林首都馬納馬（Manama）。美國海軍在這裡建有一個巨型指管結構，由一位三顆星的海軍將領全權負責。第五艦隊規模龐大，艦隊司令位高權重，麾下除了數以千計官兵與他們住在巴林的眷屬以外，還轄有至少一艘航空母艦以及配置護航、隨時由他調遣管控的各型艦艇。此外，司令參謀部還指揮一批負責後勤、巡邏與情報蒐集的船艦。

波斯灣極度炎熱，風勁、水淺、又缺乏資源，它沉睡千年，直到石油與天然氣出現才一切改觀。想到波斯灣這段歷史，總讓人大興滄海桑田之嘆。甚至直到第二次世界大戰期間，巴林、杜拜與阿布達比這類「城市」基本上只是漁村而已。許多世紀以來，這裡只有「三角帆船」（dhow）出沒，懶洋洋地打一些魚，潛水採珍珠，還做一些走私，如此而已。直到世人發現全球三分之二的油藏與三分之一的天然氣儲藏或許就在這裡岸上或海底時，一切都變了。薩凡尼亞（Safaniya）外海油田是全球最大油田，由於整個水域水都很淺（平均深度只有一百五十英尺），波斯灣也成為外海油田的理想開採地區。今天的杜拜是商業世界第一流的城市之一，當然，在城市精緻與優雅度方面緊追其後的，還有阿布達比與卡達首都多哈（Doha）。

地緣與政治競爭導致的軍事科技，最能反映風向與洋流條件。波斯灣內船隻一般都是從前到後使用三角帆的三角帆船。順帶一提：所謂「dhow」有許多類型，包括非洲人、阿拉伯人、波斯人與印度－巴基斯坦人使用的帆船。它們有些很小，只能在岸邊行駛，就像今天在灣內進出的那些古典三角帆船一樣，但有些很大。它們有一項重要特徵，就是用「輕帆船方式」建造，也就是說，它們的船板不用鉚釘或螺栓固定，而用繩索織合之後捻結在一起。而且它們幾乎必定有一個大的方形船尾。

由於三角帆船這些特性，直到很晚期才開始在船上架砲，運用海戰士——專精海上戰鬥的軍人——的構想則從未成形。在較為廣闊的印度洋，由於季風強勁，在航海發展史非常早期，人們已經知道用帆駕風比用槳划船更加得力，也因此建造的帆船多為方帆。就整體而言，印度洋的船主要用於揚帆與貿易，不適宜戰鬥。不過許多世紀以來，它們無疑在這三方面都派上用場。

就像我那一代的眾多美國海軍官兵一樣，我個人在波斯灣的歷史也很豐富。我在一九八〇年代中期執行前文所述的「誠摯意願」行動第一次進入波斯灣。在圓滿達成一連串護航任務後，我執勤的福吉谷號巡洋艦離開，替代我們的巡洋艦「文森號」（Vincennes）闖下一個大禍：它不慎擊落一架伊朗民航機，機上兩百九十名無辜百姓全數罹難。許多海軍人士認為這次事件為我們的冷戰史寫下最惡劣的一章。這是一次嚴重錯誤，波斯灣海域劍拔弩張的情勢，戰爭的混淆不清，加以文森號官兵認為他們在雷達上見到的是一架攜帶炸彈或飛彈的伊朗F-14戰鬥機，都是造成這項悲劇的原因。如果想找一次事件說明波斯灣的危險與混亂，伊朗航空公司六八八號航班被擊落的這次事件絕對是首選。直到今天，伊航在飛同一航線（德黑蘭到杜拜）時仍使用這個編號以紀念兩百九十名亡魂。

我幾乎走遍波斯灣每一座開放港口（顯然伊朗的港除外），而這些港也都各有各的文化，以及與美國海軍的獨特關係。最開放、對美國海軍也最友善的，是第五艦隊總部所在地巴林。在巴林，我們的官兵不僅可以享受第一流的酒店與冰啤酒，還能在設施完善的美軍基地看病、看牙、在海軍福利站購物，以及休閒遊樂等等。在阿拉伯聯合大公國，我們的自由是一種隨時間變化而不同的異樣經驗。一開始，我們大多數艦艇只能進入一座位於杜拜與阿布達比之間，叫做杰貝•阿里（Jebel Ali）的巨型港口，在指定地區停靠。不過許多年下來，有關限制逐漸放寬，今天我們的官兵已經可以在杜拜與阿布達比兩個大都會區逛街了。

對我來說，波斯灣能帶來的一種異樣享受就是出海，甚至在最炎熱的夏天，氣溫增到華氏一百二十度（攝氏四十九度）以上、鋼質甲板幾乎熱得冒煙也一樣。這時我總喜歡在甲板上小跑幾分鐘，就像在桑拿室裡跑步一樣，一邊欣賞身周藍寶石般美麗而平靜的海。不過，與印度洋其他水域相比，波斯灣由於情勢複雜，我們的作戰神經也繃得最緊。無論什麼時候，值班守望的官兵心裡想的、擔心的，都是始終與我們針鋒相對的伊朗海軍艦艇與飛機（不過我們與他們的關係大體上都還稱得上專業）。自與伊朗簽署核武協定以來，美、伊雙方發生過幾次不快事件，或許這說明德黑蘭內部強硬派有意施壓，甚至想廢約。雖說目前時猶過早，難以斷言，但阿拉伯／波斯灣似乎仍將是國際地緣政治斷層，仍將是挑起印度洋緊張情勢的禍源所在。

所以這麼說，還有一個主要原因是印度洋沿岸與其支海那些人類最古老、最黑暗的商貿活動：販奴與海盜。在這個地區整個有紀錄的歷史中，奴隸一直是熱門買賣，直到今天仍然如此。來自各式各樣征服——包括海盜在海上搶船擄獲的奴隸——的奴隸運輸，始終就是這個地區商貿運輸的部分內容。雖說販奴與海盜活動多少已有收斂，但在印度洋部分地區兩者仍然存在，只不過換上現代工具，手段也更精密罷了。在擔任北約指揮官，奉命肅清非洲東海岸海盜活動期間，我學到許多有關這方面的東西。我在後文會深入討論這個議題。

值得注意的是，在第六與第七世紀時，由於幾個關鍵性商貿帝國權力與影響力式微，印度洋的貿易曾經重挫。為控制與中國以及馬來的貿易，原本一直角逐的波斯薩桑與印度笈多兩個帝國，在這段期間人口銳減。造成這種現象的部分原因，或許是一種有時稱為「查士丁尼瘟疫」的全球性傳染病（當時歐洲爆發黑死病）。這種病由跳蚤與老鼠傳播，在船上尤其惡名昭彰。

不過印度洋東西兩方的活力再次點燃貿易火花。來自阿拉伯與中國的貿易壓力使商貿活動在印度洋全境逐漸再趨熱絡。黃金與象牙，以及非洲的硬木都是重要貿易內容。但隨著伊斯蘭教崛起，阿拉伯教權擴張，特別是西方的印度洋近海地區成為伊斯蘭教世界，非洲奴隸也成為一項重要貿易推手。阿拉伯人、波斯人與唐、宋兩朝的中國人之間貿易擴大，將商貿型態（包括正式貿易協議、設大使館、保護口岸，以及許多擴展關係的先進機制）推入十三世紀。伊斯蘭教也因此傳入印度洋近岸地區，不過在東南亞以及今天的印度，傳播速度緩慢得多。卡利卡特（Calicut）與坎巴（Khambhat）這類港口成了全球性都會。這一切都在沒有出現大型戰事——至少沒有出現大海戰——的情況下逐步進行。但也就在這時，歐洲人的貿易胃口因歐洲進入「發現時代」而不斷增加，西方勢力於是開始侵入印度洋。

身材矮胖壯碩、情緒激動的法斯科・達伽馬生於一四六〇年葡萄牙西南方一個中產家庭。一四九七到九八年間，他（根據幾十年來「亨利王子航海家」領導的海上探險經驗）率領四艘葡萄牙船，從非洲大西洋海岸南下，展開一場或許堪稱世界航海探險史上最了不起、對後世影響也最大的旅程。達伽馬不斷前進，駛入未經探勘的南大西洋水域，繞過非洲南端的好望角，折往北行，穿越馬達加斯加與東非洲的莫三比克，沿非洲東海岸而上，來到印度洋港口馬林迪，繼續往印度西南尖端前進，於一四九八年春在卡利卡特登陸。

這趟旅途在當年是不見陸地的最長途海上探險，比沿赤道繞行地球一周的行程還要長。一四九九年，達伽馬在熱烈歡呼聲中返抵葡萄牙，不過由於他在印度幹下好幾件屠殺暴行（有一次他把一船幾百名伊斯蘭教朝聖人活活燒死，儘管這些人當中有婦女與兒童，對他的探險既不構成威脅，還向他苦苦哀告），他的名聲不佳。幾年以後他再次出航，重返印度，仍然無法完成與印度締定貿易條約的主要任務。一五二四年，他在第三次也是最後一次印度之行中死於旅次。

由於葡萄牙人在印度拔得貿易頭籌，英國、法國與荷蘭也窮追不捨，一開始只是以胡椒與肉桂為主的香料貿易很快擴展。對葡萄牙人而言，成敗關鍵是找出一條通往香料產地，不必穿越危險的地中海、不必經由陸路進入紅海的獨立途徑。對葡萄牙這樣一個熱中航海的小國而言，達伽馬找出的這條海路能打破原本由威尼斯、阿拉伯以及波斯商人壟斷的香料貿易，堪稱極盡完美。儘管由於完全不理會印度貿易文化的規矩習俗，經常犯下外交失誤（達伽馬本人就犯下不少錯），葡萄牙人終於慢慢融入西印度洋的貿易型態。

隨著海上知識益發普及，行船能力逐漸改善，鄂圖曼（Ottoman）也迅速崛起，力圖在印度洋近岸大塊地區建立伊斯蘭教保護國。鄂圖曼在一五〇〇年代初期征服埃及，取得進窺紅海的門戶。沒隔多久，葡萄牙人與鄂圖曼人已經展開全面角逐，雙方都在爭取排他性貿易條約、後勤支援基地，都動用海上武力投入戰鬥。情勢對鄂圖曼人比較不利，因為他們的海軍主要用於地中海沿岸不很開闊的水域。一五〇〇年代中期，鄂圖曼人用一支五十幾艘船組成的大型艦隊，對印度洋各處葡萄牙據點發動攻擊。這一波攻勢從波斯灣北端、今天伊拉克境內基地展開，以波斯灣入口的荷穆茲為特定重點。他們遭到慘敗，不過之後雙方競爭又持續一個世紀，直到鄂圖曼人最後終於基本上撤退，葡萄牙人面對新競爭對手為止。

葡萄牙人的角逐，留下許多傳承，包括為推動商務而建立一種用葡萄牙語與地方語言混合而成的所謂「葡萄牙克利爾語」；運用新航海科技改造船隻以進行遠程航行；以相當有創意的方式將國家力量投入半民營的公司，發展商業利益。這種將商業與國家利益合為一體的模式，之後幾世紀在印度洋提升到最高層。

英國東印度公司於一六〇〇年首先出現，荷蘭緊接著也成立荷蘭東印度公司。這兩家公司都以葡萄牙人建立的這種模式為基礎，也都努力開創商貿機會以厚植國力。荷蘭人開始全力經營印度洋東部，包括今天的斯里蘭卡與印尼部分地區，還在非洲南端的開普敦建立立足點。一開始，荷蘭人主要生產傳統香料（胡椒、丁香、豆蔻皮、肉桂、豆蔻仁），之後逐漸也生產咖啡。另一方面，英國人一開始就集中全力盡量奪取印度土地控制權。他們從十七世紀起，直到十八世紀初期，在印度周邊建造堡壘，設了一連串基地。

葡萄牙、荷蘭與英國間的帝國競爭儘管不斷升溫，基本貿易路線大體上仍掌握在本地人手中。對殖民既沒有興趣、也不具備真正深海軍事力量的中國人，也在這種貿易的方方面面插上一腳：他們往往為商賈提供貸款、合作、船具，還在中國與東南亞各地沿著貿易線設立據點。參與這場角逐的每一個帝國都建有屬於自己的一串基地——以荷蘭為例，作業集中在巴塔維亞（Batavia，今天的雅加達），但在開普敦與今天的斯里蘭卡也有雄厚實力。

雖說間或也曾出現一些在地人的挑戰——阿曼的雅魯比（Yaarubi）政權就是一例——英國與荷蘭兩大帝國的勢力漸形鞏固。當然，在十八世紀結束時，英國是最大贏家。在實質上奪得阿曼、肯亞與印度控制權以後，英國國勢更盛，在印度洋中心建了一個英國湖。無論葡萄牙或荷蘭的實力都不足以與英國作對，拿破崙在十九世紀初期的戰敗，也使法國再也無力扮演全球性強國角色。就這樣，十九世紀印度洋史主要是日不落的大英帝國史

——而大英帝國所以日不落，是「因為上帝擔心英國佬在黑暗中會幹壞事」。

說印度洋成為一個英國湖固然不為過，英國人在擊敗其他帝國與在地競爭對手後，目光也從海上轉到岸上，倒也是事實。但英國人普遍了解，想控制印度就必須控制海道。每一名派赴印度的英國總督都向王室一再強調，想保有主控權就得擁有制海權。在十九世紀初期，英國面對的挑戰主要來自法國，在若干程度上，荷蘭的挑戰，與有關海盜與奴隸買賣的問題也引起英國關切。英國採取多管齊下對策，一方面透過殘酷征服手段取得所需基地，一方面與近岸諸國以及在地統治者建立複雜詭譎的聯盟系統與商貿協議，再配合新科技的運用，特別是在蒸汽動力輪船取代帆船，以及蘇伊士運河於一八六九年開通以後，逐一解決了所有這些問題。

就算以最保留的說法，蘇伊士運河也是一處有趣的所在。古埃及與波斯人都曾嘗試開鑿小型水道，通過西奈沙漠，貫通當年的地中海與紅海。在大流士王統治期間，波斯人可能真的做到這一點，不過是否屬實很難確定。拿破崙在全球帝國美夢幻滅以前，也曾對開鑿這樣的運河表示高度興趣。法國首先與埃及政府合作，以合資商務方式展開運河開鑿，有趣的是，英國在一開始極力反對這項工程。但在運河開通以後，英國認識到它的價值，最後將蘇伊士運河納入「保護」，歷時數十寒暑。當運河第一次開放通行時，法國女皇尤吉妮（Eugénie）計畫以一艘法國船率先，領著世界各國船隻組成的船隊進行運河首航。

但一名藝高膽大的英國船長，在之前一天熄了船上燈火，趁著暗夜掩護，從集結的國際船隊中偷偷繞出來，走在最前面，成為第一艘通過蘇伊士運河的船隻——這件事讓埃及人驚惶失措，讓法國人怒不可遏，也創下最後英國接管運河的先兆。這名船長受到英國官方懲戒，但獲得非官方的表揚。

我曾多次從北端與南端穿越蘇伊士運河，第一次是在一九九〇年代中期。當時我只有三十八歲，是經驗不很老到的艦長，指揮一艘排水九千噸、官兵三百人的美國海軍驅逐艦。我盡可能讀了許多通過運河的相關規定與習俗，知道我們必須大幅仰仗「專業領港員」（前埃及海軍軍官）運用他們的在地知識引導我們通行。有人告訴我，要我準備一些介於禮品與賄賂之間的小費，一般規矩是贈送許多條香菸。但我太蠢，決定將一百美元香菸錢省下來，用「非常珍貴」、繡有驅逐艦名號的棒球帽，加上熱誠的握手，作為送給領港員的禮物。這名領港員見到這禮物，立即把嘴噘得老高，打開一張帆布椅，在艦橋上一言不發地坐著。我們得靠自己了。

所幸我有一位非常能幹的青年領航官羅伯・夏威克（Robb Chadwick）中尉。他領導的一組航舵士官已經用一個月時間研究這條運河，將「通航指南」上各式各樣海圖與說明牢記心中。夏威克與他的組員帶著我們來到運河中途的大苦湖（Great Bitter Lake）。由於運河只能同時處理一條船流，北向與南向的船隻得在大苦湖分道停泊，等候通行。當我們軍艦進入指定下錨地點時，那埃及領港員終於站起來，開始堅持我們必須大角度向右舷轉，到另一處截然不同的地點下錨。我心想，他既然這麼說一定有道理，於是開始將船掉頭。夏威克中尉硬是擠進那埃及領港員與我之間，對我說：「艦長，我們如果繼續往那邊走，一定擱淺。」我得有所選擇：是聽這名有五十年經驗、在地領港員的建議？還是聽當時二十六歲、第一次過運河的海軍官校畢業生的建議？我下令停車，將舵打向左舷，駛入夏威克說的那個位置下錨。那埃及領港員暴怒之下衝出艦橋。夏威克不慌不忙，在海圖上指出那埃及領港員要我們停靠的地點：真到那裡，我們非擱淺不可。

如果我們當時擱淺，我大概會以海軍中校官階退休，過一種非常不一樣的人生。人生總會出現幾個一項決定改變整個旅程的轉折點，當年那項決定就是這樣的轉折點。我們的人生與職涯往往仰仗他人，而那些人還經常是我們的部屬。附帶一提，在「九一一」恐襲事件爆發時，我以一種怎麼想也想不到的方式還了夏威克這個人情。當時我邀時任中校的夏威克到我在五角大廈的辦公室一晤，夏威克離開他在海軍情報中心的辦公桌，與我談了一段時間，就這樣當飛機幾乎筆直墜入海軍情報中心時，夏威克因不在辦公室而逃過一劫。他在情報中心辦公室的同事全數遇難，其中幾人還是他與我的好友。夏威克與我直到今天仍是至交。

我深深以為，蘇伊士運河最重要的意義是，它代表一種結合的力量：它結合了古代海洋、古文明、競爭對手與友人。它在十九世紀成為英國重大利益，直到一九六〇年代末，英國在印度獨立後從「亞丁以東」撤軍為止，一直如此。憑藉蘇伊士運河在十九世紀中葉為皇家海軍與東印度公司帶來的速度與機動力，英國得以鞏固它們在整個印度洋的主控權。

事實上，整個十九世紀，英國在印度洋只是忙著控制競爭對手、鎮壓個別叛亂與暴動（即所謂小型戰爭，不過如果你親歷其境，這世上的戰爭都不小）、打擊販奴與海盜，一方面避免出現在地中海這類水域的大型正規海戰。十九世紀海盜活動最猖獗的地區為南中國海與孟加拉灣之間水域——基本上都在麻六甲海峽左近。我們在這裡又一次見到地緣重要性：海盜能在這裡建立吃水較深的戰艦到不了的安全港（與加勒比海的情況頗相類似）。到一八二四年，英國與荷蘭達成協議，明文宣布要合作打擊海盜，撲滅奴隸買賣。

事實證明這項任務很不簡單，因為許多海盜團夥背後有城市國支持，還有一些拿回扣、與海盜分贓的地方統治者也為海盜撐腰。有些海盜駕著大船進行打劫，這些大船若成群出擊，能威脅任何商船，甚至一些小型戰艦都不是對手。有些海盜船隊號稱擁有大小船隻數百艘，需要火力十分強大的戰艦才能壓制。也因此，在整個麻六甲海峽附近水域，海上行船始終非常危險。

英國與荷蘭在這段期間強化對大片人口與土地的殖民控制。這一切過程對殖民地人口產生一種獨特效應：英國式印度文化崛起，直到今天仍是印度文化DNA不能割捨的一部分，就是這種現象的最佳寫照。喬治・麥唐諾・福雷賽寫過許多膾炙人口的小說，其中四本以這段期間的印度為背景。他的小說不僅讀來令人沉醉，小說內容也有相當史實精確性。以名叫福雷希曼（Flashman）的一名英國軍官為主角的這一系列小說，生動描繪了殖民的黑暗面。系列小說第一本《福雷希曼》（*Flashman*），場景為印度以及今天的巴基斯坦／阿富汗地區，福雷希曼是一八三九年一名奉派在東印度公司工作的官員。在之後二十年中，他有許多冒險事蹟，包括在《福雷希曼的夫人》（*Flashman's Lady*）中前往海上拯救被海盜擄走的妻子，在《大遊戲中的福雷希曼》（*Flashman in the Great Game*）中歷經印度軍變（Sepoy Mutiny）大難不死等等。我用前後幾年時間讀完這整個系列，想了解印度洋近岸殖民對當地人民造成的苦難，這是幾本最佳讀物。

整個十九世紀，貿易一直是印度洋最主要的戰略焦點，咖啡與香料仍是大宗，但糖、棉花、茶葉與橡膠也開始源源流回工業革命浪潮方興未艾的歐洲。肯亞、索馬利蘭、蘇丹、埃及、阿曼、巴林、卡達、科威特、伊拉克、模里西斯、印度等關鍵性港口與土地，當然，還有地扼通往東方門戶的新加坡，逐漸為英國控制。法國守著馬達加斯加、留尼旺（Réunion）與柯摩羅（Comoros）等幾個島，葡萄牙也仍然占有莫三比克、東帝汶與印度貿易港果阿（Goa）。荷蘭占有今天的印尼與馬來西亞，即所謂荷屬東印度。就連義大利也搭上印度洋殖民快車，兼併厄利垂亞與索馬利亞。

在整個十九世紀，新科技——主要是蒸汽引擎——的出現加上蘇伊士運河開通，大幅增加了印度洋各處人流的移動。印度人與中國人在本國與印度洋各地之間來回往還，較小規模的馬來人、印尼人與菲律賓人群體也簽下賣身契，進入印度洋各處，在殖民企業盡情剝削的養殖場充當廉價勞工，也就是奴隸。

除了契約工流動以外，鴉片的傳播是十九世紀跨印度洋貿易路線的另一黑暗面。在殖民列強鼓勵下，鴉片在印度與爪哇生產，供應中國市場。英國與中國清朝因此於一八三九年爆發第一次鴉片戰爭。新加坡與香港是獲利甚豐的鴉片貿易的兩大核心。

隨著十九世紀結束，第一次世界大戰腳步逼近，歐洲「燈火漸熄」，整個印度洋近岸地區也出現劇烈變化。最重要的是工人流動，以及整個地區各大殖民政權陷入困境。奇特的是，這裡沒有爆發大國間的大戰。第一次世界大戰就像遙遠的雷聲一樣，對印度洋沒有產生持久效應。不過，當然，之後的第二次世界大戰對這個地區造成重大影響——特別是從印度洋東北角的緬甸，南下直到馬來半島，戰爭帶來的暴力尤其嚴重。但最重要的是戰爭也為殖民時代畫下句點。

第二次世界大戰腳步漸近，英國決策當局也了解印度洋容易遭到日本從陸路或海路攻擊。不過英國人認為新加坡可以據險堅守，讓日本人無法輕鬆跨海進擊。此外，新加坡距離日本本土路途遙遠，日本還得鎮壓、控制中國，似乎也使整體威脅緩和許多。英國人所以認定號稱「獅城」的新加坡能抵擋日軍攻勢，原因不難理解。新加坡有易守難攻的強大地理優勢（例如它位於島上）；而且在戰爭的那個階段，英國人仍然相信英軍在紀律、戰技與科技方面都比日軍強。他們錯得離譜。新加坡於一九四二年二月十五日淪陷。直到日本於一九四五年投降為止，日軍一直控有新加坡。

我在一九八〇年代中期第一次駛入新加坡，甚至早在那時，新加坡已經是一個乾淨、科技先進、文化多元的城市。它透過強有力的社會網路、開明的種族與教育政策、嚴厲監控、經濟刺激與政治控制手段，在除了地緣條件與人力資本以外幾乎一無所有的情況下，打造了一個欣欣向榮的城市國。在李光耀睿智的領導下，新加坡已經成為一座櫥窗城，就所有各項社會與經濟指標而言都在亞洲穩居首位，在全世界也名列前十名。我在新加坡四處遊走，尋找一處玩壁球的地方（後來我在「美國俱樂部」找到一座壁球場），只覺得這個城市與其他每一座亞洲大城相比都大不相同。它乾淨得出奇，處處是公園，街上用英文（這個非常多元的城市國以英文為通用語言）標示，而且人民非常、非常守法。像當時大多數觀光客一樣，我也造訪萊佛士酒吧（根據早期一名英國總督的名字命名），喝了一杯過甜的「新加坡司令」雞尾酒。

但這個城市真正讓人印象深刻之處在於它的地緣政治位置。它位於全球最重要海運通道的門戶，四周環水，擁有一座優良碼頭，還有一支戰力強大的軍隊，是個很值得爭取的盟國。美國與高度專業的新加坡軍方關係非常親密。我曾在波斯灣與他們在海上防務上共事多年，對他們保衛國土的決心印象深刻。有鑑於他們令人垂涎的地緣政治位置，新加坡需要強大的軍隊，也需要強大的友邦。

自那次初訪之後，我重回新加坡多次。最讓我難忘的一次是在二〇〇〇年代中期，當時我擔任國防部長唐納・倫斯斐（Donald Rumsfeld）高級軍事助理。倫斯斐與我一起拜訪前總理李光耀。李光耀給我的感覺很難描述——有些像是喬治・華盛頓與亞伯拉罕・林肯的綜合，還加上一點富蘭克林・迪蘭諾・羅斯福的影子。當時李光耀已經年逾八旬，國防部長倫斯斐也已七十幾歲。曾擔任總理的國家創建人，與一位兩度出任國防部長、歷任白宮幕僚長與大使的人聚在一起，話匣子一開自然久久不能停止。能在獅城冬日見到這兩頭獅子暢談世事，確是難得機緣。在那次會談中，兩人一致認為，想打造持久成功，需要紀律、遠見與一些強悍的決定。這看法很難反駁，新加坡現狀就是活生生的例證。此外，那天我們享用的餐點也比我初訪新加坡時好多了。

新加坡於一九四二年為日本占領，為日本作戰機器打通前進印度洋之路。日本海軍總參人員開始思考海、陸兩路進攻，將印度本身與英帝國切斷的問題。同時，義大利與德國也在北印度洋展開海上行動。儘管主要只在東非外海作業的義大利海軍很快就被盟軍擊敗，德軍U艇在整個大戰期間始終相當活躍。除了潛艇以外，納粹水面艦艇——包括袖珍戰鬥艦「葛雷夫・史皮號」（Graf Spee）——也進行對商船的突襲。這項戰略理論的要旨在於切斷英國與其殖民地的海路交通；摧毀不僅對英國、也對法國與荷蘭有利的印度洋地區整體商務；為進一步陸地戰做準備；並且對澳洲進行騷擾。當時海戰主要戰區在中央與西太平洋，印度洋內雖沒有艦隊規模的大型海戰，但在整個印度洋地區確實出現好幾百場單艦與小群艦艇的戰鬥。就整體而言，軸心與同盟兩軍勢均力敵，在整個大戰期間都能派遣艦艇「在海上作業」。

第二次世界大戰過後，印度洋出現關鍵性地緣政治變化：英國勢力開始大舉撤退。由於英屬印度為大英帝國「王冠上的明珠」，前後兩百多年，在英國位於東非、南亞以及西南亞西側殖民地環抱下的印度洋，大體上一直是英國保護區。在今天的世界，我們很難想像英帝國從維多利亞時代到二次大戰結束那段期間的全球規模與權勢。英帝國因二次大戰而元氣大傷，一直未能真正復甦。於是在一九六八年，英帝國做成戰略決定，以阿拉伯半島西南尖端為界，退出「亞丁以東」。換一種具體說法，這表示在冷戰真正揭開序幕之際，一個戰略真空出現了。

真空不容於自然世界，就在英國人撤離印度洋水域同時，美國與蘇聯的艦隊也如影隨形而至。兩國都決定提升在整個印度洋地區的巡邏層級，不過目標各不相同。美國要在這片陷於相對無主狀態的廣闊水域維持穩定；要保護往來波斯灣油輪航運暢通（美國需要這些石油）；要確保銘、稀土、鈷、錳、銅等戰略礦物與原材料供應無缺。對蘇聯（擁有自己的巨型石油儲備）而言，一開始的目標只是與美國競爭，角逐對印度洋諸國的政治影響力，並與印度（莫斯科認為印度有制衡北約的潛力）建立戰略夥伴關係。

我們今天在談到波斯灣時，總是立即想到全球石油供應問題，但必須注意的是，波斯灣國家直到二十世紀中葉還沒有一個成為油產大國。在其他油源逐漸耗竭的情況下，波斯灣地區、伊朗與伊拉克的石油存儲百分比不斷升高（當然，這一切都是外海油田大舉開發與裂解科技使用以前的事）。油輪開始在波斯灣不斷進出，地區內諸國建立石油輸出國組織（OPEC）以控制石油市場的價與量，地區的戰略重要性越來越高，從海權角度而言，保護波斯灣地區也越來越重要。美國作戰企畫人員認為，蘇聯可能設法將勢力向南伸張，或至少想在印度洋占有溫水港——雖說沒有令人信服的史料可資佐證，但這在當時是公認的看法。

值得注意的是，到一九七〇年代初期，美國與蘇聯在波斯灣地區都沒有任何真正的海軍基地。蘇聯與伊拉克簽有條約，可以使用巴斯拉，美國在巴林保有一支非常小的海軍部隊（只有三艘戰艦，與一名總是愁眉苦臉的兩顆星海軍將領，整天想著自己為什麼被放逐到這裡來）。隨著石油進出的重要性不斷升高，波斯灣地區的國家也開始思考如何提升他們的地緣與戰略態勢。此外，美、蘇兩國都想方設法要將中國邊緣化。兩國都不願兩千年來一直在印度洋舉足輕重的中國再次崛起印度洋。

在整個冷戰期間，美國始終與沙烏地阿拉伯（直到今天仍然如此）與巴勒維國王統治下的伊朗密切合作。兩國都從美國獲得數以十億美元計的訓練與裝備（兩國付出的貨款幾乎全數來自石油收益）。美國並且利用英國在印度洋中央的屬島狄耶戈加西亞。一九七〇年代初期，美國工程人員在狄耶戈加西亞造了一條巨型跑道、大油庫、設備齊全的船塢、住宿、通訊與情報蒐集設施。

約十年後，我在一九八〇年代中期駛入狄耶戈加西亞港灣，對於可能出現在眼前的事並無把握。當時美國海軍低階軍官流行一個笑話：如果你實在搞得太砸，要不被海軍送到阿拉斯加的阿達克（Adak），或被送到印度洋的狄耶戈加西亞。根據我聽到的那些故事，如果能選擇，我寧可選阿達克。但當我們在狄耶戈加西亞上岸後，我發現當地環境令人驚喜：有舒適的營區、基本但可以接受的高爾夫與網球設施、雖小但很體面的軍官俱樂部，還有絕美的自然景觀。它是美國海軍印度洋戰略樞紐這件事當時沒有掛在我心上，經過數週漫長而無聊的行程，從新加坡來到這裡以後，我只想打打網球，過過癮。

另一方面，蘇聯則不斷在印度洋各地，包括斯里蘭卡、伊拉克、伊朗、葉門、巴基斯坦，當然還有印度，進行「展示國旗」的巡弋。經過許多年努力，蘇聯與印度、葉門，以及非洲東海岸的索馬利亞簽下合作協議，讓蘇聯戰艦以及相關後勤運補都能靠港。美、蘇兩國這些做法都是奉行馬漢海權論的結果。

兩國除了在這個地區角逐影響力以外，套用蘇聯領導人雷奧尼・布里茲涅夫（Leonid Brezhnev）的話，還角逐兩座「寶庫」——波斯灣地區的能源與石油，以及非洲次撒哈拉沙漠的戰略性礦藏——的控制權。對美國而言，巴勒維垮台、痛恨美國的何梅尼（Khomeini）政權在伊朗主政是一場巨變。這次事件有效封閉了阿拉伯灣（美國從這一刻起，不再稱它為「波斯灣」，而改稱它為「阿拉伯灣」）的一側。這次事件也使阿拉伯灣入口的荷穆茲海峽淪入美國死對頭伊朗的有效控制下。

蘇聯在這段期間取得幾次勝利。蘇聯將勢力伸入南非洲，一開始在安哥拉與莫三比克都很成功（特別是當古巴軍隊與蘇聯軍隊在安哥拉並肩作戰時），還因此建立兩個新代理國。之後，當索馬利亞與衣索比亞於一九七七年爆發戰端時，蘇聯換了邊，背棄較小的索馬利亞，厚植與衣索比亞（有三千多萬人）的關係。葉門也成為一個馬克思主義國度。突然間，蘇聯與印度洋近岸諸國紛紛建立關係，取得基地與政治支持，美國的重要代理國只剩下沙烏地阿拉伯。以冷戰政治角逐的戰場而言，蘇聯在印度洋似乎占盡上風。

在今天複雜多變的地緣政治世界，兩場最危險的國與國的對抗，或許分別出現在印度洋近岸與阿拉伯灣。我們已在本章前文討論過沙烏地阿拉伯與伊朗的阿拉伯灣「暮光戰爭」（twilight war，註：指伊朗情勢變化引起的混亂），不過最危險的是印度與巴基斯坦間的冷戰——因為印、巴兩國各擁核武器。英國在二次大戰結束後退出南亞次大陸，終於使這塊幅員廣闊的地區分裂為三個國家：世上人口次多的伊斯蘭教國巴基斯坦；即將超越中國成為全球人口最多國家（同時也是世上人口第三多伊斯蘭教國）的印度；以及孟加拉。印－巴兩國仇怨很深，起因部分為宗教、部分為文化、部分為地緣因素（克什米爾領土之爭一直是兩國爭執的核心）。

印度與巴基斯坦之爭目前雖似乎難分難解，巴基斯坦領導人納瓦茲・夏里夫（Nawaz Sharif）與印度總理納倫德拉・莫迪（Narendra Modi）間的會談至少能為雙方和解帶來一線希望。避免兩國間的核子對抗對美國（與整個世界）有重大利益。雖說印、巴兩國之爭出現在海上的機率不大，擦槍走火引爆大戰的可能性絕對存在。對一直是商貿、不是戰鬥水域的印度洋來說，印、巴之爭是最凶險的爭端。

這個世界的問題，除了人禍以外當然還有天災。那場出現在二〇〇四年聖誕節過後第二天、蹂躪印度洋近岸大部分地區的大海嘯就是這樣的例子。印尼西部外海一次規模九級海底地震造成的這場海嘯悲劇，幾乎立即奪走二十幾萬條人命。受災最重地區在印尼、斯里蘭卡、印度與泰國，有人估計死亡總人數接近三十萬。海浪在湧入這些國家的人口稠密地區時，有些地方浪頭高達一百英尺。當時我剛出任國防部長高級軍事助理不久，我們迅速在國防部成立一個危機處理團隊，研擬國防部能提供什麼援助。

我們指派陸戰隊中將魯斯提・布雷克曼（Rusty Blackman）主持因應行動，他迅速將國防部巨大的後勤、人道救援與醫療能力動員。布雷克曼透過每天與國防部長的電話視訊會議，將美國醫療船、可以起降直升機的巨型兩棲登陸艦與飛機調進災區，為各地災民發放賑濟物品與援助。我夜復一夜守在國防部指揮中心，在屏幕上看著我們的海、陸、空與陸戰隊官兵在水中跋涉救人，搬運巨型救災補給袋，照顧傷者與病患，讓我深受感動。我們軍人用很多時間打仗、進行戰鬥任務——這本是軍人職責。但我們也可以大舉部署軟實力，讓這個世界真正不一樣。這麼做能使世人對我們國家另眼相看，就長遠而言，我們往往也因此能為我們國家帶來真正安全。從若干方面來說，部署六萬噸級醫療船「仁慈號」（Mercy）與「慰藉號」（Comfort）為美國國家安全帶來的效益，比用核動力航空母艦進行戰鬥巡弋還高。醫療船與航空母艦各有各的角色，至於妥善平衡「硬實力」（即戰鬥力）與「軟實力」（包括救災、醫療援助與外交）的能力，有人稱之為「巧實力」（smart power）。這名目確實取得巧。在透過電視畫面，看著二十幾萬人喪生之後那幾個令人心驚膽戰的星期，我在印度洋見證了這種「巧實力」。

我在二〇〇九年出任北約盟軍最高統帥時接獲幾項任務，剿除海盜是其一。當時海盜在淪為無政府狀態的索馬利亞至為猖獗，北約組織二十八個會員國透過票決，集體加入這項剿除索馬利亞海盜的行動。索馬利亞那些漁民改行的海盜，嚼著一種叫做卡特草（khat）的興奮劑，搭小艇到海上搶大貨櫃輪。他們從船舷攀上貨櫃輪，制伏船員，把貨櫃輪駛入索馬利亞下錨，要求幾百萬美元贖金。在我接下這件任務時，索馬利亞海盜已經劫持了將近二十艘船與兩百多名船員，而且劫船攻擊事件還在不斷增加。

國際社會幾乎對什麼事都有爭議，唯獨對這古老的犯行倒是異口同聲，一致認定任何主權國都應加以嚴懲。也因此，我的工作就是除了北約二十八個盟國外，爭取更多加盟國家以取得更多資源與軍艦。我們撒下大網，結果就連俄羅斯、中國、印度、巴基斯坦與伊朗這類傳統上非北約盟國的國家也對我們的要求做了正面回應——有些同意派遣船隻，有些同意參與情報蒐集，或至少提供後勤與加油援助。我們就這樣組成一個堪稱史無前例的海上聯盟：除了北美的美國與加拿大以及三十幾個歐洲國家外，前述五個國家也積極響應，與我們合作。

戰略做法只要得當，可以讓原本針鋒相對的國家合作共事，可以透過合作打擊海盜，我們在印度洋建立的這個海上聯盟就是範例。當我在二〇一三年離開北約時，只有兩艘船與少數幾名海員仍遭海盜劫持。我們已經將海盜這門生意的底掀了，許多海盜或已下獄或在押候審。過去兩年，沒有船隻在東非外海遭海盜劫持。這部分也得歸功於歐洲聯盟在岸上取得的進展。但在這個海盜多年來一直猖獗的地區，這是難得一見、憑藉海上協調奏功的好故事；對於有意在全球海洋其他領域爭取合作的人，這也是一個滿載教訓的故事。

總括而言：在這整本書以及我們的世界中，有關海事議題的討論，一般總聚焦於包有地中海的大西洋，以及包有南中國海的太平洋。新衝突、難民潮、碳氫經濟競爭，以及兩個「主要大洋」造成的地緣政治衝擊，一直是爭論不斷的議題。不過，在二十一世紀掛帥的將是印度洋而不是太平洋或大西洋——美國應該儘早充分了解這一點，越早越好。

我們不能忘記以下幾個事實：印度洋雖說比太平洋或大西洋都小，但它占有全球幾近四分之一的水域，特別是如果將紅海與阿拉伯灣等幾個它的主要支海也算進去，它的面積尤其遼闊。全球五〇%的海運與貨櫃、七〇%的石油經由這裡進出，使它成為名副其實的全球化十字路口。擁有全球三分之一以上人口的近四十個國家瀕臨印度洋。此外，由於巴基斯坦、印尼、孟加拉、伊朗、沙烏地阿拉伯、埃及以及波斯灣諸國都位於印度洋近岸，它還是伊斯蘭世界的心腹——全球超過九成的伊斯蘭教人口生活在這個地區。

而且它是高度軍事化、不斷處於高度緊張狀態下的地區。巴基斯坦與印度各擁專業和具備核戰能力的巨型軍隊，兩國爆發核戰衝突的可能性極高。伊朗是愛冒險的國家，有一支能征慣戰、很有創意的軍隊。印度洋近岸沿線其他許多國家在打內戰，邊界地區十分動亂，特別在東非洲，情況尤其嚴重。過去幾年氣焰已經削減許多的海盜，在東非洲沿海與連結太平、印度兩洋的麻六甲海峽仍是一項威脅。

打開印度洋歷史，讓我們對二十一世紀印度洋和平治理的遠景無法充滿信心。我們見到，自法斯科・達伽馬於一四九七年抵達印度，東方遇上西方許多世紀以來，印度洋貿易路線一直是競爭與衝突的導火線。英國在征服印度之後，運用英國東印度公司的商業勢力在十九世紀一度壟斷這個地區，但鄂圖曼帝國的解體，以及第二次世界大戰期間的大國運作，帶來歷時許多年的冷戰，美國、蘇聯、中國與印度船艦在印度洋玩著貓捉老鼠的遊戲。

除了巴基斯坦與印度以外，印度洋還有幾個可能引爆衝突的熱點。中國與印度兩國原本就相互看不順眼，特別由於中國不斷在印度洋近岸擴充商業影響力，兩國間的緊張情勢更加持續升溫。東非洲沿海與西印尼群島各處水域有海盜活動。在阿拉伯／波斯灣，遜尼與什葉派的衝突在陸地與海上持續進行。羅伯・卡普蘭（Robert Kaplan）在《季風：印度洋與美國國力的未來》（*Monsoon: The Indian Ocean and the Future of American Power*）一書中，對所有這些問題有很翔實的紀錄。

對美國而言，主要問題很簡單：我們應該扮演什麼角色？在這處美國國際貿易仰仗甚深的海洋公地，我們該怎麼做才能鞏固美國的安全與穩定？

首先，美國必須認清印度洋本身的極端重要性。為強調「美國的」太平洋與大西洋，我們往往將印度洋置於次要地位，我們的戰略與地緣政治心態反映了這一點。從國防部到美國財富五百大排行入榜企業、到美國學術與人道組織，我們都應該認真考慮這個廣大水域與其近岸國家的重要性。

其次，我們必須重視印度。印度很快就會超越中國，成為全球人口最多的國家，領導印度的莫迪總理是一位充滿活力、有全球性遠見的領導人，它的共同語言是英文，而且最重要的是，它是一個欣欣向榮、不折不扣的民主國，基本價值觀與美國一樣。我在全球各地參加過許多國際會議，討論主題總不外圍著中國、美國與歐盟打轉。中國、美國與歐盟當然重要，但在太多情況下，這些會議對印度根本不屑一提。在這個新世紀，印度崛起、大舉投入印度洋事務，或許是全球地緣政治最重要的推手。

第三，我們必須動用全軍軍力在印度洋地區進行部署與作業。這很顯然需要強大、可以部署的海、空軍，但陸戰隊與陸軍也有工作要做。國防部應該像不久前完成的馬拉巴演習（美國、印度與日本海軍的聯合演習）一樣，在印度洋地區舉行更多演習。

第四，我們應該繼續在全球各地打擊海盜。我們在東非外海打擊海盜的行動已經展現重大成果。只要能不僅結合北約、以及歐洲與亞洲的盟邦，還能將俄國、中國、印度、巴基斯坦與伊朗這類國家拉攏在一起，這世上幾乎沒有我們做不到的事。在印度洋那些紛擾不安的水域，打擊海盜是幾乎沒有人有異議的事，美國可以在這件事上起帶頭作用。

第五，想釋出印度洋地區的潛能，能不能克服兩項艱巨挑戰是重大關鍵：印—巴衝突與什葉－遜尼兩派的分裂。印－巴衝突雖以克什米爾主權之爭為核心，但實際上是宗教、文化與歷史分歧的結果；什葉－遜尼的分裂則仍是阿拉伯灣動盪不安的導因。這些都是冰凍三尺、急切難以解決的問題，但美國可以運用外交力量緩和緊張，避免對抗。

第六，我們不能僅僅把阿拉伯灣視為印度洋一個「次要、不過納在裡面的」支海而已。由於位於什葉與遜尼兩大教派分界線的特定地緣關係，美國必須大規模介入阿拉伯灣事務，以達成我們在當地的下述目標：維護公海航行自由，以及荷穆茲海峽、特別是運油管道的暢通；與以沙烏地阿拉伯為首的遜尼阿拉伯世界保持有力的聯盟關係；與伊朗建立一種可以運作的過渡性關係；鑑於爆發生態災難的高度可能性，還得設法建立一種環保安全區。

二〇一六年，阿拉伯灣、印度洋境內與附近水域發生幾起涉及美國艦艇的惱人事件。儘管美國已與伊朗達成核武協議，兩國關係直到今天仍然非常緊張。自協議達成、美國解除對伊朗的制裁起，伊朗海軍——特別是革命衛隊——氣焰越來越高。那一年一月，他們登上兩艘誤入伊朗水域的美國海軍巡河艇（其中一艘機件故障，另一艘駛往協助，而且兩艘巡河艇都沒有適當導航與通訊裝備）。伊朗海軍違反國際法與海員傳統，不但沒有為這兩艘船提供協助，還將船上美軍官兵繳械，讓他們受辱，將他們帶回伊朗港口。之後這些伊朗人用這些美軍官兵的視頻進一步羞辱他們，直接違反國際慣例。

二〇一六年年底，在葉門外海作業的美國海軍驅逐艦遭到胡塞（Houthi）叛軍發射巡弋飛彈攻擊。有鑑於伊朗對胡塞的強力支持，這些叛軍很可能由伊朗訓練，經伊朗人授意而發動攻擊。特別在阿拉伯灣與北印度洋，這兩起事件應該只是山雨欲來的先兆。

最主要的是，在進入二十一世紀的今天，我們需要時刻不忘將巨大的印度洋與較小、但極端重要的阿拉伯灣納入考量。這處一直為我們輕估、但幅員龐大的水域，顯然會為我們帶來更大衝擊。走在海上的人也會發現，比起與它稱兄道弟的大西洋與太平洋，印度洋更加詭譎多變，難以捉摸。印度洋地緣政治如何發展，將成為二十一世紀整體地緣政治走勢的重要指標。

第四章 地中海｜海戰發源地

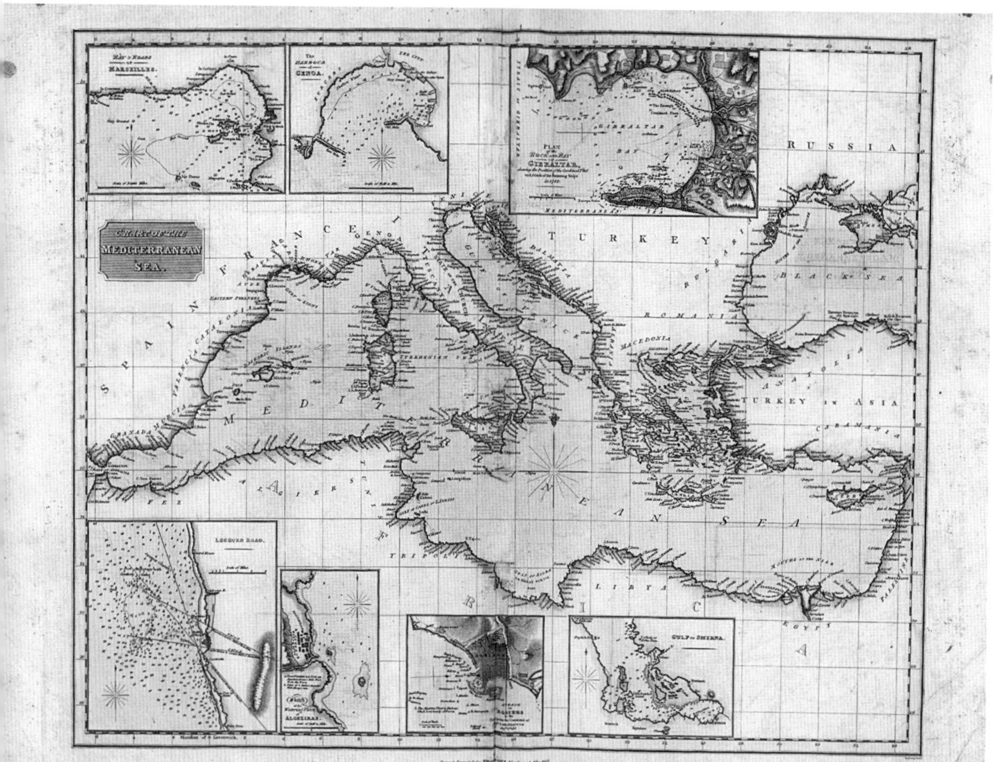

地中海是千年來，西方世界最優秀海員的搖籃。
地圖由沙穆爾·約翰·尼爾（Samuel John Neele）繪於1817年。

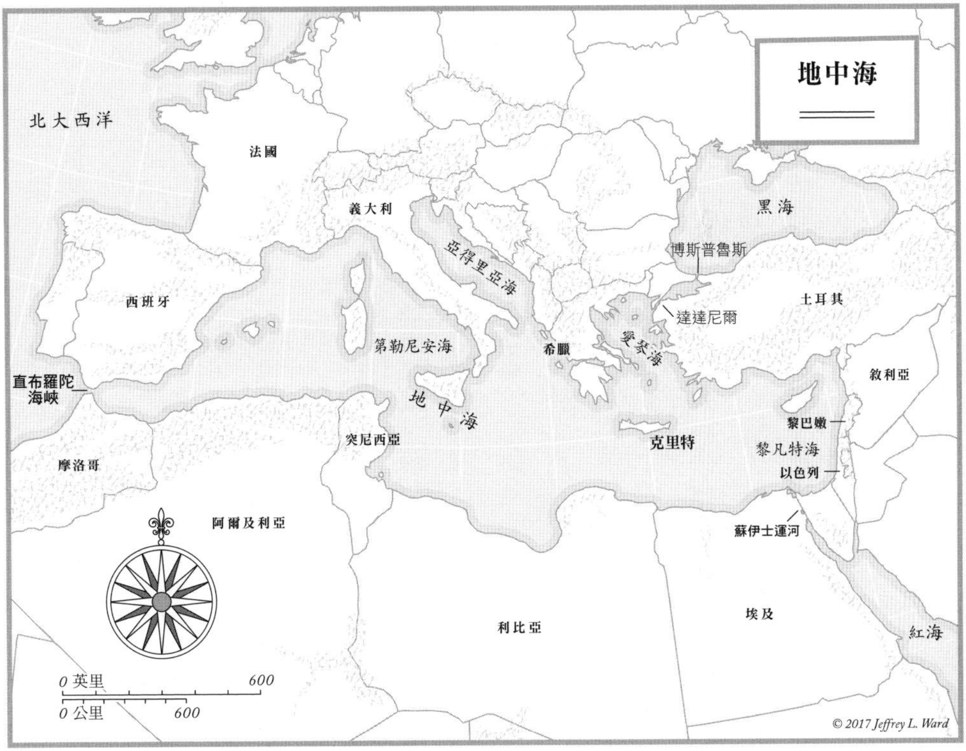

由於爭奪天然資源引起的摩擦以及移民潮再起，地中海近年來的平靜已經受到威脅。

人類的海上地緣政治旅途以地中海為真正開端。人類在自古以來飄洋過海的旅途中，首先萌生海上作戰構想，之後進一步加以精煉的地點就在地中海。也因此，在早期世界史，至少就戰史而言，能夠以這種開端自居的也只有地中海。如果千百年來葬身海上的水手屍骨突然都能浮上海面，你一定可以踏著他們的遺骸跨越整個地中海。

地中海的面積有將近一百萬平方英里，從東岸到西岸距離超過兩千四百英里，海岸線長達兩萬三千英里。但它的門戶、它與大西洋的唯一會口——古希臘與羅馬人稱為「海克力士之柱」、具有高度戰略重要性的直布羅陀海峽，只有不到十英里寬。

想知道地中海有多大，還有一個辦法就是假想把地中海擺在美國地圖上。直布羅陀海峽大約就在美國西海岸聖地牙哥所在的位置。蘇伊士運河與前進紅海的通道，大約就在佛羅里達州東北海岸賈克森市（Jacksonville）附近。亞得里亞海頂端位在大湖區西方不遠，幾乎到達加拿大邊界的地方。利比亞的錫德拉灣能觸及墨西哥灣。跨越整個美國的六十六號公路差不多從東到西，可以貫穿地中海。無論怎麼說，這樣的水域不能說不大了。

最重要的是，獨特的地緣特性在地中海千百年來漫漫史頁中一再成為焦點。地中海的西方門戶特別狹窄，當然是一個焦點；最大島西西里也由於位居核心的極端重要性，成為三千多年來多國競相爭奪的目標。同樣的，義大利也因為像一把直指非洲的匕首一般，將地中海有效分枝，而一再成為歷史重要舞台。地中海的綿長與位居要津，加以東、西兩岸都有優良港口的條件，使羅馬人得以發展貿易，在「羅馬盛世」期間擴充海權。此外，位於西西里南方，比西西里略小、但戰略地位幾乎毫無遜色的馬爾他，也在地中海戰略舞台上不斷扮演要角。

繼續往東是愛琴海。直到今天，同為北約盟國的希臘與土耳其，仍不斷出動戰艦與飛機，在這個遍布島嶼的水域互別苗頭，讓我們想到基督徒與伊斯蘭教徒一千年以前在東地中海結下的那許多仇怨。愛琴海最主要的島是塞浦路斯（Cyprus），它的輪廓又長又壯，地扼通往「勒凡特」（Levant，指地中海東部諸國與島嶼）與克里特（Crete）島的要衝，是進入愛琴海的門戶。

位於北方的當然就是黑海。黑海的分量絕對能在史書占有一席之地，但千年來由於許多同樣衝突總出現在戰略隘口博斯普魯斯（Bosporus）海峽北端，它始終扮演一種「小型地中海」的角色。位於南方的是北非洲平坦的沙漠，還有富饒的尼羅河三角洲，以及跨越蘇伊士的不毛荒地，都在地中海歷史、政治與文化上不斷扮演角色。

「地中海」（Mediterranean）這名字本身出自拉丁文「mediterraneus」，譯成中文就是「內地之海」或「土地之間的海」。羅馬人把它當成「我們的海」（mare nostrum）倒也不為過。早自有紀錄的西方史開始以來，它就是一種相對狹隘空間裡的全球性公地，不斷提供一條貿易通道、一個給養來源、一片運輸領域、一塊現成戰場，與一座天然屏障。

此外，它還為人們帶來豐富想像空間。隨著世紀移轉，人們逐漸摸出地中海地形，有關直布羅陀海峽之外還有什麼的傳說也越來越多。龍、海怪、通往「地府」（Hades）之門以及失落之城亞特蘭提斯等等，都在民間想像與文化中占有一席之地。古代海員划著優雅、相當可靠的三層槳戰船駛在地中海上，但在未知的恐怖威脅下，幾乎沒有人敢駕船駛出直布羅陀海峽。

地中海在作戰科技研發與海上戰略創作兩方面也扮演核心角色。古人在地中海上發生衝突，很快想出海上作戰的辦法。他們研發三層槳戰船，使用三層槳以增加戰船速度，還在船頭裝備「破城槌」（battering rams，註：一種類似公羊頭的鈍物，用來撞擊敵船）。之後受過海戰特殊訓練的海軍派上用場。隨著時光流逝，精確的艦砲與早期射控系統問世；隨著新的推進工具出現，航海技術比過去更加龐雜精密得多；再之後，蒸汽機與內燃引擎先後發明，最後核子動力船艦也開始下海。這每一階段海戰科技的測試、改進，以及之後的實戰運用，都在地中海上進行。

對一名現代海軍來說，通過直布羅陀海峽進入地中海的第一個感覺，就像進入古代競技場一樣。你會有一種四面合圍、遭到封鎖的不快。海員在啟程時，除了互祝「順風逐浪，一切平安」之外，還會說一句「上帝保佑，海闊天空」。駛在地中海上，舉目不見闊海，你會有一種困在歷史中，為過去籠罩的感覺。那感覺令人不舒服。

我記得我在一九八〇年代初期第一次駛入地中海的情景。當時我還是低階軍官，在龐大的美國航空母艦「佛雷斯陶號」（USS Forrestal, CV-59）上服役。這艘以美國第一任國防部長詹姆斯‧佛雷斯陶（James Forrestal）之名命名的航母，是一艘滿載飛機與炸彈的海上城市。佛雷斯陶號那些艦載戰機的戰鬥力，很可能比整個羅馬帝國所能糾合的全部戰鬥力還強。

當時我們駛經直布羅陀海峽，我因為擔任工程官，大部分時間都在甲板下工作，但每當爬上機庫、登上艦橋時，周遭水道之狹窄，兩邊陸地之接近都讓我印象深刻。我們在一個夏夜通過海峽，海面風平浪靜，十分美麗。地中海以天氣變幻多端著名。荷馬史詩說，希臘英雄奧德修斯在打贏特洛伊戰爭後，歷經十年海上漂泊，才終於返回他在伊薩卡（Ithaca）島的故鄉。在這漫漫旅途中，「海面時而一平如鏡，景色迷人，霎時間卻雷電交加，風暴大作，而且每當奧德修斯與他的部下想登岸時，災難總是如影隨形而至」。這段敘述堪稱是地中海天氣的最佳寫照。

那年夏天，我們無論到地中海哪一個地方總碰上好天；但不久秋天降臨，日頭漸短，天也開始變冷。冬天到，地中海上西北風暴大起，不僅在海上，在烏雲密布的天空，在我們造訪的所有那些古老港都的居民態度中，我們都能感覺寒氣逼人。法國人說，西北風狂吹時，能把驢子的兩個耳朵都吹掉。這樣的風當然能輕輕鬆鬆讓走在地中海上的船顛簸不已。無論走到哪個港，雅典、伊斯坦堡、特拉維夫（Tel Aviv）、亞歷山卓、雪城（Syracuse）、那不勒斯、卡塔赫納（Cartagena）與突尼斯（Tunis）都一樣，歷史的感覺都那樣觸手可及般的真實。當時冷戰正酣，佛雷斯陶號在風聲鶴唳的緊張氣氛中走在寒風刺骨的地中海上，似乎也很搭調。

它也讓我對地中海上戰略地緣政治的分野印象更加深刻。一九八〇年代正值冷戰高峰，美國設法在地中海部署兩個航空母艦戰鬥群，以備不時之需。其中一個戰鬥群一般部署在西地中海，離盟國港口以及西班牙與義大利海岸的古羅馬港口較近，後勤補給也比較方便。由於享有一連串基地支援，美國戰艦的補給情況良好。但東地中海是另一故事。蘇聯在埃及與敘利亞有龐大勢力，我們走在海上經常與俄國艦隊近距離錯身而過。美國一些較小型的艦艇會北上駛入黑海，而且也知道一旦戰爭爆發，我們攻擊蘇聯與它的《華沙公約》盟國，黑海就會成為美艦的死亡陷阱。雖說謝天謝地，我們終於沒有與蘇聯開戰，但在地中海作業一直是非常危險的任務。我們遠離家鄉，面對強大的在地對手——許多世紀以前，威尼斯人在鄂圖曼帝國大砲下穿越地中海時，想必也像我們一樣心有惴惴。

經常縈迴我腦際的真正問題很簡單：地中海為什麼自古以來就如此征戰不休？

首先，因為地中海是相互競爭文明之間的水上十字路口。

希臘人與波斯人之間、腓尼基人與羅馬人之間早期的戰鬥，是海上地緣政治的起源。

由於人類開始探討地中海水域，大不相同的歐洲、非洲與亞洲文明開始接觸，於是帶來貿易、語言、人員以及其他財源的交流，也帶來衝突。地中海讓這一切成為可能。

地中海位於相互競爭的社會與國家的中心位置，這是它的地緣關鍵。就像車輪的輻條一樣，跨越地中海的幾條交通要道也為艦隊帶來入侵之路。隨著古文明逐漸進入地中海，好大喜功的國王、王后與法老們自然會打主意，利用這些交通要道運送滿載軍人的艦隊進行征服，帶回一船船滿載的財寶與奴隸。幾處天然地緣特區——特別是義大利——也造就一些較小型的個別戰區。

其次，地中海上有許多戰略價值極高的島嶼。西西里、薩丁尼亞、馬爾他、克里特，以及愛琴海近岸諸島，都能提供便於使用的踏腳石。隨著各式各樣帝國勢力崛起，地中海內戰略據點爭奪戰也越來越頻繁。這些島嶼造成第二波衝突，也為帝國帶來可供艦隊安全作業的基地。

必須記住的是，雖說貿易與戰爭活動已經開始在地中海各處升溫，但當時的人還得克服許多天然挑戰。首先，天氣就是惱人難題。地中海的航海環境大體上儘管相形之下還算不錯，但也時而變幻莫測，讓疏神的航海人受盡折磨。其次，在不見陸地的情況下進行遠洋航行的航海科技，歷經好幾世紀才能逐漸成形。第三，經過不斷失敗與嘗試，在犧牲許多人命之後，強大堅固，能在海上航行許多天、許多星期的船才逐漸問世。不過一旦人類練就行船海上、有效導航與戰鬥的本領，地中海就像澳洲電影《衝鋒飛車隊》（*Thunder Dome*）片中那個鋼鑄籠子一樣，讓兩個交戰國進入籠中，進行只有一國能活著走出籠子的殊死對決。

最早在海上揚威的兩個文明，已經大體埋沒在歷史煙塵中：以克里特島為基地，從西元前兩千五百年起繁榮了將近一千年的米諾帝國（Minoan Empire）；以及腓尼基／迦太基帝國。兩千多年前，在世界史上第一場兩個較先進社會的殊死對決中，迦太基帝國遭羅馬消滅。

米諾帝國（年代約為西元前兩千五百年到西元前一千二百年）在四千五百年前由於人口不斷增加，被迫轉向海上發展。他們是天生水手，在克里特以北發現許多島嶼，而且很快就據為己有。沒有他們先進的陸地希臘社會被迫向米諾的國王進貢，包括必須將童男童女送到米諾京城諾索斯（Knossos），供關在京城的半人、半牛怪物米諾陶（Minotaur）享用。他們的故事——包括年輕的雅典王子特修斯（Theseus）如何殺了米諾陶——已經傳為希臘不朽的神話。米諾文明可能在三千多年前因為一場大地震而幾乎蕩然無存，造成後來有關失落之城亞特蘭提斯被毀的傳說。

記得幾年前一個愉悅的夏夜，我坐在克里特島第二大城、現代化的沙尼亞（Chania）一家小餐館，享用烤魚與希臘葡萄酒。招待我這餐美食的，是當時率領希臘軍參與北約盟軍（我當時擔任最高統帥）的希臘將領。

我們聊到米諾帝國時，那希臘將領說，當年米諾社會如果存活下來，希臘人或許會像之後的羅馬人一樣，向外擴張，控制整個地中海。我告訴他，只是希臘陸地那許多城邦各行其是，永遠也不會聯合起來對外征服。他的回答很簡單：這正是克里特人派上用場的地方——他們可以迫使希臘各城邦團結在一起。或許他說得對。歷史DNA略加轉折，說不定希臘—克里特帝國在幾千年前大放異彩，或許還與迦太基人結盟挑戰羅馬帝國。誰又能說得準？

腓尼基文明位於地中海東端，即今天的勒凡特附近，約起源於西元前三千年，持續兩千五百年。腓尼基人主要務商（不事征服），足跡遍及當時已知世界的每一角落。他們的船從英國運錫，從波羅的海運琥珀與寶石，還從西非運香料、奴隸與黃金。勇猛的腓尼基商人以泰爾（Tyre）與西頓（Sidon）為基地，越過「海克力士之柱」，開啟地中海文明與印度一連串交流的先聲。腓尼基貿易港開始在地中海各處島嶼與大陸出現，一個權力中心於是在地中海南端，今天的突尼西亞崛起：迦太基。

迦太基人繼承腓尼基人衣缽，最後建了一個跨越薩丁尼亞、科西嘉（Corsica）與西西里諸島，版圖包括西班牙大部與地中海非洲沿岸大片地區的帝國。強悍、堅忍又能幹的迦太基人首先與希臘商販競逐（迦太基人在一開始遭希臘商販逐出黑海和愛琴海），幾世紀以後與羅馬人打了一連幾場大仗。

這類最早期的「文明衝突」（套用已故政治學者沙穆爾・杭廷頓〔Samuel Huntington〕的名詞），或許也出現在東地中海——對壘雙方一邊是希臘大陸上那些城邦，另一邊是雄霸全球的波斯帝國。令人稱奇的是，在西元前約五百年，希臘人竟能將彼此內鬥暫時擱下，團結一致，全力對抗波斯入侵。

這時的波斯，經過長年南征北討，已經控有大部分文明世界，並且以美索不達米亞境內基地為跳板，將勢力延伸到地中海沿岸。勒凡特的腓尼基人迅速稱臣，還為他們的新波斯主子提供船隻與一切有關航海的專業技能。當然，希臘人沒有臣服，拚死抵抗。

西元前四九二年，第一支波斯遠征軍抵達希臘，不過希臘人運氣很好，這支遠征軍在海上遭遇大風暴而潰不成軍。之後波斯人捲土重來，在馬拉松（Marathon）發動兩棲攻擊，卻仍然以失敗收場。但頑強的波斯人沒有就此罷休。他們用十年時間重振旗鼓，挾著壓倒性優勢兵力重返希臘。

約於西元前四八〇年，波斯王薛西斯（Xerxes）率領戰船近一千五百艘，將近二十萬步兵與十幾萬水軍與槳手，大舉進犯。面對這支似乎無敵的大軍，希臘各城邦只能集結約五百艘戰船，無論在海上與陸地都居於數量上的極大劣勢。當死守溫泉關（Thermopylae）的「三百斯巴達人」終於全軍覆滅之後，希臘人只剩下最後一線生機：雅典艦隊必須在本土水域擊敗波斯。

在勇敢善戰、極具魅力的迪米托克利（Themistocles）將軍領導下，希臘海軍將艦隊部署在雅典海岸外的沙拉米灣（Salamis Bay），充分掌握雅典周遭水域崎嶇不平的天然地形之利。希臘文明的前途在此一戰。

但決定勝負的最後關鍵是自由。希臘軍上陣的每一名官兵都是自由人，都為他的家、為他的城邦而戰。但波斯軍中幾乎每一名官兵都是徵兵或是奴隸。在大戰前夕，迪米托克利召集部下官兵發表出師訓令。根據希臘歷史學者希羅多德（Herodotus）的描述，迪米托克利當時慷慨激昂，要部下為父而戰、為妻兒而戰、為城邦而戰，而且最重要的是為自由而戰。他的部下沒有讓他失望。他們鬥志昂揚，奮勇死戰，加以他們使用的帆船速度較快、較敏捷也較輕便，終於取勝。

我在許多場合，面對許多不同群體講過這個故事，每次都能讓在場群眾對美國今天純志願役的軍力心生感佩。幾年前，我在紐約市博物館艦「無畏號」上舉行的一次餐會中發表演說，紀念海軍三棲特戰隊（SEAL）隊員麥克・摩菲（Michael Murphy）中尉。摩菲為保護他的部下、他的家人（也出席了這場餐會）以及他的國家而在阿富汗英勇捐軀，獲頒英勇獎章。今天，美國海軍驅逐艦「麥克・摩菲號」（DDG-112）為保護自由而在海上巡弋。我常想，由於擁有勇氣、榮譽與犧牲奉獻的共同美德，如果放一條鉛錘線，一定可以從沙拉米灣的古希臘自由人戰士一直接到今天的麥克•摩菲號。

雅典與斯巴達領導的希臘聯軍在取勝之後，希臘人原可就此步入黃金盛世，但他們立即重蹈覆轍，彼此爭戰不休，錯過這個大好良機。就因為這樣，希臘人雖說占盡地中海地利之便，又擁有能征慣戰的軍隊，卻終於（除了征服西西里一部分與沿海一些其他地區以外）未能走入海洋，建一個大帝國。真正創建「內地之海」、有效統治地中海整個周邊許多世紀的是羅馬人。

就在希臘城邦設法控制西西里與南義大利之間水域，新成立的迦太基帝國從北非海岸向外擴張之際，羅馬勢力開始崛起。羅馬迎向來自這兩方面的競爭，並於西元前三世紀鞏固勢力，徹底擊潰義大利半島上一些希臘統治的小型殖民地。位於地中海對岸的迦太基人眼見這些發展，知道與羅馬之爭已經在所難免。西西里島就這樣成為「布諾戰爭」（Punic Wars，Punic是拉丁文對迦太基的稱呼）的第一個對抗點。

以陸戰起家的羅馬人知道他們需要建一支艦隊。地中海於是又一次成為大戰戰場。傳統上精於海戰的迦太基人可以威脅羅馬海岸，戰力強大的迦太基艦隊可以輕鬆破壞羅馬的海上商務。羅馬人找來已經被他們征服的希臘人，為他們建了一支艦隊，但仍然欠缺海戰知識。羅馬人是組建軍隊的專家，擅長肉搏戰鬥，但在一開始，面對迦太基海戰專家一直束手無策。這些迦太基專家精通側翼包抄、突破敵艦隊陣線的戰術，特別是他們能運用優勢操控技巧撞沉敵艦。

像許多海戰一樣，解決問題之道就在於發明新戰術、新科技，或新裝備。在這場對決中，羅馬人發明一種叫做「烏鴉台」（corvus）的鐵製跳板。「烏鴉台」可以安在輪軸上轉動，橫向架到敵艦甲板上。跳板前沿有扣住敵艦的抓鉤，一旦扣住敵艦，羅馬戰士可以跨過這種跳板，衝上敵艦甲板。在西元前二世紀發生的幾場大型海戰中，羅馬人就靠這種原始但有效的登艦戰術擊毀大量迦太基船艦。

羅馬－迦太基的布諾戰爭一幕幕展開，最後羅馬人憑藉海戰科技優勢擊敗迦太基。儘管迦太基將領漢尼拔在陸戰所向披靡，羅馬由於能用艦隊將大軍運往北非，而在西元前一四六年敲響迦太基的喪鐘。歸根究柢，羅馬人由於能控制地中海，而在這場戰爭中先取得大島西西里，之後占有伊比利半島豐富的原料，最後支配北非海岸與突尼西亞穀倉。在這整個過程中，羅馬海軍肅清海盜與一些在海上掠奪的小國，建立強大的海上進取文化與海軍軍官團，充滿信心地以權威與創意統治他們的「內海」。

在獲升為海軍少將後不久，我在二〇〇一年年初訪問突尼西亞，展開一次難忘的旅途。那次旅途中，同行的還有許多剛獲晉升、掛上一顆星的海軍與陸軍將領。我徘徊在俯瞰南地中海的斷崖上，迦太基被毀的影像浮現腦際，不禁想到如果當年迦太基能生存，抵擋羅馬大軍，創造截然不同的地緣政治結果，今天的歐洲與地中海世界會多麼不一樣。

我們往往認為歷史多少有些命中註定——羅馬人當然會贏——但歷史重大轉折經常只在幾項決定、一場戰役、一項始料未及的發明、一項遠見或一名狂人的領導魅力之間。迦太基已經永遠走入歷史塵煙，羅馬人取勝；但隨著迦太基人一起葬送的帝國之夢是什麼？

羅馬在擊敗迦太基、支配地中海之後爆發一連串內戰，從共和國演變為以奧古斯都為首的帝國。首先是複雜的政爭，之後凱撒遇刺，名將馬克・安東尼（Mark Antony）前往埃及，接著當時叫做屋大維的奧古斯都勢力崛起：這一切發展導致西元前三十一年的亞克興（Actium）大海戰，決定了羅馬的命運。亞克興是希臘西海岸外一個小港。

這場海戰對決雙方出動的艦隊規模都不是頂大，但這是一場最能決定地中海歷史命運的關鍵之戰。基地在羅馬，比較接近戰場的屋大維出動兩百五十艘船艦參戰；以埃及為總部，獲有迷人的埃及女王克莉歐佩特拉（Cleopatra）支持的安東尼，出動兩百艘較大型船艦上陣——對安東尼不利的是，路途遙遠，加以必須載運陸戰軍隊，運補負擔過重。屋大維與他的海軍司令阿格里帕（Agrippa）認為，安東尼的艦隊一定行動遲緩，無法迅速運動進出。他們的判斷沒錯。

成敗關鍵在於能否靈活運用帆與舵，以孤立敵艦，一面避免遭敵艦鎖住。阿格里帕並且發射火箭，造成很好的效果。而就在大戰正酣的重要關頭，安東尼與他的埃及妻子竟臨陣潛逃，任由部下艦艇在海上自生自滅。縱觀歷史，統兵出戰的海軍將領棄軍而走，任由自己艦隊敗亡的例證極少，安東尼寫下一個不很光彩的先例。

這場海戰為「羅馬盛世」創造了條件。地中海有史以來頭一遭成為名副其實的內海，由一個國家——羅馬——掌控、管轄。儘管偶爾也有些許海盜滋擾事件，地中海享有或許在它的歷史上最長的一段承平時期。在之後五個世紀的大多數年分，羅馬繼續統治，直到西羅馬帝國於西元五世紀起逐漸衰落、滅亡為止。歐洲隨即進入黑暗時代，新崛起的伊斯蘭教不僅是一股宗教勢力，還激起龐大的地緣政治浪潮。伊斯蘭教以阿拉伯游牧民族為起點，擴散到地中海周邊，征服整個中東，隨後將勢力伸入埃及與勒凡特。伊斯蘭教以勒凡特為基地，征服北非其他地區，最後占領西班牙南部，以及地中海中部與東部許多島嶼。老實說，伊斯蘭教當年若是進一步席捲南歐看來也並非難事。但基督教軍隊加強抵抗，君士坦丁堡與拜占庭帝國在這段期間始終堅守不退。隨著時間不斷逝去，神聖羅馬帝國在西方崛起。到十一世紀，基督教徒準備跨過地中海反攻，發動極其不幸的十字軍東征。

在十字軍東征期間，地中海成為歐洲基督教狂熱分子進入聖地的跳板，幾個新成立（氣數也相對短暫）的十字軍王國依賴海洋進行運補、後勤與貿易。持續兩百五十年的先後幾次東征行動，也大力促成威尼斯以及義大利幾個商業城的繁榮。

我們在這裡再次見到地緣重要性。威尼斯位於亞得里亞海北方，從歐洲內陸跨阿爾卑斯山脈而來的貿易，可以輕鬆在這裡集散。威尼斯也是進出地中海本身的絕佳且比較安全的門戶。威尼斯人還是地緣政治行家——他們不想占領大片土地（因為這會帶來各式各樣行政管理的頭痛問題），只想建立一系列貿易基地。他們取得地中海兩個最具戰略重要性的島嶼——克里特與塞浦路斯——在東地中海周邊建了許多小型要塞與貿易站，還在當年的世界各地有系統地建立商貿據點。就一種方式而言，他們的海權戰略比奧夫瑞・薩耶・馬漢還早了六個世紀。

所有這一切都有「威尼斯兵工廠」為軍事靠山。威尼斯兵工廠為早期裝配線生產設施，可以大量生產性能優異的大帆船。威尼斯人懂得善用航海科技，雖說全國只有約二十萬人口，卻一度擁有一支數千艘船艦的艦隊與幾萬名海員。威尼斯與其他王國與帝國的關係主要以貿易為基礎。此外，威尼斯人老謀深算，知道怎麼讓基督教統治者彼此之間明爭暗鬥，怎麼用教會的力量和教皇賦予的控制權柄操控那些統治者。他們似乎命中註定要成為東地中海的霸主，而且越來越富有——這一切靠的都是地緣政治的策畫、地中海地理特性的善用，以及建築、武器與行政管理新科技的運用。

當然，在地中海水域展現權勢並非威尼斯的專利。義大利與法國南部許多貿易大城也都參與了這波貿易熱潮。義大利那些城邦，包括熱那亞、拉古薩與比薩等等，基本上都是小型海運國，靠研發新型船隻與風帆起家，用買賣麻布、染料、香料、香水、珠寶、藥品與珍珠賺來的錢發動他們的戰爭（與十字軍）。從西方運來的商品有油、肥皂、蠟、蜂蜜、獸皮，特別是木材與金屬尤其重要。貿易是大熱門，對中部地中海的海運國而言影響更是重大。

但一個新強權在地平線彼端逐漸浮現：迅速崛起的鄂圖曼土耳其人正來勢洶洶，從中亞撲至。他們利用阿拉伯當權派之間的不斷內鬥，在一四〇〇年大體上征服了阿拉伯世界。在逐漸鞏固對今天土耳其以及對大片阿拉伯土地的控制權之後，鄂圖曼土耳其人在一四五三年做到一件太多人嘗試卻都以失敗收場的一件事，從而真正站上地中海的中央舞台：征服君士坦丁堡。千年來一直是歐洲文化與基督教天堂的拜占庭帝國，由於無力抵擋來自海上的攻擊，欠缺擊退土耳其人的足夠資源（包括人力與財物）終於淪陷。

我在停留伊斯坦堡期間，曾經到貝西塔西（Beşiktaş）區，穿越博斯普魯斯海峽的通勤渡輪碼頭，參觀位於碼頭邊的海軍博物館。這座博物館很安靜，擺滿鄂圖曼帝國遺跡，其中最醒目的是好幾艘統治者使用，同時由二十或三十名槳手划行的大型宮殿船。博物館外有一座漂亮的花園，像這類型博物館一樣，花園裡面也陳列著各式大砲。但最讓我矚目的是一個不甚起眼的東西——那是一個只剩下幾個環的黑色鎖鏈。它很粗糙，似乎是鐵鑄的。根據說明卡上的介紹，它是拜占庭一名皇帝在八世紀造的「大鎖鏈」的部分殘跡。

在戰爭期間，拜占庭用這條鎖鏈鎖住「金角」（Golden Horn，註：伊斯坦堡港灣入口）。這條鎖鏈多次派上用場，都很成功，直到一四五三年當鄂圖曼土耳其人圍攻君士坦丁堡時為止。「征服者穆罕默德」當時也無法穿越這條橫在入口的鎖鏈，但穆罕默德用人力硬拉的方式，把他那支七十艘船組成的艦隊硬是拉上了岸。就像君士坦丁堡在鄂圖曼帝國大軍壓境下無法保住西方文明一樣，這條鎖鏈也無法保住這個城市。

君士坦丁堡淪陷以後，鄂圖曼土耳其人的勢力得以深入歐洲，進抵維也納，控制地中海東部與南部沿海大片戰略性海岸。他們強迫人們皈依伊斯蘭教，奴役百姓，特別喜歡俘虜基督教船隻、奴役船員，種種行徑即使以當年標準而言也極為野蠻。基督教與伊斯蘭教兩個文明就這樣撞在一起，為十六與十七兩個世紀帶來許多大型衝突。

就像之前出現在地中海的那些衝突一樣，地緣也在這許多大型衝突中扮演重要角色。鄂圖曼人憑藉他們在沿海的基地得以深入愛琴海島鏈，進軍西方。歐洲人用義大利海岸線上基地為戰略據點，一面也想方設法爭取同樣島鏈的控制權。在大砲、風帆、划槳與海戰戰技等技術條件上，雙方大體旗鼓相當，不過鄂圖曼人由於帝國各角落較具一致性，擁有較佳的行政管理與訓練系統。西方諸國各有各的系統，一旦來自各國的船艦集結，想整合作業比較困難。

在極具戰略重要性的東地中海島嶼塞浦路斯於一五七〇年遭鄂圖曼人占領以後，西歐諸國終於察覺大勢不好，教宗庇護五世於是組成「神聖聯盟」——主要由義大利與西班牙出錢出力——以對抗鄂圖曼。土耳其人繼續由海、陸兩路推進，隔不多久，情況已經顯而易見，一場大海戰將決定這波海上逐鹿的勝負，而且從許多方面而言，將決定歐洲的命運。這場海戰在希臘西海岸愛奧尼亞海的雷班托附近登場。

雷班托海戰在一五七一年十月七日一早爆發，當時天空晴朗，萬里無雲。土耳其人投入超過兩百五十艘大帆船，載有水、陸兩軍總兵力七萬五千人。哈布斯堡親王唐‧約翰（Don John）指揮的歐洲聯盟艦隊約有兩百艘船艦，艦上官兵加槳手只有七萬人略多一些。特別重要的是，威尼斯人提供了六艘彷彿海上城堡、殺傷力驚人的巨型三桅大帆船。這是繼一千六百年前亞克興之戰以來第一場大規模海戰，兩場海戰都出現在地中海差不多同一位置。值得注意的是，一百多年來沒有在一場重要海戰中失利的鄂圖曼人，這次趾高氣昂，志在必得。

但當戰事於下午四時左右結束時，鮮血染紅了海，而流血的幾乎全是鄂圖曼人。鄂圖曼土耳其人失去絕大部分船艦，兩萬五千多名戰技精良的水、陸軍官兵喪生，只有不到五十艘船逃逸。基督教聯軍只損失七千人與十幾艘船。歷史在這一天改寫，鄂圖曼帝國征服地中海的雄圖也自這一天起盛極而衰。基督教聯軍的取勝關鍵在於戰術運用得當，特別是他們運用三桅大帆船，迫使土耳其人紛紛走避而淪為船上巨砲的犧牲品。海戰過程中幾乎所有戰鬥都是貼身肉搏。唐‧約翰親率大軍衝鋒，聯軍指揮官們個個奮勇，終於大敗強敵。

這場大戰讓伊斯蘭教無法向基督教世界進一步擴張，在當時極具決定性；但土耳其人很幸運，基督教諸國沒有把握乘勝追擊的時機，終於讓鄂圖曼帝國雖遭慘敗卻未失疆土。基督教徒很快故態復萌，不斷爭執吵鬧，土耳其人於是守住塞浦路斯，鄂圖曼帝國的船艦也得以繼續出沒地中海上。儘管在雷班托海戰遭到重挫，土耳其人努力重建艦隊，在之後兩個世紀繼續在東地中海與義大利以及西班牙較勁，不過他們再也不能對整個地中海構成真正獨霸的威脅。而在雷班托海戰開戰以前，對土耳其人而言，獨霸地中海應是很實際的目標。

雷班托海戰過後的鄂圖曼帝國，雖說仍然強大，仍將繼續呼風喚雨，但它的力量畢竟有限。土耳其人仍然在南方控有阿拉伯沙漠，在東方與波斯接壤，依然在海上與歐洲人競爭，在西方控有巴爾幹。但或許最重要的是，由於雷班托海戰，許多南歐人對「無敵土耳其人」的無邊恐懼破滅了。就這項意義而言，這真是一場極端重要的戰役。

我在擔任北約盟軍統帥時經常往訪西班牙，我所以喜愛西班牙有許多原因——從語言與文化之美，到絕佳美食，到伊比利半島的濃郁歷史風情。它曾是伊斯蘭世界一處動盪不安之鄉，南西班牙部分地區的建築、語言與文化充分反映這項史實，賽維利亞（Seville）古城就是鮮明寫照。

有一次我們在賽維利亞舉行軍事高峰會，代表西班牙與會的那位將領送了我一瓶裝飾得非常精美，擺在一個手繪盒子裡的西班牙白蘭地。那盒子上畫的正是雷班托海戰，有鮮血染紅的海，勝利奏凱的基督教聯軍艦隊上還飄揚著義大利與西班牙國旗。那場海戰讓鄂圖曼帝國無法將勢力進一步伸進地中海中部與西部，從愛琴海與亞得里亞海直到直布羅陀海峽，改變了整個地中海的歷史。

在基督教確保對西方的壟斷之後，輪到英國人大舉進駐地中海了。他們逐漸牢控幾處關鍵性島嶼與海峽，包括所謂「海克力士之柱」的直布羅陀海峽，地中海中部的馬爾他，以及經略東地中海的重鎮塞浦路斯。當然，還有控制印度途中的踏腳石埃及。英國海軍將領開始將這個「內地之海」摸得滾瓜爛熟，特別是納爾森爵士。

在一七九八年整個漫漫長夏，納爾森與拿破崙的艦隊在地中海各處玩著官兵捉強盜的遊戲。當法國艦隊終於在亞歷山卓東北海岸外的阿布基爾灣（Aboukir Bay）下錨時，納爾森在經過幾星期海上徒勞之後找到機會，率軍展開致命一擊。他對部下艦長們下達的作戰命令很簡單，就是把軍艦貼向敵艦。就這樣，納爾森那些戰志昂揚的艦長一湧而上，將還停在尼羅河河口外海的拿破崙艦隊擊潰。納爾森（當時只是少將）因此役獲封為男爵，成為歐洲各地家喻戶曉的英雄。法國整個地中海艦隊幾乎不是被毀，就是被擄。英國海軍氣勢如虹，之後一連幾場戰役連戰連勝。這場海戰是拿破崙戰爭期間關鍵之戰，英國就此一勞永逸，確立它在整個十九世紀期間支配地中海的地位。

一九八〇年代初期，我乘航空母艦「佛雷斯陶號」在這場著名海戰的古戰場左近駛入亞歷山卓灣。我們乘小船經過一番風浪顛簸靠岸，停在一處遊艇俱樂部碼頭，享用餐飲招待。當時與十九世紀初期大戰期間亞歷山卓灣的肅殺景況自然天差地別，而埃及人也樂得賺取我們的美元振興他們的經濟。

對納爾森來說，埃及是他在特拉法加之戰擊敗拿破崙的重要中繼站；他在地中海上走了幾個月尋找法國艦隊，終於如願以償，成就他一世英名。對我們這些冷戰最熾期間乘航空母艦而來的美國海軍來說，埃及只是一個歇歇腿、吃冰淇淋、喝啤酒的休息站。納爾森雖在愛瑪・哈米爾頓懷抱中度過那許多美妙的地中海之夜，決定他命運的所在仍在「海克力士之柱」之外，仍在大西洋中，仍是特拉法加之戰。他在十九世紀之初英國海權鼎盛時期在地中海大顯身手，走向光榮與死亡。

一八一五年的維也納會議透過談判妥協結束了拿破崙戰爭，但妥協也遭到一波波革命浪潮反撲，地緣政治運作重心於是從海上轉到歐陸本身。就這樣，地中海在整個十九世紀大體平靜。德國「鐵血宰相」奧圖・馮・俾斯麥主控歐洲政治。在他主導操控下，除了克里米亞戰爭與德、法兩國之後在一八七〇年的衝突以外，涉及地中海的地緣政治活動幾乎等於零。等到十九世紀結束，二十世紀展開時，許多重要策略理論人士開始認定，列強之間由於文化、家族與經濟上的牽連糾葛，不可能爆發戰爭。哀哉！他們都錯了。人稱「大戰爭」的第一次世界大戰於一九一四年爆發，地中海再次淪為重要戰場。

第一次世界大戰在奧匈帝國周邊、距地中海海岸不遠的波斯尼亞的塞拉耶佛點燃戰火。一九一四年六月，當時身為帝國哈布斯堡王位繼承人的斐迪南大公遭塞爾維亞民族主義分子加里洛・普林西（Gavrilo Princip）暗殺。這次事件引發錯綜複雜的歐洲結盟關係連鎖反應，最後導致以英、德兩國海權競爭為核心的全球大戰。

大戰雙方都運用輔助艦艇，除出動潛艇以外，還用徵調船隻進行對敵人商船的攻擊。當然，英國（「大艦隊」）與德國（「公海艦隊」）主要的海戰戰場位於兩國之間，德國北方那片經常濃霧深鎖、天況惡劣的北海水域。不過部分海戰也以黑海為開端，延伸到地中海。兩艘德國巡洋艦與幾艘老舊的土耳其戰艦會師，攻擊俄國在克里米亞的海港——這情況有些類似今天發生在黑海的北約–俄羅斯衝突，不過交戰雙方的結盟狀況略有不同。

一九一五年初，法軍與德軍在戰線築壕，戰事陷於僵局。老謀深算的海軍大臣賈基・費雪（Jackie Fisher）爵士勉為其難，同意了年輕的溫斯頓・邱吉爾訂的一項大膽的計畫。為打破這項僵局，他們計畫在達達尼爾海峽的加里波利對土耳其發動攻擊。加里波利位於地中海邊緣的愛琴海，愛琴海在這裡注入馬馬拉海（Sea of Marmara），然後進入黑海。邱吉爾的計畫構想是攻占鄂圖曼土耳其帝國（當時已經國勢日衰，人稱「歐洲病夫」）首都君士坦丁堡，把土耳其逐出戰團。攻下君士坦丁堡還能打開通往俄羅斯的南方港口。

這項計畫一開始就資源不足，不斷拼湊成軍的做法終於造成大敗虧輸。特別是由於土耳其軍意外奮勇，在具有高度戰略價值的加里波利半島擊退英軍兩棲攻勢，擔任主攻的英國殖民地紐澳聯軍部隊損失尤其慘重。盟軍在一九一五年二月戰役展開時投入的五十萬兵力，到同年十一月已有幾近半數傷亡。邱吉爾與費雪信譽因此重創，大戰也延宕不決，又打了三年才結束。

二〇一〇年，我應土耳其全軍最高統帥艾爾克・巴斯柏（İlker Başbuğ）將軍之邀，在一個炎炎夏日訪問土耳其人稱為恰那卡萊（Çanakkale）的加里波利。我們憑弔了當年澳洲與紐西蘭軍與基馬・阿塔圖（Kemal Atatürk）所率土耳其軍苦戰的戰場。阿塔圖在打贏那場戰役之後，大力推動土耳其現代化。巴斯柏將軍帶我參觀了幾處向盟軍陣亡將士致敬的紀念碑。這些紀念碑製作精美，顯現土耳其軍的寬宏。其中一個刻有阿塔圖將軍向盟軍陣亡將士的母親們發表的一段名言：「灑出熱血、為國捐軀的英雄……你們現已躺在友邦土地上。安眠吧。在我們心中，在我們國家這塊土地上並肩葬在一起的強尼（Johnnies，指紐澳軍團）與穆罕默德（指土耳其軍）並無差別……妳們，將兒子從遙遠國度送到這裡來的母親們，拭去淚水吧；妳們的兒子現在睡臥我們懷抱，永享安寧。」儘管這句話出處的真實性有些爭議，但它確實感人，我認為它也已融為土耳其軍文化與歷史的一部分。

那天我們在俯瞰海峽的古戰場上便餐，喝了一杯土耳其紅酒。我望著海面，想到當年盟軍艦隊一面發動拖泥帶水的艦砲攻擊，一面設法運送軍隊登陸時，那些已經上岸的軍隊一定也看著那些艦艇，渴望他們也能像那些艦艇一樣駛離戰場，逃過一劫。有時當個海軍確實比當陸軍好一些。巴斯柏將軍與我也討論了陸地與海上士兵的不同命運。

這次訪問過後還發生一起古怪轉折。忠勇愛國、非常優秀的巴斯柏將軍不久遭人誣陷，因軍人干政的罪名入獄，所幸後來獲釋，重還清白。今天他已經退休。巴斯柏是陸軍將領，但了解海權，也很重視海軍力量，不過他也知道，在加里波利之戰，決定勝敗的關鍵在陸軍。我們直到今天仍是好友。

第一次世界大戰沒有打出一個決定性結果。既憤怒又痛苦的德國淪為法西斯主義與超級通膨的犧牲品，德國人民普遍覺得遭到出賣，他們的惱怒讓希特勒崛起，把德國拉進第二次世界大戰的慘禍。第一次世界大戰的主要戰鬥基本都在陸地，而以法－德邊界的大規模戰壕戰為核心。第二次世界大戰不一樣：它在地中海近岸地區戰火之猛，與布諾戰爭相比也毫不遜色。說地中海是第二次世界大戰初期主戰場並不為過：在法國淪陷與義大利宣戰之後，英國出動艦隊擊毀法國與義大利艦艇就是佐證。

地中海戰役最重要的戰場在北非。當時厄文・隆美爾（Erwin Rommel）將軍率領的德軍進逼埃及，企圖切斷英國與印度的通路，而印度是英國財稅與資源的重要來源。盟軍於是決定在這裡展開對德軍的首次攻擊。

美—英聯軍於一九四二年登陸北非，在卡薩布蘭加附近展開「火炬行動」。聯軍雖在一開始失利，但之後以「赫斯基行動」侵入西西里，再以「雪崩行動」攻進義大利。這些行動終於打垮義大利，讓希特勒苦不堪言。杜艾・艾森豪將軍也因為這幾場地中海戰役積功晉升為盟軍最高統帥，一年以後，他發動「大君王行動」侵入法國北部。

大戰初期，為爭奪重要海運線主控權以鞏固陸戰勝算，德國與英國展開一連串行動。盟軍在爭奪希臘之戰受挫，但最後終於在北非海岸取勝。德軍在大戰初期的潛艇作戰十分有效，英國當局對北非情勢非常關切。地中海又一次成為海上全面大戰的戰場。

馬爾他由於位居地中海中心，控有關鍵性海上交通線，戰略重要性也在這段期間凸顯。伯納德・蒙哥馬利將軍領導的英軍，在火炬行動中重創北非德軍，隆美爾也只能隻身撤回德國。盟軍所以能在北非取勝，主要因為英國在中地中海享有制海權，能夠對岸上部隊運補。

與布諾戰爭頗相類似的是，地中海在二次大戰期間既是戰場——飛機與船艦在海上捉對廝殺——更重要的，又是各種戰爭工具的運輸孔道。我曾多次駛經地中海，每一次總對二次大戰期間那些漫長的海上巡邏神馳不已。佛雷斯特在他的名著《船》（*The Ship*）中，生動描繪了那段期間地中海海戰的故事，說英國軍艦如何離開直布羅陀基地，前往馬爾他與亞歷山卓，保護海運線暢通。一九九〇年代中期在擔任驅逐艦艦長時，我也常緊繃心弦在那處海域巡弋，也不時想著那早已逝去的一幕幕海戰景象。

在整個冷戰期間，美國海軍一直在地中海保有兩個航空母艦戰鬥群。這麼做的構想是，讓俄國不敢以側翼迂迴方式繞道沿中歐富爾達隘口部署的北約防線背後發動攻擊。當時貓捉老鼠的遊戲隨時在地中海各處進行，美國海軍艦艇（特別是龐大的航母）經常遭俄國情報蒐集船跟監。海軍也不時派遣驅逐艦驅趕那些俄國ＡＧＩ（Auxiliary General Intelligence，綜合情報輔助船）。

在整個冷戰期間，地中海一直是一種訓練、接敵與情報蒐集場。在進入核子動力潛艇（核潛艇需要在深海藏身，伺機發動攻擊）時代以後，地中海由於水淺（與北大西洋以及更深的太平洋相比），容不了巨型艦隊作業。對美、俄兩軍來說，地中海不再像過去兩千年那樣海戰頻傳，不過在蘇聯與美國艦隊作業地區附近，小型衝突倒也層出不窮。

恐怖分子一九八五年在海上對商船發動的第一次重大恐襲事件就是這樣一次衝突。當時「巴勒斯坦解放陣線」攻擊義大利郵輪「阿基里・勞倫號」（Achille Lauro），一名坐輪椅的猶太裔美籍老人里昂・克林郝夫（Leon Klinghoffer）遭處決，被推入海中。美國後來抓到這些罪犯，交給義大利當局正法。

事件過後幾年間，美國（在擊落一架蘇聯訓練的飛行員駕駛的利比亞戰鬥機之後）對利比亞展開自由航行行動。一九八六年，恐怖分子對德國一家迪斯可舞廳發動炸彈攻擊，幾名美軍遇害，美國於是對利比亞實施空襲。一九八八年，泛美航空公司一架客機在蘇格蘭洛克比上空被炸之後，美國開始在錫德拉灣執行更多充滿火藥味的海軍行動。隨著冷戰逐漸降溫，地中海上的衝突型態也從大艦隊對峙轉變成比較複雜的作業。

在整個這段期間，我多次在地中海執勤，而且每次都感到自己與千百年來發生在那裡的無數海戰息息相關。不過儘管多次面對近距遭遇與挑釁，我們始終沒有在盛怒之下放過一槍一砲。最後冷戰黑暗時代終於結束，我們無不心想衝突、爭戰就此終了，和平與繁榮新世界就要到來。當然，事實證明這只是幻想。

冷戰的「勝利」一開始讓我們興高采烈，但情況逐漸明朗，我們發現蘇聯勢力的解體在全球許多地方造成動盪。或許二十世紀九〇年代冷戰剛結束時，因南斯拉夫解體而在巴爾幹引爆的動亂，是涉及地中海的最具代表性衝突。

波斯尼亞伊斯蘭教徒、信奉天主教的克羅埃西亞人，以及正教的塞爾維亞人，在巴爾幹中央的波斯尼亞展開惡鬥，幾十萬人遇害，好幾百萬民眾逃亡國外、流離失所。塞爾維亞人於一九九五年七月在斯雷布蘭尼查小城附近屠殺了八千多名穆斯林男子與男孩。之後，主要是伊斯蘭教徒的科索沃省於一九九八年脫離塞爾維亞，引爆又一場衝突。國際社會在經過長時間游移不定之後，終於從海、空兩路進行干預。其中海上行動包括攻擊與武器禁運，之後還為大規模地面部隊提供跨海後勤支援。投入波斯尼亞與科索沃戰事的盟軍地面部隊總兵力超過十萬人。

我在擔任貝利號驅逐艦艦長時，貝利號參與九〇年代對塞爾維亞侵略者實施的武器禁運，扮演關鍵性角色。我記得當時邊讀羅伯・卡普蘭所著《巴爾幹鬼魂》（*Balkan Ghosts*），邊想巴爾幹問題積怨太深，根本無法解決。

但經過一段時間，國際社會已能在巴爾幹達成大體平靜，海軍艦艇在這過程中扮演重要角色。在一位英國海軍准將指揮下，我們一連幾個星期在海上緝私，把走私犯趕出海岸。任務結束後，我滿懷欣喜，將巴爾幹那片黑色海岸線拋在船尾，打道返美。在九〇年代的巴爾幹戰爭結束後，地中海靜了下來，但任何人只要留意當地情勢，都知道這平靜不能久長。事情的發展果然如此。

由於俄羅斯再度崛起，今天的地中海再次成為衝突之海。我們開始在地中海各角落——特別是黑海與東地中海——見到層出不窮的海上侵略行為。俄羅斯艦隊的規模雖不及昔日蘇聯海軍龐大，但很能挑戰美國利益。伊斯蘭國（Islamic State）也在地中海沿岸各地擴張勢力，很快就會透過穿越中地中海的海道挑戰歐洲與西方。此外，以色列仍然與大多數鄰國不睦，塞浦路斯附近海床發現天然氣與石油大油田，也引來東地中海地區所有國家的領土爭議。愛琴海與其間列島問題仍讓北約盟國希臘與土耳其爭執不下，而作為地中海支海的黑海，也是俄羅斯、喬治亞與烏克蘭爭議的焦點。

首先談俄羅斯。弗拉基米爾・普亭顯然將俄羅斯視為地中海國家，視為主控黑海的強權。在兼併克里米亞，控有烏克蘭東南部的魯干斯克與頓內茨克兩區以後，俄羅斯聯邦在地中海已經搶占戰略地利上風。由於與烏克蘭訂有長期條約，可以在席瓦斯托普駐紮大型艦艇，俄國可以輕而易舉在當地構築基礎設施。

二〇一三年，我以北約盟軍最高統帥身分往訪俄羅斯與烏克蘭在克里米亞的海軍基地，並且在一艘烏克蘭驅逐艦上與烏克蘭海軍作戰司令共進午餐。我所以往訪烏克蘭，為的是感謝烏克蘭人派出一艘軍艦參與北約的海盜反制行動。這頓午餐長得驚人，在乾了無數杯烏克蘭（不是俄羅斯）伏特加、吃了太多燻魚與六道豬肉大菜之後，這位烏克蘭海軍作戰司令與我走上甲板，指著碼頭上停靠在這艘烏克蘭驅逐艦旁邊的幾艘俄艦。根據與烏克蘭的協議，俄國軍艦可以停靠克里米亞母港。

我對他說，蘇聯時代已經是歷史，烏克蘭與俄羅斯今天的關係也不像過去那樣親密，現在看著俄國軍艦駐紮在烏克蘭碼頭上，一定令人喪氣。烏克蘭司令抽著菸，長長噴了一口，然後告訴我：「俄國人不會放棄克里米亞，永遠不會。」兩三年過後，俄羅斯侵入並兼併克里米亞，我又想到他這句話。黑海主控權對俄羅斯來說非常重要，而想控制黑海就得先控制克里米亞。誠如這位烏克蘭海軍司令所說，俄羅斯永遠也不會歸還克里米亞。

從歷史角度將黑海與地中海聯想在一起很有趣。早在古希臘時代，基於一種區域探討動機，這兩個海就結上不解之緣：希臘神話說，亞爾古的英雄（Argonaut）曾駕船駛入今天的喬治亞尋找金羊毛（Golden Fleece）。千百年來，俄羅斯與土耳其兩國一直因黑海問題爭議不斷。在土耳其國勢鼎盛時，黑海基本上是鄂圖曼帝國的一座湖，之後俄羅斯崛起，成為黑海主子。在冷戰期間，黑海基本上成為蘇聯的湖，土耳其僅以北約盟國身分守住入口，控制南方海岸。

但冷戰結束後，黑海像無主荒地一樣，出現群雄並起、爭相割據的局面：羅馬尼亞與保加利亞隨土耳其之後成為北約新盟國；烏克蘭因克里米亞兼併等事件與鄰國俄羅斯關係惡化；北約盟邦喬治亞有兩個省遭親俄分離分子與俄軍占領。此外，今天的走私集團與暴力極端分子也每每以黑海為進入歐洲之路。俄羅斯將繼續視黑海為重大利益，碳氫石化的開發潛能將成為俄羅斯的一大矚目焦點。

普亭也擴展了與敘利亞阿塞德政權的關係。從整個冷戰期間起到今天，俄羅斯海軍一直在敘利亞地中海海岸設有基地，在當地進出，敘利亞還一度代表莫斯科與阿拉伯世界最後的地緣戰略聯繫。現在儘管阿塞德在刻正進行的內戰中以邪惡、非法的手段對付自己的人民，普亭仍對阿塞德政權加碼下注——很顯然，俄羅斯意圖保有繼續在東地中海運作的能力。

阿塞德在敘利亞內戰期間用化學武器、酷刑與桶子炸彈（barrel bombs，註：一種簡易炸彈，將高爆炸藥、化學易燃物裝在大油桶裡從空中投下，因而得名）對付本國人民，美國與其他北約盟國因此意欲加以剷除，於是在觀點上與普亭南轅北轍。就這樣，東地中海又一次重演過去一再發生的歷史，淪為大國政治角力場。一百年前，波斯尼亞火藥庫炸爆了奧匈帝國，將幾乎整個文明世界捲進一場實質上一直打到二十世紀中葉的大戰。而東地中海今天的情勢竟與百年前出奇近似，怎不令人提心吊膽。

伊斯蘭國的崛起更讓人顧慮。這個由一群宗教狂熱分子組成的組織，想在勒凡特與北非各地重建伊斯蘭教權。他們利用敘利亞與伊拉克的混亂與毀滅，在兩國之間見縫插針，擴張勢力。雖說他們現在還沒能控制任何海岸地區，但他們在利比亞已經逐漸養成氣候，而利比亞有很長一段距地中海島嶼不到一百英里的海岸線，一旦控有這段海岸線，想將勢力伸入義大利與歐洲不難。一百多萬湧入歐洲的難民（以及南土耳其、約旦與黎巴嫩境內的好幾百萬難民）所以如此顛沛流離，伊斯蘭國也是罪魁禍首。所有這些難民都來自地中海海岸，許多難民還乘船逃往希臘、義大利、克羅埃西亞與東地中海其他沿海地區。土耳其與歐盟目前訂有一項設法遏阻難民潮、讓難民留在土耳其的協議。但這項脆弱的協議未必能持之久遠，迫於人身安全考量與經濟機會誘因，難民將繼續從地中海各地湧入歐洲。

從海事角度而言，來自利比亞的威脅尤足關切。一九四二年，邱吉爾將義大利比喻為「歐洲的軟肚皮」，要盟軍從入侵義大利下手。我們今天發現伊斯蘭國採取的似乎也是這項戰略。

二〇一五年年中，自稱向伊斯蘭國效忠的伊斯蘭教激進分子將二十一名埃及科普正教（Coptic）基督徒斬首。在這次慘無人道的暴行發生過後，義大利政府開始加強防範，保衛國境安全。伊斯蘭國的威脅究竟有多大？它真能跨越地中海攻擊義大利嗎？我們又該怎麼做？

首先我們應該聽一聽伊斯蘭國對這個主題的說法：它的《達比克》（*Dabiq*）雜誌在封面上刊了一篇叫做〈最後十字軍的省思〉（Reflections on the Final Crusade）的文章。文章大意是說，伊斯蘭國有一天要征服羅馬，還刊了一張聖戰黑旗在聖彼得廣場飄揚的照片。文中說：「我們經崇高的阿拉允許，會征服你們的羅馬，拆毀你們的十字架，奴役你們的婦女。我們如果做不到，我們的兒輩與孫輩也會做到，他們總有一天會把你們的兒子當成奴隸，賣到奴隸市場。每一個穆斯林都應該走出房子，找一個十字軍殺了他……伊斯蘭國的旗子只要一日飄揚羅馬，就一日繼續存在。」

這話說得太誇張了吧？當然。他們真能辦得到嗎？完全不可能。不過，值此跨地中海而來的攻擊可能性不斷增加的今天，歐洲在思考因應對策時，是否應考慮伊斯蘭國這種情緒？絕對應該。

葛雷米・伍德（Graeme Wood）在《大西洋雜誌》（*The Atlantic*）寫了一篇引經據典、

說理透澈的文章，叫做〈伊斯蘭國究竟要什麼〉（What ISIS Really Wants），文中認為中古時代那些歷史仍操控著伊斯蘭國言行。將無辜百姓斬首、將擄來的囚犯燒死或釘十字架、奴役與販賣漂亮婦女與兒童、洗劫城市等等——所有這一切罪行都說明伊斯蘭國妄想重現十字軍東征史實，在國際舞台上發聲。也因此，我們了解羅馬的重要性：它或許是伊斯蘭國一切仇恨最主要的象徵。

就能力而言，伊斯蘭國不會發動傳統攻擊。但它想從海上進入義大利有兩條途徑。伊斯蘭國可以滲透一船船非法移民，利用近便之利，從利比亞跨海潛登義大利南方海岸與島嶼。另一途徑是仿效走私販毒集團的做法，用小船經過亞得里亞海，跨越南地中海。比起長途跋涉經由陸路通過土耳其與巴爾幹，非法進入歐盟會員國的做法，這兩條途徑不僅較為可行，也方便得多。

伊斯蘭國如果想選一處發動宗教戰爭的最佳地點，在歐洲還有什麼地方比羅馬更好？對基督教聖城展開大舉一擊，不但符合伊斯蘭國自我標榜的戰略，還能為它的宣傳加分。我們的義大利盟國深知這個道理，已經採取各種因應措施，包括升高部分軍隊與「憲警隊」警戒狀態；加強利比亞與南方島嶼間海上巡邏；與北約以及歐盟／國際刑警組織全面共享情報；廣為宣傳防範等等。這些措施都很好。

想保護這處歐洲軟肚皮，對抗來自地中海的攻擊，還可以及應該做些什麼？

首先，要讓北約加入地中海的海上演習。義大利應在布魯塞爾北約組織總部的北大西洋理事會舉行憲章第四條討論會。根據北約憲章第四條規定，任何會員國有權向北大西洋理事會提出有關個別安全顧慮的問題。會員國一般運用這類討論提出特別關切的議題，有時還能在所有二十八個會員國取得共識後，根據憲章第五條（就是那條著名的「一個會員國遭到攻擊，應視為所有會員國都遭到攻擊」的條款）採取共同行動。義大利應該特別要求北約組建一支特遣隊，在地中海各處執行跟監與巡邏任務。

幾年前，當土耳其遭到敘利亞空中威脅時，北約採取因應措施，調遣「愛國者」飛彈營進駐南土耳其，保衛土耳其領空。這些飛彈營直到今天仍然駐在當地。義大利如果擔心伊斯蘭國滲透，可以運用北約常設海上特遣隊，為義大利已經不勝負荷的岸防部隊與海軍提供非常實際有效的支援。

其次，提升地中海各角落的海上情報蒐集作業。對於今天在利比亞境內蒐集到的情報，義大利需要享有最高等級的運用權。這表示，義大利不僅可以透過北約管道，還可以經由反伊斯蘭國的阿拉伯國家聯盟（包括埃及、阿拉伯聯合大公國，可能還有突尼西亞）取得支援。現場情報的價值不可取代，義大利儘管與利比亞有密切商務關係，有關現場情報的資產卻很單薄，所以說，義大利不僅需要美國／北約／國家安全局（ＮＳＡ）的高科技資源，還需要阿拉伯的網路。只須將情報蒐集資產部署在沿海作業的船隻上，就能從海上進行各式各樣情蒐工作。

第三，把焦點放在海上，在地中海使用北約海軍。這表示運用義大利艦隊與岸防部隊巡邏一百到兩百浬寬的中地中海水域；運用從西西里基地起降的長程巡邏機；與地扼海道要衝的鄰國馬爾他全面合作；部署高續航力無人機，以掌握高品質的及時海上狀況。

第四，針對利比亞擬訂策略，從根本上解決問題，這也是最重要的一點。面對利比亞境內的混亂以及不斷升高的無政府狀態，我們總希望整個事情能快快過去，希望利比亞的革命有一天自生自滅。甚至許多觀察家還對昔日摩瑪•格達費統治期間那段穩定「好時光」緬懷不已。但利比亞終有一天能夠掙脫這一切動亂，走向繁榮——因為它有巨型石油儲備（特別是以人均標準而言），有受過教育的人民，還有綿長海岸線與接近歐洲的地理優勢。

歐洲是美國在世上最親密的盟友，它需要安定的地中海。這表示歐洲需要更直接參與勒凡特海岸地區，以抵制來自伊斯蘭國以及非法移民與難民潮帶來的威脅。歐洲需要訂定海上戰略，協助利比亞走上較為安定的情勢。運用聯合國或歐盟維和部隊，支持以托布魯克（Tobruk）為中心、獲國際承認而相對溫和的政府，與埃及密切合作，對伊斯蘭國發動情報戰，切斷伊斯蘭國與阿拉伯銀行的關係，摧毀它的財務基礎，甚至對伊斯蘭國發動空中攻擊。而美國也應支持義大利主導一項歐洲行動以穩住利比亞。

邱吉爾曾將義大利視為一道前進歐洲相對容易的門戶。基於同理，伊斯蘭國也有跨過地中海進入義大利，跨過愛琴海進入希臘的地緣、政治與象徵性利益。伊斯蘭國勢必想方設法、加速染指東部與中央地中海。俄羅斯會繼續在東地中海與黑海興風作浪。地中海仍將是一處變幻多端、複雜難測的水域，海上安全作業將更趨頻繁。走在地中海上的海員，也仍將無法揮別那種四面合圍遭到封鎖的感覺。

我回想第一次乘戰艦通過直布羅陀海峽的情景。當時的我是個年輕的菜鳥中尉軍官，也不知道自己日後職涯會在地中海上度過許多時間。在那次行程中，我們駛進坎城，為當地民眾辦了一場七月四日美國國慶慶祝活動，然後進入大屠殺與轟炸是例行公事的巴爾幹，執行武器禁運。

在訪問埃及、雅典與伊斯坦堡時，我見到這些世上最古老的城市，見到它們在現代文明的新貌。我來到伊比利半島的太陽海岸，見到阿拉伯與西班牙文化在西班牙南部交融。隨著時間不斷過去，我踏遍地中海每一個國家，對它們的多元文化與歷史、人文薈萃之美感嘆不已。但最讓我印象深刻，直到今天仍然深植我腦海中的，還是那些戰役與廝殺，那些人命的犧牲與帝國的侵軋。

最後，就地緣政治意義而言，地中海的故事取決於因應時代戰爭需求而崛起的科技；取決於小型戰鬥無礙整體海域通行的獨特地理特性；取決於不同文明為爭奪貿易、奴隸、財富與土地控制權而進行的衝突。這一切都在地中海的故事中扮演一個角色，但歸根究柢，地中海所以有這麼多戰事，還是它本身的海洋特性使然。

我們常認為地中海是文明的搖籃，許多國家在這裡誕生，走上舞台中心耀武揚威——這當然確是事實——但地中海同時也是殘酷無情的海上競技場，這些海戰影響了千百年來的歷史進程。

展望將來，地中海代表的安全挑戰仍將是人類歷史景觀的一部分。坐在現代戰艦上的海軍，將繼續在油輪、貨櫃輪與閃閃發光的郵輪旁邊執勤。在地中海上，久已走入歷史塵煙的那些海戰陰魂不散。每逢冬日傍晚日落時分，倘佯在戰艦甲板上的海軍官兵，總能感覺他們似乎仍在冷漠無情的洶湧波濤中酣戰廝殺。

● 第五章 南中國海｜可能爆發衝突的海｜

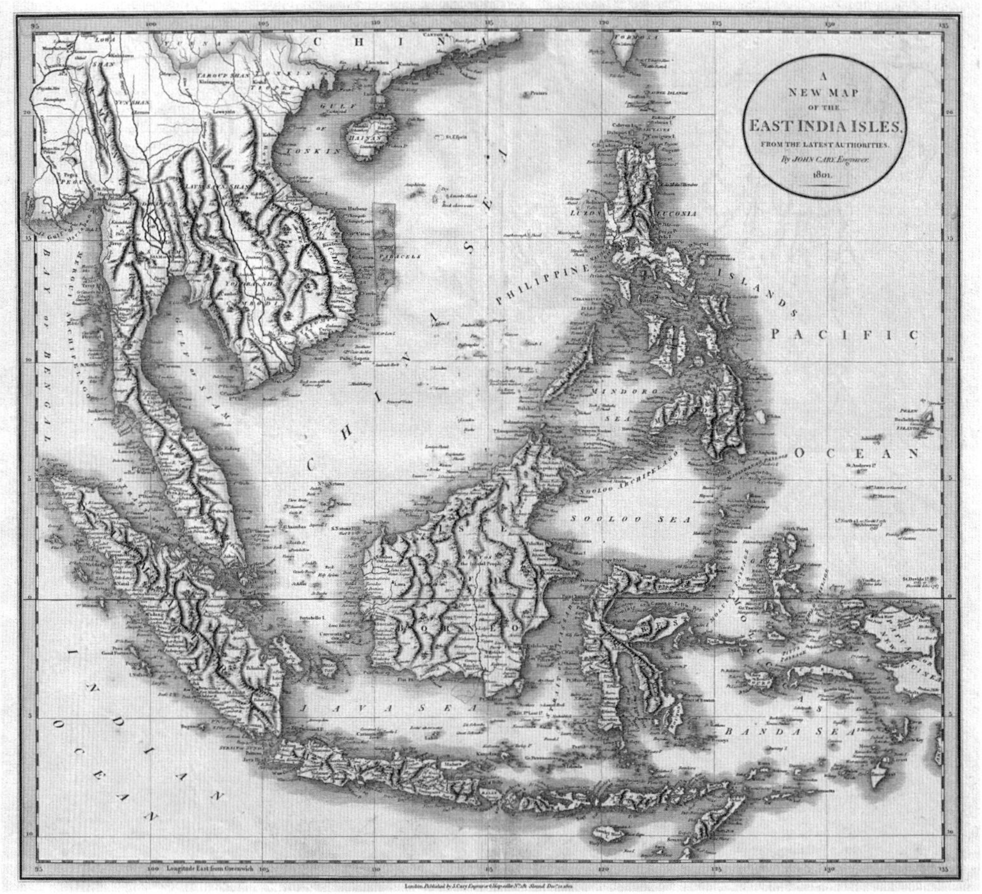

約翰・卡利（John Cary）於1801年製作的這張地圖中，僅僅標示為「東印度群島」的這塊水域，在今日世界的重要性非比尋常。

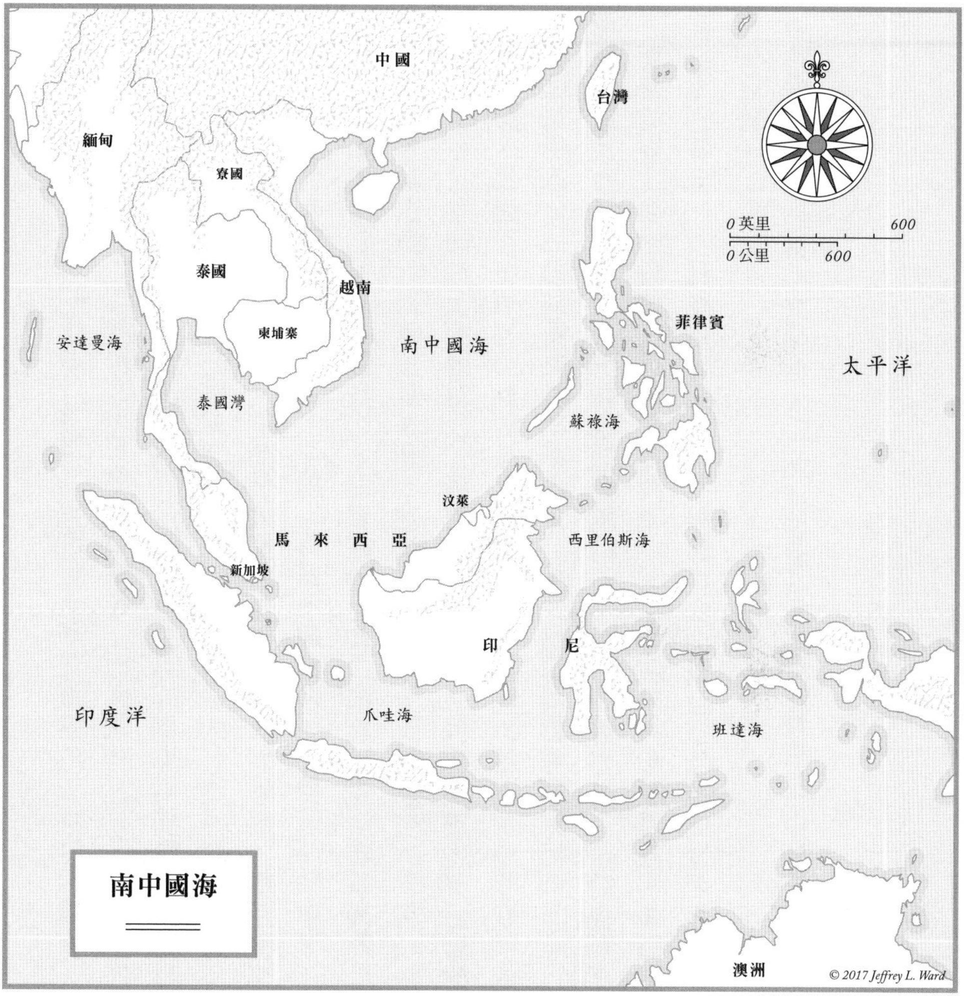
南中國海
中國
台灣
緬甸
寮國
泰國
越南
東埔寨
安達曼海
南中國海
菲律賓
太平洋
泰國灣
蘇祿海
汶萊
馬來西亞
西里伯斯海
新加坡
印尼
印度洋
爪哇海
班達海
澳洲
0 英里 600
0 公里 600
© 2017 Jeffrey L. Ward

位於南中國海汪洋世界核心的香港，或許是全球最優良的天然港。我在一九七七年第一次駛入香港時，在嶄新的史普倫級驅逐艦「海威號」（DD-966）上擔任少尉反潛官。艦長福里茲・蓋洛（Fritz Gaylord）一時不察，讓我以低階輪值官的身分主持停靠下錨。香港港口泊船區是一座鋼筋水泥製成、一頭鎖在海底的巨型浮標，停靠不是一件簡單的事。我們的下錨作業要把這艘九千噸級戰艦的尖形艦首靠緊浮標，穩住引擎與舵，讓幾名壯碩的帆纜士官有時間從小艇跳上浮標，將艦上錨鏈鎖在浮標的連結環上。

這是一件需要精熟船舵操控技巧才能做好的工作，而我，至少在那段職涯初期沒有那個本領。香港本身也讓我目眩：維多利亞岬岸邊華燈初上，萬家燈火，另一邊這塊（當時還是）英女王殖民地的海上交通也在忙碌進出。就這樣，既欠缺經驗又分神的我，把海威號敏感的下腹（昂貴而脆弱的聲納圓頂就裝在這裡）撞在浮標上。所幸我們的艦長經驗老到，頂著強風與水流，把海威號駛離浮標，一步步指導我把驅逐艦停泊妥當。

當事情結束後，艦長點了一根沒有濾嘴的「幸運星」牌香菸（當時海軍軍艦上可以吸菸），面帶笑容，多少有些挖苦地對我說了一句：「我希望你在尋找潛艇時能做得比這好些。歡迎來到香港。」就從這一刻起，我與南中國海以及它周遭的眾多城市、國家與文化結下不解之緣。

中國、越南、馬來西亞、印尼、菲律賓等巨型經濟體環抱的南中國海，幅員遼闊，與大加勒比海相當。隨便任舉一年為例，全球大約半數的海上貿易、半數液態天然氣，以及約三分之一的外海原油都經由這裡轉運。有證據顯示，好幾千年以前，南中國海已有人煙。有關南中國海人口、貨物與語言流動的理論很多，無論真相如何，我們知道早期海上網路成形得很快，而且很完善。這是一處漁產豐富、雨水很多的海域，由於擁有可以取用的淡水，早期航海人能在海上長期航行，或許一次航行好幾星期。甚至有零星跡象顯示，古地中海文明與南中國海邊緣人民之間已有貿易往還。到了西元一世紀，印度與東南亞的貿易使南中國海人民的生活更加多姿多采。

就像在印度洋一樣，駕馭季風風力的發現也為早期南中國海的貿易注入強心針。華南與扶南王國湄公河三角洲屯墾區，是南中國海地區最早期的貿易站。之後到西元後一千年，今天的中國與越南之間由於文化衝突出現第一次競爭。也就在這段期間，南中國海成為印度與中國兩大文明薈萃之處。這兩大文明都自大約西元一千五百年起，受到歐洲探索浪潮的劇烈衝擊。此外，約於西元後第一個千年結束時，中國已經與阿拉伯世界展開貿易。我們視為一種現代現象的全球化，其實早已熱絡存在。

隨著世紀變遷，中國先後幾個朝代持續控有南中國海西部，特別是在一千年前控制南海近岸大多數地區的唐朝與宋朝。它們在南中國海推動貿易，掌控城市與地區發貿易財的機會。到明朝於一三六八年崛起時，貿易、商務與海上交流ＤＮＡ已經深植南中國海骨髓。甚至在明朝領導人把眼光轉向內陸以後，南海仍是這個地區經濟的重要一環。所謂「太監上將下西洋」（老實說，這太監上將幾個字讓我聽著有些刺耳）就是明證。這些「下西洋」的活動都是大型遠征，出動船隻達一兩百艘，水陸兩軍官兵數以千計。史學者對這幾次行動動機何在頗有爭議，但大體上似乎認定它們為的是宣揚中國國威，在南中國海地區維護紀律與商務規範，還有徵稅。值得注意的是，這幾次遠征不是例行活動；它們在持續數十年後中斷，船隻也都因閒置而腐爛。在之後五百年，中國轉而聚焦內陸。

在南中國海流通的商品中，銀是一件特別值得注意的商品。西班牙憑藉它的美洲帝國在亞洲菲律賓建立的據點，向中國提供需求甚殷的銀。雖說北方的日本也能供應，但滿足中國銀幣需求的主要還是葡萄牙與西班牙。就這樣，華南與中國東海岸因為進出南中國海之便而融入全球經濟。這段期間出現的貿易競爭往往演成英國、荷蘭與葡萄牙等幾個主要對手國之間的公開衝突。儘管葡萄牙人以發現這些海上通道為由，認為他們應該享有使用全權，但根據當年國際法，其他貿易夥伴也有權分一杯羹，特別是荷蘭與英國。在十七世紀之初，蕞爾小國荷蘭因擁有幾千艘大小船隻，與數以萬計受過良好訓練的海員，從歐洲的阿姆斯特丹將勢力延伸到巴塔維亞（今天印尼的雅加達），主宰全球貿易。

但到了十八世紀末，英國運用東印度公司勢力崛起，隨即在一八一九與一八四二年先後兼併新加坡與香港。一八三九到一八四二年以及一八五六到一八六〇年的兩次鴉片戰爭，是積弱的中國與殖民列強衝突的結果。同一時間，占有印度支那的法國與華南海岸的德國，也競相在中國建立殖民據點。到十九世紀末葉，就連傳統上反對殖民擴張的美國，也開始認同海軍策略家馬漢的觀點，認為殖民地（其實是「加煤站」或地緣戰略前進基地）能為海權奠基，從而建立全球影響力。馬漢的一八九〇年經典之作《海權對歷史的影響力》，在世紀之交深深打動了美國年輕總統席奧杜・羅斯福，進而在南中國海激起深遠迴響。當然，還有日本也像潛在平靜水面下的鯊魚一樣，不斷厚植勢力與國力。美、日終於因此在第二次世界大戰衝突，造成巨大後果。但在一開始，這一切都只是發生在南中國海的一連串不很起眼的爭議而已。

對美國勢力伸入南中國海而言，美－西戰爭是一項關鍵。美－西戰爭的導火線是美國巡洋艦「緬因號」在西班牙殖民地古巴的哈瓦那港爆炸。一八九八年初一個冬日，靜靜停泊在哈瓦那碼頭的緬因號突然爆炸。在威廉・蘭道夫・赫斯特（William Randolph Hearst）的報系領軍下，美國媒體大舉指控西班牙，說緬因號是被西班牙炸沉的。「勿忘緬因號」的聲浪隨即席捲全美，美國於是對分崩離析中的西班牙帝國宣戰，並且在戰後兼併古巴。

附帶一提，我在歷任各項職務時，總將一幅緬因號爆炸前不久的形象油畫掛在辦公室。這幅畫今天掛在塔夫茨大學新英格蘭學園內、我的福雷契法學院院長辦公室牆上。朋友常問我，為什麼在牆上懸掛一艘被毀了的軍艦，而不懸掛「企業號」航空母艦或「貝利號」驅逐艦這類我曾經指揮過的美國海軍英雄艦的油畫像？

答案有兩方面。首先也是最重要的是，這幅畫提醒我：你的軍艦可能隨時在你眼皮底下爆炸，所以你最好有一套應變方案，用比喻的話來說，你要知道救生艇停放的位置。第二個理由或許有些隱誨，但對我很重要。美國海軍在緬因號爆炸沉沒幾近五十年後撈起這艘船，幾乎所有證據都顯示，它根本不是西班牙破壞分子炸沉的。緬因號的爆炸似乎是內部引發，最可能的原因是鍋爐或彈藥庫起火。對西班牙的指控舉證不確，似乎過於武斷。也因此，我所以一直掛著這幅畫的第二個原因是，提醒自己不要驟下結論。要停下來，考慮清楚，最重要的是要查明擺在眼前的證據——這幅畫很能提醒我注意這些事。

緬因號爆炸造成的怒潮以及美國的宣戰，影響到幾千里外的南中國海。喬治・迪威（George Dewey）將軍率領的美國艦隊，挾著優勢兵力衝進馬尼拉港內，奇襲停在碼頭邊過時老邁的西班牙艦隊。這是一場風帆時代與蒸汽機時代的對決。迪威將美艦蒸汽引擎帶來的機動性發揮得淋漓盡致，他率艦在西班牙帆船艦隊陣前穿進穿出，以有效火力擊毀西班牙艦隊的戰力。這場海戰為西班牙在菲律賓的殖民畫下句點，幾百年來西班牙壟斷的局面就此告終；美國也自此展開一場殖民擴張之旅，不過結果並不很好。

十九世紀行將結束時，日本也往南方擴張，將勢力伸入南中國海地區。日本人一開始全力經營朝鮮半島，但隨後趁清廷腐敗無能，從中國手中奪下台灣。之後義和團動亂爆發，不僅蹂躪了中國，也影響到殖民中國的歐洲列強，最後造成數以萬計民眾喪生。套用鄧小平的說法——鄧小平據說曾經告訴亨利・季辛吉，中國是個偉大的文明，但總會碰上兩三個走背運的世紀——中國勢力壟斷南中國海千百年，清朝的軟弱不過是這段歷史的偶爾反常而已。特別是中國在二十世紀的積弱，尤其屬於這種反常。目前出現在南中國海的事件顯示，大勢所趨已經轉向，中國在整個南中國海地區的聲勢已經轉強。

到二十世紀三〇年代，衝突輪廓已經明確。崛起中的日本需要天然資源，想與美國談判協議。而當時的美國剛走出本身的內部經濟災難，既無暇他顧，領導也無方。日本國力不斷升高，占領中國大片土地，據有台灣，揮軍南下進入越南，逐步掌控南中國海近岸地區，而美國相形之下卻顯得有氣無力。一千年來頭一遭，南中國海出現一國獨霸的局面。這個霸主是日本。直到又打了四年惡戰以後，這種局面才解除。

美國在捲入第二次世界大戰之初，就將南中國海列為關鍵性戰略目標。原因何在？因為日軍正在西太平洋與東亞大陸迅速攻城掠地，而南中國海正是日本為這些前進部隊提供後勤支援的海上公路。

如前文太平洋專章所述，在一九四一年十二月珍珠港事件過後，日軍對美軍揮出的第一記重拳，是對南中國海浪尖上駐菲律賓美軍衛戍部隊的攻擊。呂宋島上的美軍指揮官道格拉斯・麥克阿瑟被迫放棄馬尼拉總部，撤往易守難攻的巴丹半島。麥克阿瑟並且控有附近的柯雷吉多島。南中國海很顯然即將成為兩軍爭奪的主要目標，控制它就能控制前進東亞、南進取得石油與橡膠的海上交通線。就這樣，柯雷吉多的美軍準備孤軍困守，知道不會獲得外援，也知道他們充其量只能打一場拖延戰。

但到了一九四二年三月初，美軍陣地遲早陷落的態勢已經明顯。特別是在日軍成功攻擊珍珠港之後，美國無論如何不能讓陸軍最高階將領成為日軍戰俘，於是羅斯福總統下令麥克阿瑟棄軍逃亡。麥克阿瑟一開始不肯，再怎麼說，他早自一九一八年起已經掛上將星，而且在整個三〇年代一直就是四星上將。但情勢比人強，個性驕傲、不甘臣服的麥克阿瑟不得不暫時隱忍。他發表一篇直到今天仍經常為人引用的撤退聲明：「美國總統命令我突破日軍防線，從柯雷吉多前往澳洲，根據我的了解，他要我在澳洲組織對日攻勢，而解放菲律賓是這項攻勢的一個重要目標。我遵命撤退，我會回來。」

二十世紀八〇年代，還很年輕的我見到著名的海軍退役少將約翰・伯克利（John D. Bulkeley）。伯克利在當年擔任尉官時曾奉命保護麥克阿瑟撤出菲律賓。他因為在整個柯雷吉多戰役期間指揮魚雷快艇隊，以及護送麥克阿瑟有功，獲頒榮譽勳章。我見到的他，是一位威風凜凜、粗獷豪邁的海上老兵。當時他奉召復出，領導海軍監督與調查委員會，負責讓美國艦艇隨時可以接受戰鬥任務。他確實是這項任務的最佳人選。

當時我剛在「神盾」巡洋艦「福吉谷號」——他所謂「花稍的新巡洋艦」——上就任

主管，伯克利來到碼頭邊，檢驗我們的損控能力。站在他面前，向他解釋我們為什麼不能調整艦上消防系統，真讓人不好受。而且這麼說還算是最客氣的。他巧妙地把我批判得體無完膚，我始終盯著他掛在制服上那唯一一枚勳章，就是那枚榮譽勳章——我知道他還拿過海軍十字章（Navy Cross）以及一堆其他戰勳獎章——心裡不斷想著，眼前這人就是二次大戰美國海軍的代表，他在日軍砲火下轉戰南中國海各地的事蹟在海軍傳為佳話。我能不能也像他一樣勇敢，一樣為榮譽、為任務而獻身？

幾乎就在麥克阿瑟逃出柯雷吉多的同時，所向無敵的日軍艦隊沿婆羅洲海岸南下，在近岸地區建立空中與地面部隊前進作戰基地，逐步控制整個南中國海。唯一擋在日軍面前的最後一道阻力，是由一些輕巡洋艦與驅逐艦組成的所謂ABDA艦隊（A代表美國駐在亞洲的小型艦隊，B、D、A分別代表英國、荷蘭與澳洲的艦隊）。這支由荷蘭海軍兩星將領卡雷‧杜曼（Karel Doorman）領軍，總共只有寥寥可數幾艘艦艇的艦隊，真稱得上是「神鬼都遺棄的艦隊」。它在一九四二年二月被擊潰，爪哇隨即投降，整個荷屬東印度群島完全陷落。日本於是（從婆羅洲、爪哇與蘇門答臘的油井）取得石油，以及橡膠、奎寧、錫與其他戰略必需品。南中國海為日本所謂「大東亞共榮圈」提供了豐富資源。

不過盟軍也開始步步進逼，逐漸收網。從這一刻起，戰鬥重心從南中國海轉移到更廣闊的太平洋。日本受限於人力資源不足，逐漸出現後繼乏力疲態，對珍珠港發動的攻擊，也使日本縱想與美國達成協議也已不可能。美國與盟軍開始兩路反撲，美軍在一九四三年年底再次進軍菲律賓。

經過一九四三年的血戰與跳島戰役，麥克阿瑟在一九四四年得以完成進軍菲律賓與南中國海的部署。在這段期間，雖說並非完全具有決定性，但最重要的一場戰役是一九四四年六月中旬的菲律賓海海戰。馬克・米契爾（Marc Mitscher）將軍在這場海戰中重創日本海軍，使麥克阿瑟在沒有壓力的情況下進軍南中國海腹地。一九四四年十月，麥克阿瑟於午後不久離開座艦巡洋艦「納西維爾號」上了登陸艇，之後在登陸艇駕駛放下船頭護欄後，走下登陸艇，在及膝潮水中走了很長一段路，在菲律賓的雷伊泰島登岸。他信守諾言重返菲律賓。那個月稍後，美軍在雷伊泰灣海戰擊潰日軍艦隊，取得決定性勝利，南中國海於是成為美國控有的湖。雷伊泰灣海戰過後不久，菲律賓群島全面解放。再之後不久，一方面因為南中國海資源運補之路已被切斷，又面對美國核子武力威脅，日本投降了。

我的軍旅生活有很長一段時間在菲律賓度過。就許多方面而言，這是一個介於太平洋與亞洲土地之間的島國。菲律賓人忍受了許多世紀的西班牙殖民，二十世紀開始以後，他們又遭到美國不很熱中的殖民統治。最後，就在獨立似乎已成定局時，他們又墜入一場世界大戰的殺戮核心。菲律賓也像加勒比海那些群島一樣，動不動就成為各式各樣海嘯的受災中心。但儘管有這許多天災人禍，菲律賓人民卻能樂天知命，以幽默與達觀面對這一切種種。

我在一九七〇年代中期初訪菲律賓，當時我是初出茅蘆的海軍少尉，乘驅逐艦進入美麗的蘇比克灣港。美國海軍多年來一直在蘇比克灣保有大型海、空基地。那是一個人來人往的熱帶天堂，有美麗的海灘，冰鎮生力啤酒，還有在「狗屎河」上工作的那些非常熱情的女服務生。狗屎河連結蘇比克灣海軍基地，通往城內數不盡的酒吧、脫衣舞俱樂部還有各式賣春場所。

事實上，身為艦上處級主官的我，經常忙著阻止艦上水兵與那些美麗的在地女郎戀愛、結婚（結果經常失敗）。我們訂了一個「冷卻」期的規矩，艦長可以在這段期間內阻止不成熟的婚姻，但年輕的水兵往往因此更加真正陷入熱戀。順帶一提，這些年輕的菲律賓新娘在終於到了我們的聖地牙哥母港以後，多半都能成為勤儉持家的海軍佳偶，許多這類婚姻最後也都非常美滿。在我整個軍旅生涯中，我見過許多來自菲律賓群島的「養成新娘」，說良心話，我覺得她們都表現得很好。

只要看一眼地圖，就能清楚見到菲律賓群島的戰略價值。在整個冷戰期間，美國在菲律賓的基地——包括蘇比克灣的巨型海軍與空中作戰設施，還有馬尼拉附近比這更大的克拉克機場空軍基地——始終是美國在東南亞海軍與地緣政治戰略的主流。由於在南中國海擁有「一處迎風的立足點」，美國在整個冷戰期間都能在附近水域享有強大主控權。

美國與中國之間雖有無數爭端，特別是雙方有關台灣問題的爭議，整個冷戰期間，發生在南中國海最主要的傳統戰爭當然就是越戰。冷戰一開始，在曾任北約盟軍最高統帥的艾森豪入主白宮以後，即使後來人稱「骨牌理論」的說法甚囂塵上，美國內部反對捲入東南亞事務的聲勢仍然強大。所謂骨牌理論大意是說，美國如果不干預，東南亞個別政權一旦成為共產國家，或與莫斯科，或與北京，或與兩者結盟，其他東南亞國家也會像骨牌一樣一一淪為共產國家，到時美國就必須在東南亞地區面對一個勢力強大的共產國家集團。這個理論有許多問題，見過太多戰爭的艾森豪總統極力設法，不讓美國捲入這個地區任何類型的地面戰爭。他承認骨牌理論不無道理，但沒有讓美國地面部隊大舉進駐亞洲。

甚至在法屬印度支那——今天的越南、柬埔寨與寮國——發生動亂，美國在二戰期間盟友的法國眼看即將落敗時，艾森豪仍然拒絕出兵馳援，並且不肯提出使用核子武器的威脅。胡志明領導的越盟叛軍在一九五四年奠邊府一役重挫法軍，將法國勢力趕出越南。這種情勢讓美國憂心忡忡，許多人開始以骨牌理論為根據，主張美國應該加強介入越南。不久艾森豪卸任，新當選的約翰・甘迺迪根據這個理論有所行動了。

二十世紀六〇年代展開以後，南中國海成為美國在海上的矚目焦點。隨著冷戰擴及全球，美國海軍需要從北極圈到地中海、波羅的海、大西洋深處展開作業，海軍在南中國海的活動也因美國開始加強支援南越而益發頻繁。這時的南越既要對抗北越軍（獲中國撐腰），又要在南越境內對付越盟叛軍與越共。基於這種需求，從六〇年代初期到中期，在甘迺迪與林登・詹森先後兩任總統主政期間，美國開始不斷加強進駐越南的地面兵力。

在援越高峰期間，美國派駐越南的陸軍與陸戰隊兵力超過五十萬，海軍艦隊也不斷提供支援。海軍活動包括航空母艦出動艦載機，攻擊北越與南越境內目標；海岸與河川作業，對地面陸軍與陸戰隊提供直接支援；對地面部隊提供後勤運補，在海上長期作業；海上跟監與情報蒐集；實施SEAL特種部隊巡邏，從海上為它們提供支援；用海軍艦砲對海岸地區目標進行轟炸。在整個這段期間，數以百計的美軍戰艦不斷進出，南中國海成為一座美國的湖。美國海軍在越南與菲律賓之間的運補路上絡繹於途。

在整個六〇年代初期，美國介入逐年增加，一九六一年加了三倍，六二年再增三倍。甘迺迪總統已經察覺戰爭「美國化」的腳步越來越快，有難以收拾之勢。隨著達拉斯（Dallas）那歷史性日子漸近，他對這場戰爭的熱情迅速冷卻。在他遇刺的悲劇發生後，繼任人詹森覺得自己需要展現對共產主義的強硬立場。由於一開始就鬧出一個至少讓人起疑的事件（註：即東京灣事件），詹森似乎總是讓人覺得，他手下那些將領以及他那位國防部長羅伯・麥納瑪拉（Robert McNamara）氣焰太強。

或許使美國進一步介入越戰的決定性事件，是一九六四年的所謂東京灣事件。根據當時說法，一群北越魚雷艇在越南外海、南中國海北端對兩艘美國軍艦發動兩波攻擊。「馬杜克斯號」（Maddox）與「屠納・喬號」（Turner Joy）兩艦還擊，射了幾百發重砲。不過大多數觀察家之後達成結論，認定所謂「兩波攻擊」的真實性極端可疑，兩艘美艦攻擊的根本是「幽靈目標」。詹森政府用這次事件做藉口，以爭取國會支持對越南的直接軍事行動。美國隨即迅速對越南增兵，對北越的攻擊也不斷轉劇。東京灣事件過後的情勢發展使數以萬計的人喪生，無數生靈塗炭。

就南中國海海上行動而言，美國海軍掌握主控。越戰期間在南中國海戰區服役的美國海軍人數有接近兩百萬人次。他們的任務雖說不同，但在深海遠洋上，後勤與補給至關重要——所有進出越南的物資與人員，九五％以上透過海軍艦艇與商船經由海路運送。海軍的兩艘醫院船是許多傷兵後送的第一站。

此外，美國海軍還花了許多時間訓練南越海軍。到一九七二年，當美國退出實際戰鬥任務時，南越海軍共有八百多艘艦艇與四萬多名官兵——說來或許讓人難以置信，還是當年全世界規模第五大的海軍，只不過這些艦艇大部分是河川巡邏與岸防小船罷了。同期間，美國海軍繼續在南中國海活躍非凡。一九七二年，它每個月執行三千八百架次以上飛行任務，海軍驅逐艦與巡洋艦對岸上目標發射的長程砲彈遠超過十萬發。海軍飛機還從空中布雷，封鎖北越港口。

戰事不斷升高，達到尖峰，之後由於美國支持減弱，傷亡越來越慘重造成民眾反感、水門事件導致政治幻滅，以及美軍戰略選項錯誤，戰事逐漸展現疲態。美國退出越南只在遲早。最後總計將近六萬美軍在越戰陣亡，越南人死亡人數或許有五百萬。美國海軍在南越政府仍然存活時繼續執行支援南越的任務，但之後國會於一九七〇年代中期切斷援助經費，西貢政權瓦解已成定局。美國大使館終於陷落，美國海軍執行了最後一項可悲的任務：經由海空兩路盡可能救出大使館人員與尚未撤離的美軍，以及支持美國的越南人。越裔美籍作家阮越清近作《同情者》（*The Sympathizer*），刻畫戰敗情懷入木三分，對南越淪亡前最後幾天與西貢撤退的情景描繪歷歷，讀來令人感慨萬千。

幾十年以後，在二十一世紀之初，我以國防部長唐納・倫斯斐代表團一員的身分第一次往訪越南。我去的不是西貢（現在改名叫做胡志明市）而是北方的河內。倫斯斐當時堅信，美國與越南建立密切戰略夥伴關係對美國非常有利。我們在河內受到彷彿王侯般的熱情款待，我察覺越南高官很樂意與我們拉近關係。為什麼？因為越南可以憑著因此取得的經濟、政治與軍事利益，面對強鄰中國而獨立自主。

當我們的車隊在河內大街小巷穿梭而前時，我見到一輛駛在我們旁邊的摩托車，後座上捆了一個有小型冰箱大小的鐵絲籠，籠裡關著幾隻因為小巷顛簸而顯得很可憐的小豬。不久我們的車隊在參議員約翰・麥坎（John McCain，越戰期間擔任海軍飛行員）當年被囚禁、遭到酷刑的那所著名監獄前停下，那輛摩托車也絕塵而去。美國與越南一度仇怨深重，但我希望兩國關係的前途能比那些小豬仔光明。目前看來，情況正是如此：美國與越南在政治、經濟與安全事務上都在不斷合作並改善關係。

美國雖在二十世紀七〇年代中期全面撤出越南，但在南中國海仍保有盟國菲律賓與台灣，而且努力南進，與新加坡、馬來西亞以及印尼改善國防與經濟關係。有鑑於台灣在南中國海的重要性，美國與台灣的故事特別值得一提。

一九五〇年代，影響南中國海的另一場重大衝突是海上衝突，衝突一方是毛澤東領導的中共，另一方是據有台灣島的中華民國。台灣地扼南中國海北方入口，千百年來一直是大國征服、殖民的對象。也叫做福爾摩沙的台灣曾經屢遭外敵入侵（包括荷蘭、西班牙與中國），最近一次是日本在十九世紀末年占領台灣，實行殖民統治直到二次大戰結束為止。蔣介石領導的國民黨政府在血腥內戰戰敗之後，從中國大陸撤守台灣，前後數十年以「真正」代表中國的政府自居。自二次大戰結束起，台灣的國民黨政府甚至還控有聯合國安理會席次，直到一九七一年才為中共取代。

美國在整個冷戰期間一直與台灣站在一邊，直到今天仍然繼續為台灣提供大量政治與軍事支援。但到七〇年代末期，美國發現中國的全球性政策出現一種影響南中國海事務的變化——中國將國家安全的頭號威脅從美國轉為蘇聯。中國開始在外交上幫助美國，台灣海峽的緊張情勢明顯趨緩。就這樣，令人悲傷的是，幾十年來一直在台灣進進出出的美國海軍不再往訪台灣了。

台灣有兩個海員們最愛的港，一是基隆，一是高雄。兩個港都以醇酒、美女以及俱樂部消費便宜聞名——而美國那些勇猛的水兵，在一個月或更久的海上任務結束上岸以後，最需要的也正是這些。我還記得在最後幾次台灣度假行程中，我們造訪位於台灣島北端、繁華的商港基隆。那是一個溫暖的熱帶城市，雨水很多。我以巡邏官的身分帶著幾名孔武有力的士官上岸，負責把一些喝多了的水兵抓回他們艦上受懲。那一切像極了音樂劇《南太平洋》中的情景。那天晚上我們抓了一堆醉漢，忙得不亦樂乎。

但讓我印象最深刻的，還是第二天，我在基隆遊覽時發現它在十九世紀鴉片戰爭期間扮演的角色。當年英軍與積弱的清廷作戰，曾經三次攻打基隆都以失敗收場。駐守基隆的中國水師提督死戰不退，還抓了幾名英軍處決，直到十九世紀結束，英軍始終無法進城。歷史就這樣一次又一次掃過這個島——荷蘭人、西班牙人、英國人，當然還有中國大陸人與日本人，以及最後進駐的國民黨中國軍隊。

像地中海的西西里一樣，台灣也是兵家必爭的戰略要地，而永無止境承受苦難的永遠是在地民眾。我穿著美國海軍制服倘佯在基隆港各處，腦海中想著這個島的戰略重要性：它像是南中國海的瓶塞，扼住韓國、日本、中國以及南方諸國之間的海上通道。馬漢在世，一定主張在台灣插旗，建一個加煤站。那樣的年代雖說已經過去，但美國絕對應該繼續介入台灣，許多年前那個溫暖的春天，我有這樣的感覺，直到今天，我仍然認為應該如此。

不斷崛起、龐然大物的中國，與南中國海近岸地區幾個充滿幹勁的小國之間的地緣政治競爭，是南中國海二十年來最引人矚目的大事。這塊水域的歷史不僅是船隻通行權的爭奪，不僅是發生在海岸上的大小戰爭，還涉及零星散布在各處的島鏈。這是因為近岸國家只要能建立對這些島鏈的主權，就能將島鏈附近大片水域劃歸己有。有關西沙與南沙群島，以及美濟礁那些似乎沒完沒了的衝突，就是南中國海近二十年歷史的寫照。

所以造成這種現象，當然就是因為南中國海發現碳氫石化資源。雖說南中國海近岸諸國大多數都能遵守一九八〇年代大體生效的《聯合國海洋法公約》，但引起爭議的，是水域中藏有石油與天然氣海床的控制與開採權。根據若干評估，南中國海的石油與天然氣蘊藏量約與中東不相上下。這可是令人垂涎的驚人財富，特別對周邊一些小國而言，誘惑尤其龐大。近五十年來，近岸諸國爭相占領島鏈的情事不斷發生，自也不足為奇。

新奇的是中國建造人造島礁的策略。中國早在幾年前積極展開這項作業，目前已經造了幾十個島，大多在南中國海南部與東部。他們造的這些人造島礁甚具規模，已引起華府軍方與政界領導人矚目。美軍第一位亞裔四星上將、日裔美籍海軍將領哈里・哈里斯（Harry Harris），曾稱這些人造島礁是「沙築的長城」。美國已經採取一連串「自由航行」行動以挑戰中國的主權主張。哈里斯將軍曾在其他場合稱中國這些主張「荒謬」，大多數國際法學者也有同感。二〇一六年中旬，國際法庭明確判決中國這些作為非法，但中國對這項判決完全不予理會，繼續積極構建人工島礁，將南中國海視為領海一般進行海上作業。今後幾十年，這種情勢仍將持續發燒，因此爆發實際戰鬥的可能性並不很小。

這座新「長城」的建材不是石塊、磚瓦與木頭，而是跨越南中國海的一串人工島。北京以歷史為由提出「九段線」國界主張。所謂九段線是一種激進的領海劃界，大幅侵犯了越南、菲律賓與其他南中國海周邊國家提出的合法領海權益。

地緣戰略專家卡普蘭稱為亞洲「氣鍋」的南中國海，像莎翁名劇《馬克白》中那個女巫的大煮鍋一樣，正在不斷冒泡沸騰，北京在這種情況下構建人工島礁當然使情勢更加緊張。南中國海之所以重要，不僅因為它引人垂涎，也因為它是全球經濟順暢運轉的重要關鍵。全球每年有超過五萬億美元商貨通過南中國海，所有這些都得在中國人民解放軍海軍的監視下通行。

中國不理會國際法規矩早已不是新聞——例如，中國在東海上空針對美國、日本與南韓建立防空識別區；在越南外海設置機動鑽油平台；還有（大規模）網路入侵美國智慧財產、工業機密與個人資料等等，都是國際法專家普遍認為荒誕不經的做法。這種構建人造島礁的侵略行為不過是其一罷了。

人造島礁的工程規模大得驚人。目前為止——施工還在繼續——中國已經從海洋中造了將近三千英畝土地。想想看，美國那些威名遠播、龐然大物的航空母艦（可以起降七十幾架噴射機與直升機）每一艘的起降甲板面積也只有大約七英畝。這些人造島礁豈不等於中國在南中國海建了幾百艘不沉的航空母艦？這會改變兩國軍方的角逐均勢嗎？當然會。

許多科學家認為，除了顯然的地緣政治與軍事議題以外，這些人造島礁也對生態造成重創。邁阿密大學的專家約翰・麥馬努（John McManus）說，中國建造這些人造島礁的行為已經造成「人類歷史上珊瑚礁地區最快速的永久流失」。

習近平政權刻正面對許多嚴峻的內部問題：房地產價格崩跌、人口老化、男（太多）女（太少）失衡、需要極力挽救的嚴重生態危機，還有最重要的是經濟問題叢生、成長停滯不前。極權政權在面對壓力時，往往將目光轉向國外以轉移國民的注意力，國家主義因此甚囂塵上。今天的中國情況正是如此。以習近平二〇一五年在聯合國的演說為例，就對日本首相安倍晉三的政府冷嘲熱諷、攻訐不已。日本與中國間的緊張關係過去幾年一直時消時長。現在情勢又持續升溫。

美國最好的對策是什麼？這種緊張情勢已經表面化，習近平二〇一五年的華府之行沒有在根本上造成任何改變。

首先，儘管面對這許多挑釁，美國必須保持與中國的溝通，想辦法降低美、中兩國

（可能性很小）或中國與其鄰國（可能性大得多）之間擦槍走火的可能性。美國與中國的關係涉及層面很廣，有經濟議題、從阿富汗到伊朗的地緣政治合作，以及全球環境議題，南中國海爭議只是其中一項而已。對話很重要。習近平在訪問華府期間與美國總統討論了兩國軍方交流與網路安全問題，對改善兩國關係多少總有助益。

其次，美國需要加強與南中國海地區既有盟國與夥伴的關係，鼓勵它們更緊密地合作。特別是基於一堆歷史理由，長久以來一直不睦的日本與南韓，尤其是美國努力的重點。美國可以倡導軍事交流與演習，鼓勵兩國在「香格里拉對話」（在新加坡舉行的戰略思想專家年會）這類重要會議的會談，鼓勵兩國透過學術與研究機構進行所謂「第二跑道」——不必透過政府管道（第一跑道）——交流與對話。大規模多邊貿易協議「跨太平洋夥伴關係」是一大要件：建立更強大的貿易聯繫網路能確保美國的盟友彼此合作。特別是，美國應該加強與越南的合作，應該解除對越南的武器禁售。

第三，中國在南中國海的做法違背國際法基本原則，美國應該在聯合國、七國集團（G-7）與東南亞國家協會這類國際論壇嚴正提出批駁。國際法界對南中國海問題的裁判很明確：國家不能僅憑「歷史主張」就占領其他國家視為國際水域的地區。身為全球海上大國的美國應該把握任何機會提出反對。國際法庭不久前對中國的負面裁決進一步為美國這種戰略做法背了書。而且坦白說，美國最後應該在管理全球海洋問題的《聯合國海洋法公約》上簽字，以便在這類對話上搶占有利地位。

第四，也是最後一點，美國應該行使國際法慣例賦予的傳統通行權，進行自由航行作業。這表示派遣美國船艦，通過距這些島礁十二浬、中國宣布為領海的水域。美國有航行、飛越國際水域與空域，對抗不法歷史性主張的悠久傳統。現在時機已至，應該在南中國海貫徹這種傳統了。

但無論這些戰略手段本身，或僅僅是美軍派遣機、艦在中國宣稱的這些領海與領空之間進出，都不足以因應南中國海的挑戰。想壓制中國對南中國海的領土主張，迫使中國不能任意違反國際法，需要從中國行為與中－美關係兩方面同時著手才行。最重要的是，美國領導層需要與美國在東亞各地的眾多夥伴與盟友並肩行動。中國古代用長城抗拒外國入侵至少還取得局部成果，今天的「沙築長城」不會有任何成果。

主權國的沿海控制權以及公海自由航行的價值之爭，已經持續五百年，這正是我們今天在南中國海面對的爭議。我在二十世紀八〇年代第一次駛經南中國海時，我們並沒怎麼把中國放在心上。我們的船艦幾乎可以隨心所欲想去哪裡就去哪裡。但中國近年來不斷說自己擁有幾乎整個南中國海，做法也比過去激進得多。更讓人困擾的是，中國還不斷構築這些人造島礁，企圖鞏固他們的領海主張。所有這類事端至少可以回溯到五百年前，就歷史性領海主張而言，甚至早在兩千年前已經出現。從美國觀點而言，默認這類主張會導致公海水域更加閉鎖，也因此美國必須執行「自由航行」行動：闖進中國所謂領海，但美國視為公海而應該對各國開放的水域，進行迅速而簡短的巡邏。想了解這項爭議，先得回顧這個地區的漫漫歷史。

在太平洋度過多年軍旅生涯的我，很難想像亞洲地區至少自二戰結束後再次出現軍事競賽會像什麼樣。特別是，在整個亞洲，尤其在情勢漸形鼎沸的南中國海，武器開支正逐年增加。

不幸的是，中國軍事力量不斷崛起，戰略企圖似乎越來越強，加以朝鮮半島日趨動盪的局勢，已經導致區域內各國紛紛採取行動，一場完全始料可及、極端凶險的武器競賽已經展開，而我們目前只處於開始階段而已。由於敘利亞危機、來自伊斯蘭國的威脅，以及俄羅斯入侵烏克蘭的緊張情勢，美國的「轉進太平洋」策略已經失效，適於此時出現的這場武器競賽也因此更加令人憂心。

談到軍費開支，中國（擁有僅次於美國的全球第二大國防預算）正以每年約七％的幅度不斷增加國防開支，要在二〇二〇年將國防開支增加一倍。另一方面，美國和特別是歐洲國家的國防預算卻正在逐年縮水。中國也在採購及建造大型航空母艦，第一艘本國自建的航母已於不久前開工。中國同時還在迅速加強網路攻勢能力，而這種能力是今後軍事行動的重要關鍵。

區域內其他國家也已有所因應。日本不僅已經增加國防預算，並且通過法案（過程中曾引發爭議，還遭到抗議）讓日本可以為保護遭到攻擊的盟國，而採取攻勢軍事行動——明顯加強了它與美國的軍事同盟關係。越南、菲律賓、馬來西亞與區域內幾乎所有其他國家也紛紛增加國防開支。就平均而言，東亞國家目前每年的國防開支較幾年前至少增加五%。此外，我們要記住，全球第一大與第三大國防開支國（同時也是全球最大的兩個武器輸出國）美國與俄羅斯，也都是太平洋國家。

在不久前結束的一項「達佛斯世界經濟論壇」中，我們見到亞洲領導人彼此間在公開場合的緊繃關係，與兩三年前相比之下已有緩和跡象，這是一件好事。但在二〇一四年的達佛斯論壇會議中，日本首相安倍晉三說，目前的中－日關係，讓他想到一世紀以前第一次世界大戰爆發前夕，英國與德國兩國間的對抗——這想法自然令人提心吊膽。從那次會議以後，安倍與習近平曾幾度在同一場合現身，雙方針鋒相對的火藥味也似乎淡了些。但過去幾個月，透過與雙方資深軍事與政治領導人的多次交談，我清楚見到激烈角逐與潛在性衝突，仍是中－日兩國關係的爭議主軸。

幾個涉及與中國領土爭議的國家正逐漸與美國靠攏。這些國家包括日本（已經是美國在東亞最親密的盟國）、澳洲（在北部海岸為美軍陸戰隊提供基地）與越南（繼續在軍事與商業領域與美國密切合作）。菲律賓的情況比較複雜。直到二〇一六年為止，菲律賓始終與美國關係密切。但在二〇一六年當選菲律賓新總統的羅德里戈・杜特蒂開始與美國漸行漸遠。杜特蒂標榜民粹主義，行事極端難測，美國指控他違反人權，說他鼓勵軍警人員肆意殺戮毒販與輕犯行的罪犯。杜特蒂（經常）謾罵美國與歐巴馬總統，曾表示想減少與美國的軍事合作，或許與中國（或許還與俄國）靠攏。他的反覆無常讓我們無法預測他究竟會做出什麼事，但他的主政無疑為已經動盪的南中國海添加了又一層緊張與不可測。

「跨太平洋夥伴關係」（中國沒有參加）的締結能使簽字國與美國進一步靠攏，不過由於二〇一六年兩黨總統候選人都對它表示反對，這項條約的前途頗有疑慮（註：由於川普當選美國總統，美國已經退出這項協定）。所有這些活動至少就局部而言，都是中國加強軍事與政治侵略造成的反應。

除了中國不斷增加國防開支、越來越蠻幹以外，北韓也是問題。經過又一次核試，金正恩已經被公認為全球最危險國家的領導人。北韓控有少量核子武器；有一個沒有經驗、不穩定、情緒化、病得不輕（髮型也實在讓人受不了）的獨裁領導人；擁有技術先進的彈道飛彈；還與距它最近的鄰國南韓處於一觸即發的戰爭狀態。這一切都使這個地區原已緊張的關係更加劍拔弩張，特別是日本與南韓，在評估國防開支時更加不得不將北韓問題納入考慮。

印度崛起，在全球安全事務上不斷發聲，是另一個影響東亞情勢的關鍵。印度由於必須面對龐大內部挑戰，而且在印度洋龐大近岸地區有待完成的工作也已經夠多，多年來一直對東亞政治的參與不甚熱中。但近年來，在總理納倫德拉・莫迪領導下，我們見到印度逐漸加強與美國以及日本的軍事與安全合作——合作項目一開始是非洲之角外海的海盜清剿作業，現在包括軍事交流與聯合演習等等。

展望未來，南中國海問題仍然令人非常擔憂，而且看來至少在今後十年，緊張情勢與軍費開支狀況不會出現重大緩解轉機。國際社會與區域內諸國應該怎麼做才能維持安定？

首先，就戰術層面而言，區域內諸國應該至少鼓勵軍方對軍方直接接觸。這麼做可以讓有關各方建立若干規則，盡量降低船艦、飛機擦撞意外，以免造成誤解致使意外升高為交火事件，甚至可以訂定協議，以阻止對軍事指揮管制系統的網路攻擊。網路攻擊能使情勢非常動盪不安，危險性極高。這類軍方對軍方的直接接觸可以在兩國軍方指參人員間進行，也可以透過區域性會議的方式完成。

此外，當這類區域性會議——例如東南亞國家協會年會——舉行時，要想辦法在議程中安排高階領導人就安全問題進行坦誠政治對話。這麼做很重要，因為它可以提高信心。除了這類政府性會議之外，民間協定（例如海上運輸、民航空中交通管制、網路協議與環保科技等等）至少可以促成意見交流，也是很好的做法。

第三，想辦法促成區域內諸國軍方協同作業，特別是海上作業，這很重要。所謂協同作業可以只是一種非戰鬥行動的海上演習，如醫療外交、救災與人道援助等。它也可以包括半軍事性訓練，或根據協議——例如打擊海盜，或從災區進行人道撤離——聯手展開行動。

第四，運用國際談判平台解決領土爭議非常重要。發生爭議的國家應將爭議訴諸海牙國際法庭，或另一相互同意的聯合國機構，或第三造政府，甚或有公信力、能做出具有拘束性決議的仲裁人。不幸的是，這類國際法律活動沒有拘束力，而且中國看來也不會接受外界這類對它「後院」的干預。

就整體而言，在可預見的未來，東亞地區地緣政治情勢仍將高度緊張，武器競賽只是一種反映罷了。儘管緩和這些緊張情勢並非無計可施，但二十一世紀的事態發展卻似乎顯示緩和無望：繫緊安全帶吧。

綜觀以上所述，美國對南中國海應該採取什麼戰略？美國可以把它從我們對太平洋以及對全球海洋的戰略思考中分割、另行思考嗎？馬漢如果在世，會對南中國海的重要性以及我們的做法有什麼看法？

雖說單把一個海從整個海洋體系中挑出來，並據而訂定一項全球性戰略是不可能辦到的事，但南中國海具有獨特地緣政治意義確是事實。因為這裡是全世界人口最多的地區，有豐富的資源，有勢力強大的海權大國，還是重要海上交通線輻輳的要地。美國不能在這裡缺席。我們想做到這一點有幾個途徑。

我們應在南中國海近岸各地保有基地網路與使用協議。可以考慮在西方（最好能在菲律賓，甚至如果能重返蘇比克灣就更理想了）、東方（越南金蘭灣是理想好地點）與南方（新加坡是首選，我們在新加坡的基礎已經相當鞏固）建立這樣的基地。在北方，我們應該繼續設法與台灣訂定強有力的加油與再補給協議，即使這麼做觸怒中國（這麼做一定會）也在所不惜。

此外，我們需要與南中國海近岸每一個國家建立強有力的關係。我們已經與南中國海外緣的日本與南韓建立這樣的關係；但我們需要推動與越南、菲律賓與馬來西亞的演習、軍事交流與海上合作。繼續與泰國、印尼，甚至與柬埔寨建立海上睦誼也會很有幫助。

「跨太平洋夥伴關係」以及從而帶來的經濟聯繫，在戰略角度上很有幫助。到頭來，最大的問題還是要不要鼓勵中國參與。老實說，由於時猶過早，我們無從判斷中國在這個地區的意圖，中國會不會承認國際慣例、承認海上與近岸疆界。如果中國真的要把南中國海當成它的領海，想在這個問題上達成妥協的希望很渺茫。

儘管如此，我們必須盡可能與中國維持開放與建設性關係，這一點至關重要。中國剽竊智慧財產、發動網路攻擊、提出蠻橫無理的海權主張、對內違反人權、不講民主不講自由，這一切種種雖說都讓我們氣餒，但我們總有辦法找出一些合作領域。例如以海上合作來說，我們就可以與中國在災難救助、醫療外交、緝毒、反人口走私，以及環保議題上合作。關鍵是，我們必須認清兩國在有些領域會有重大歧見，但在若干特定領域，兩國仍然可以合作。

美國與中國之間還會出現火爆事端。我們在過去十年就經歷了幾次這類事端，一次發生在二〇〇九年，當時在國際水域（但在中國宣布的專屬經濟區）內進行完全合法作業的美國偵察船「無瑕號」（USS Impeccable）遭到中國的侵略性對抗；另一次發生在二〇〇一年，當時一架中國戰鬥機與美國海軍一架P-3獵戶座電子偵察機在空中擦撞，迫使這架美國海軍飛機降落在中國領土。這兩次事件最後都透過外交途徑解決，但也充分展現了美、中兩國在南中國海的運作手段之激。而說句公道話，我們也應該考慮，如果中國的情報蒐集機、艦不斷進入墨西哥灣，在美方專屬經濟區（EEZ）內距離美國設施不遠處作業，美國會有什麼反應。

這些事件讓我們必須面對一個適用於南中國海與其他地方的國際法議題。美國沒有在一九八四年《聯合國海洋法公約》上簽字（這項條約規模龐大，全球只有三十個國家沒有簽字，其中十六個是內陸國）。在這項條約中，涉及國家通過其他國家專屬經濟區（距海岸兩百浬）的相關規定有些語焉不詳。根據美國的解釋，國家有權在另一國專屬經濟區進行國家監測（說白了，就是間諜活動）；其他國家（中國、印度等）則極力否認這種說法。美國間諜機、艦在他國專屬經濟區內，但在他國領海（距海岸十二浬）外作業，所以惹出事端，原因就在這裡。特別是在有爭議的南中國海水域，更多這類事件還會持續出現。

整體而言，南中國海終將成為巨型地緣政治議題的決定性關鍵。美國必須將它視為二十一世紀一個至關重要的海上活動區。我們如果將它讓給中國——中國對南中國海垂涎已久，必欲得之而後快——我們的全球戰略會失敗。我們不必迫使我們自己與中國打一場冷戰，但也需要將我們的價值與國際法重要性牢記於心。早在近四十年前，中國的歷史與文明就讓當年還很年輕、乘軍艦航行在南中國海上的我感動不已。在這個地區，在南中國海暗藍的海洋上，我們必須尊重中國的文化與它的重要性，但不能因此放棄我們在國際水域的職責，不能放棄我們的親密友邦。如何在這兩者之間拿捏分寸雖說很難，但十分重要。面對中國就像面對俄羅斯一樣，我們應該盡可能合作，但必要時也不惜與之對抗。

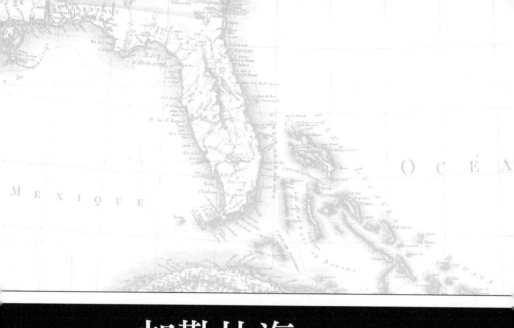

●第六章 加勒比海 ｜停滯在過去的海｜

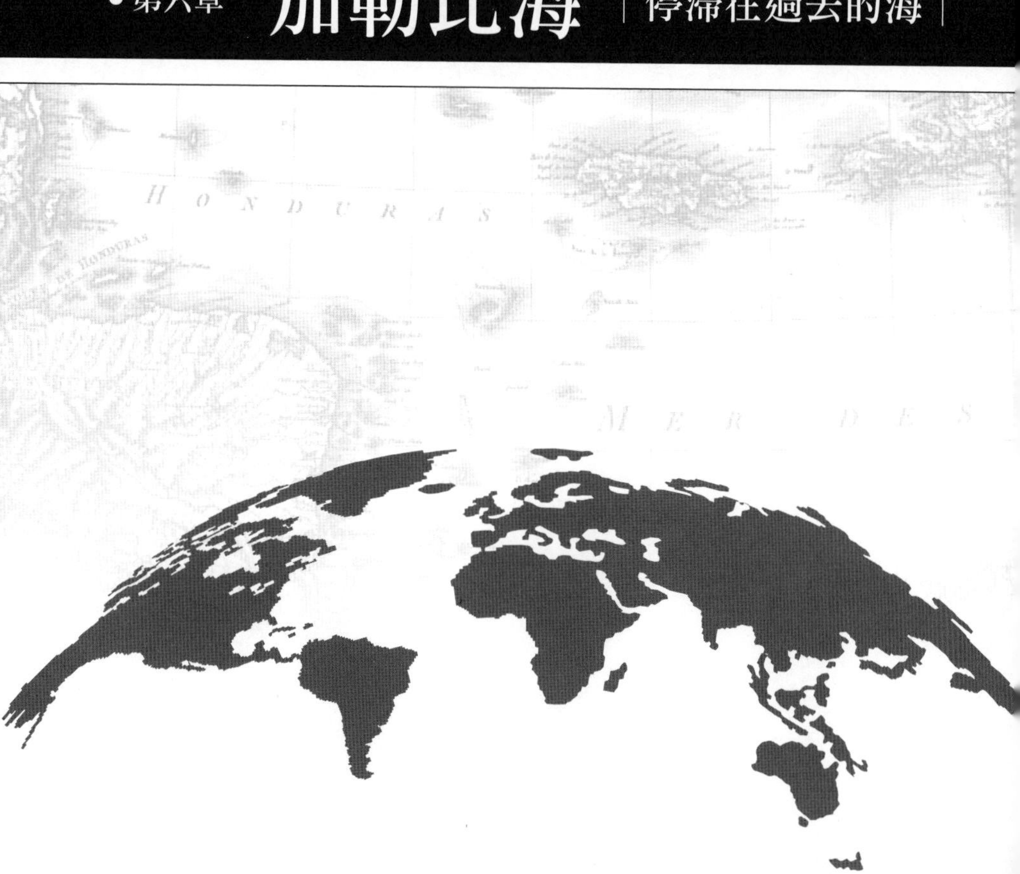

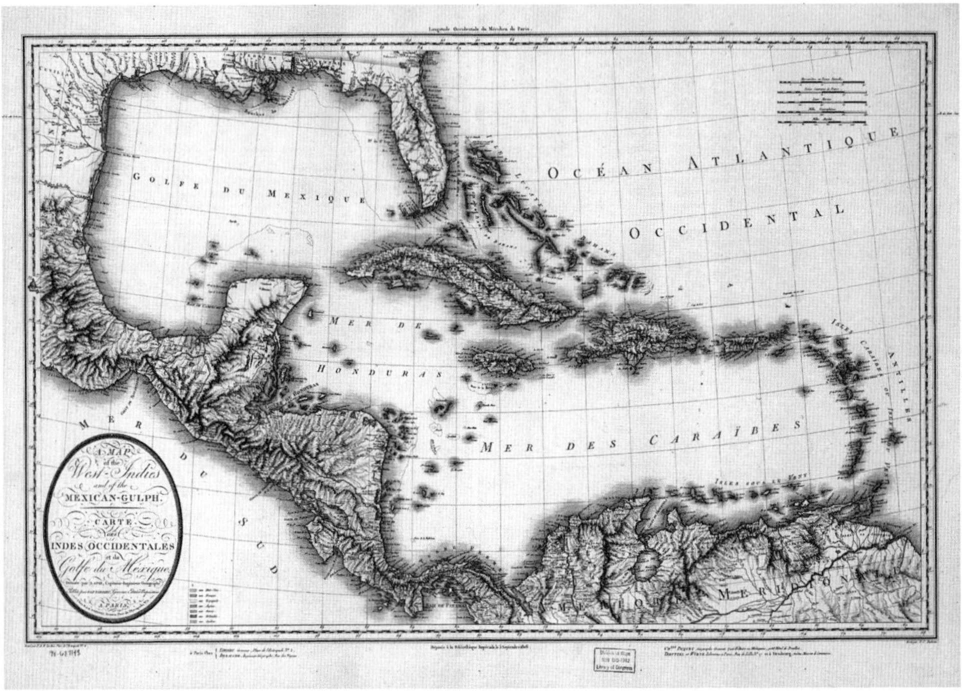

繪圖專家拉派（Lapie）與塔迪尤（Tardieu）於1806年描繪的加勒比海。

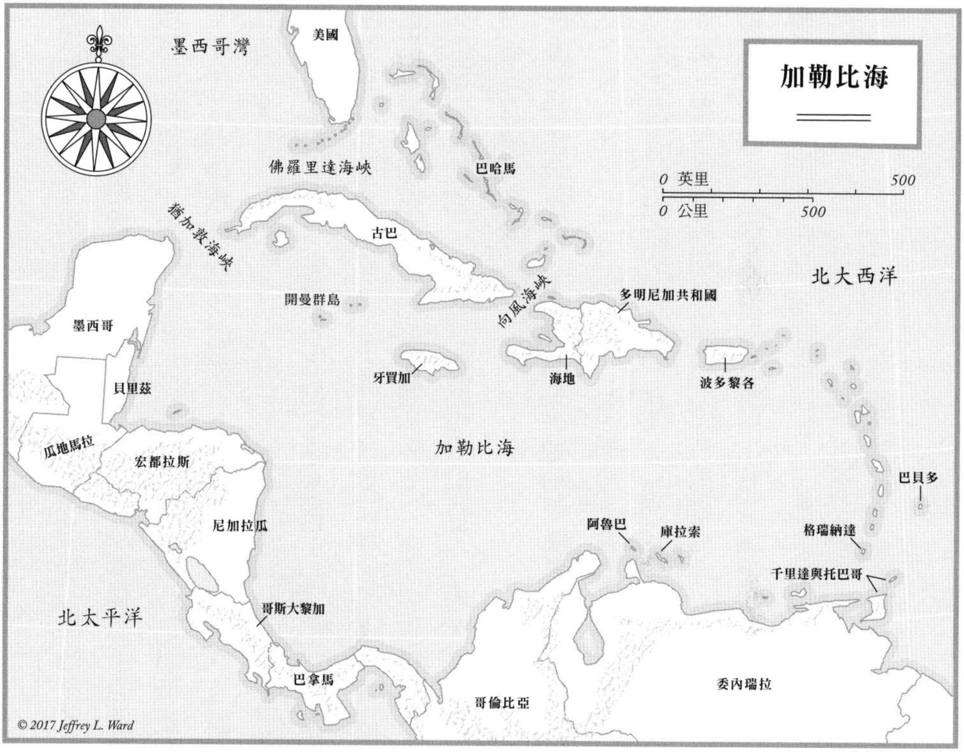

加勒比海仍是美國後院中大多數美國人幾乎全然無知的一部分。

我對現代加勒比海若說有什麼認識，一切源頭都在馬德里的西班牙海軍博物館。我在二〇〇九年以北約盟軍最高統帥身分初訪馬德里時，當時擔任西班牙國防軍統帥、一位極其優雅的四星空軍將領，要他的海軍司令全程作陪。我們花了許多時間倘佯在西班牙海上歷史中——其中很大一部分談的是西班牙征服美洲，而以加勒比海的海軍作業為重點。

在這所博物館內，我見到最古老的美洲地圖。胡安・德拉・柯沙（Juan de la Cosa）繪製的這張地圖，雖說有許多可以理解的不實之處（它繪製於一五〇〇年，繪製人雖是一位老資格航海專家，卻未受過正規繪圖訓練），卻還是清晰可辨。或許是為了向克里斯多佛・哥倫布致敬，在地圖上中美洲應該出現的位置，畫著一幅旅行者守護聖徒聖克里斯多佛（St. Christopher）的肖像。

任何一九七〇年代出生、未經政治灌輸的學童都知道，哥倫布其實不是西班牙人，而是義大利人。他在十五世紀中葉出生於熱那亞，年代約為一四五〇年左右。西班牙人稱他「Cristóbal Colón」（克里斯多巴・科隆），英文成了Christopher Columbus。他很可能曾經航遍西地中海，還曾沿非洲海岸南下。當時的葡萄牙人為走出已知世界、探索新天地，每天都在不斷找出駕馭洋流與風力的新辦法。有些報導說，哥倫布也曾揚帆向北，或許足跡還到過愛爾蘭。

哥倫布早年的熱那亞，景觀有些像電影《星際大戰》裡面那些酒吧，由馬可・波羅扮演韓・索羅（Han Solo，註：《星際大戰》正傳三部曲的要角）一角。到處傳誦著誇張不實的遠東故事，商貿帶來的財富，趾高氣揚的人物與船長，大發橫財的機會俯拾皆是。出身中下層紡織工家庭的哥倫布，在這種環境下長大，滿腦子盡是海闊天空、到遠方、到馬可・波羅故事中的中國尋寶之夢。他在一四七〇年代中期搬到葡萄牙，決心找金主贊助他的西向探險之旅。最後找上西班牙的斐迪南與伊莎貝拉。斐迪南是亞拉崗（Aragon）王國的王，伊莎貝拉是卡斯提爾（Castile）王國的女王，兩人聯姻。

對西班牙的統一，與伊斯蘭教殘存勢力被趕出伊比利半島而言，一四九二年是一個重要年分。在這一年一月二日，伊斯蘭教八百年來在今天西班牙部分土地的統治，透過所謂「收復失地運動」（Reconquista）而畫下句點。在這充滿樂觀與激情的年頭，說服這對皇家夫妻檔（主要是伊莎貝拉，她的父親與祖父都當過船長）出資，幫哥倫布經由當時所謂「汪洋海」（Ocean Sea）西向探險不難。

哥倫布這次探險從西班牙皇家談到的條件很優厚：他獲授海軍將領軍階，對發現的土地享有相當處分權，而且還能大比例分紅。這次加勒比海之行的資金很快到位，探險隊在一四九二年八月分乘「妮娜號」（Niña）、「萍塔號」（Pinta）與「聖塔瑪麗亞號」（Santa Maria）三艘船出發。同年十月初，「汪洋海將軍」據信已經抵達加勒比海巴哈馬群島中一個小島，他為這小島取名「聖薩爾瓦多」，即今天的聖薩爾瓦多。歐洲人就這樣來到美洲，至少就這樣來到加勒比海。

哥倫布當時真是失望透頂！他見到的不是閃閃發光的宮殿與華美壯麗的樓宇，不是黃金與絲綢，不是亞洲那些香料與財寶，而是美洲印第安人的傳統文化。這些印第安人差不多全身赤裸，除了生活必須，幾乎不事營造與生產，也不知道黃金究竟是什麼。哥倫布繼續探索，發現古巴與西班牙島（Hispaniola），但仍然沒有找到任何具有傳統價值的東西。他在一四九三年一月帶了幾件金器（他留下將近四十名水手，要他們想辦法在西班牙島開採金礦）、一些水果與鳥，還有幾名嚇壞了的印第安人啟程返國，向西班牙宮廷展示。

哥倫布這次探險原本指望找一條朝西通往遠東的海路，結果任務完全失敗。但儘管如此，他將此行所見所聞吹噓得天花亂墜，讓許多歐洲人心嚮往之。後續探險很快展開，資金也源源而至。在一四九三年的第二次航行中，哥倫布將軍又發現幾個重要的島嶼——波多黎各、維京群島、蒙特塞拉（Montserrat）、瓜德羅普（Guadeloupe）與安提瓜（Antigua）。小型基地與商業據點開始陸續出現。這一切都在誤打誤撞情況下出現，鑑於當年人們對地理的誤解，這也可以理解。

我在一九九三年第一次成為艦長時，我的驅逐艦「貝利號」奉命前往加勒比海進行人道作業，並執行對海地的武器禁運。這是一次奇怪的處女航，當時冷戰剛結束，柏林圍牆也剛解體不久。坦白說，我寧願用我新配備的神盾戰鬥系統北上駛入波羅的海，追逐蘇聯潛艇。但任務就是任務，我也只能帶著一群沒有經驗的官兵前往加勒比海，施展我們的軟實力。這是新成軍「貝利號」第一次重要旅程，艦上每一名官兵都在努力調適。

我們駛經加勒比海入口處的聖薩爾瓦多時，我召集艦上官兵做了一次非常短的講話，談論哥倫布的首航。我搬出教我小學五年級歷史那位教師常用的絕招，裝模作樣講了一段話作為這次講話的結論：「想想看，五百年後——半個千年後——的今天，我們與大探險家克里斯多佛・哥倫布一樣，航行在同一水域，前往世上這個地區協助建立安全。我們此行的任務就是將哥倫布的傳承繼續發揚光大。」我對自己講的這段即席歷史很是得意。

但當我下到官艙準備用餐時，幾位低階軍官（他們比我小了將近二十歲，其中一人是非裔美國人）指出，哥倫布的探險為本地土著帶來的主要是奴役與死亡。說得有理。我們應該謹記於心，歷史永遠是「宇宙骰子」的一擲。它總是不斷帶來好事與壞事，最終究竟是好是壞，到頭來，我想只有上帝才能分曉明白。一群人推崇的大探險家，是另一群人心目中犯下種族滅絕罪行的征服者。而這種「宇宙骰子」擲出什麼結果，往往只是純碰運氣。

沒錯，有鑑於發現的性質，加勒比海的命名如果是「意外之海」（Accidental Sea）也完全不為過；但誠如我那幾位年輕有智慧的部下軍官所說，沒隔多久，這些純樸美麗的島就因為歐洲人要生產糖與其他作物，而淪為奴隸之鄉。此外，歐洲人為了傳教，讓原住民皈依基督教，還展開對加勒比海的殖民。志在全球廣大海洋的探險時代就這樣來到加勒比海岸邊，引發的爆炸性效果直到今天仍然餘波盪漾。如今回想起來，不容否認的是，造成加勒比海諸島現有感性的原因完全不是意外，而是一連串貪婪斂財的惡行。加勒比海是個大海——如果你按照美國的算法，把墨西哥灣也算進去，它超過地中海，是全世界除了大洋（依大小順序為太平洋、大西洋、印度洋與北冰洋）以外最大的海洋。加勒比海的面積有一百六十萬平方英里左右，約為美國本土的一半。

它有些像是一個大水壺，也讓人很容易將它看成是一個巨型火山的口。在它的西方，長手指一般的佛羅里達一路往下，像義大利靴一樣遙指古巴島。附帶一提，美國人多半對古巴的大小不甚了解——如果把古巴地圖擺在一張美國地圖上，它足可覆蓋從華府到芝加哥整片面積。事實上，當甘迺迪總統一九六〇年代初期在白宮聽取豬灣（Bay of Pigs）行動（註：美國中央情報局在一九六一年策畫的民兵入侵古巴的軍事行動，結果失敗）簡報時，做簡報的那位二戰老兵的陸戰隊司令，為了說明古巴大小，就將一張古巴地圖擺在一張美國地圖上。之後，陸戰隊司令在這張古巴地圖上又擺了一張地圖，這是一張塔拉瓦（Tarawa）地圖，只在中央位置有一個點，那個點就是塔拉瓦島。太平洋戰爭期間，美軍陸戰隊為攻占這個小島死了好幾千人。古巴是個很大的島。

古巴地勢大體上呈西北到東南走向，下方是西班牙島。西班牙島上有說西班牙語的多明尼加共和國，還有說克里奧爾語（Creole）與法語的海地。在加勒比海諸國中，海地絕對是最窮，或許也是運氣最壞的國家。從西班牙島往下，是一長串形成加勒比海西疆、住了形形色色許多民族的島嶼。他們的文化代表的正是許多世紀以來，英國、法國、荷蘭、丹麥與西班牙等歐洲各帝國國勢消長，以及在加勒比海的野心變化。今天每個島的文化，差不多都是一種歐洲文化大雜燴。

在這個島鏈的底部，位於南美洲北端有千里達（Trinidad）與托巴哥（Tobago）兩個島。千里達與托巴哥比加勒比海所有其他國家都富庶，有難得一見的英國與西班牙混血文化，從許多方面而言，可以說坐擁兩個世界之精華：有英國的語言與法律骨幹，以及和煦的加勒比海與西班牙島嶼風情。這個國家由於享有石油貯藏之福（事實上，有時這未必是福），能在社會與結構性方案上投入比附近其他鄰國更多的資源。我在擔任指揮部總司令期間曾經訪問該國，當時讓我印象最深刻的，是那些護送我們車隊從機場前往首都與政府賓館的警察機車隊。在車隊高速飛馳的過程中，那些高大、體面的機車騎警，幾乎是站在機車上、兩手不扶把手地指揮交通。我在一百多個國家乘過車隊，從沒碰過比這更危險的場面。我把這事告訴美國特戰指揮部總司令，那位綠扁帽出身、見過無數戰鬥凶險場面的陸軍四星上將說，那些警察「好像是活得不耐煩的士兵一樣」。不過，對於一個國民充滿活力與幽默、喜歡冒險、熱愛表現的國家來說，千里達與托巴哥警察這麼愛現似乎也順理成章了。

加勒比海在南美洲北部海岸與三個蓋亞那接壤：法屬蓋亞那（French Guiana），蘇利南（Suriname，原荷屬蓋亞那），以及蓋亞那（Guyana，原英屬蓋亞那）。這三個國家有些像是把守加勒比海南方孔道的三個錫兵，分別代表繼西班牙之後來到美洲的三大殖民強權。這三個國家各有本身特色、文化、語言與政治情勢，但讓我印象最深刻的是位於最西方的前英屬殖民地蓋亞那。美國人所以知道這個地方，主要因為一九七八年在這裡發生的「瓊斯城大屠殺」（Jonestown Massacre）。這是一起教派教主要信徒集體謀殺－自殺的事件，因那名自大妄想狂肇事者吉米・瓊斯（Jim Jones）而得名。美國人還因此造了一個片語「喝下酷愛」（to drink the Kool-Aid），意指盲目信仰、不顧一切證據的人。（註：吉米・瓊斯要他的信徒齊聚瓊斯城，喝下摻了砒霜的酷愛調味果汁。）蓋亞那是一個風景優美、資源還算豐富的國家，有一個直接承襲自坡吉亞家族（Borgias，註：十四到十六世紀權傾歐洲的義大利大家族）的政治系統，空氣中有一種寂靜的、失敗主義的興味。

我在二〇〇〇年代中期以美國南方指揮部總司令身分初訪蓋亞那，決心在就任之初兩個月間訪遍加勒比海責任區內所有三十幾個國家。我的參謀對我說，這三個蓋亞那「什麼事都沒發生過」，不去訪問也罷。不過我認為至少應該在責任區內每一個國家走一遭，就這樣，在與我那位滿腹狐疑的參謀長小小爭了一下之後，我訪問了三個蓋亞那。當然，首先造訪的仍是巴西、阿根廷與哥倫比亞這幾個比較大、比較重要的國家。我來到蓋亞那，見了總統（或許是總理？）。在他那間拉上窗簾抵擋暑氣、積滿灰塵的辦公室，我問他什麼是他面對最大的挑戰。是貧窮？毒品？還是犯罪？（這些都是非常顯然的問題。）

他搖了搖頭，嘆了口氣，承認這些問題確實都是重大挑戰，但他說最大的問題是移民。「每個人只要能拿到高中文憑都想離開這裡。他們大多數都想北上，進入你們的國家，但是只要能離開蓋亞那，要他們去哪裡他們都願意。」這話說得哀傷，說這話的也是個哀傷的人。這讓我對自己能身為美國人而慶幸不已——美國有一籮筐的問題、錯誤與挑戰，但無論我走到哪裡，人們仍然對美國趨之若鶩。我們又談了一會，我保證會幫他訓練、裝備他那支小型軍隊，然後上路繼續行程。在我訪問的所有加勒比海各處，從許多方面而言，蓋亞那都是最悲情的地方。

哥倫比亞是加勒比海諸國中最美麗，但問題也最嚴重的國家。它有青蔥的山川，異常豐富的天然資源（黃金、石油、肥沃的農田以及優良的港口），它控有加勒比海西南海域，擁有綿長的太平洋海岸線，地緣政治位置也極佳。它位於北美與南美、加勒比海與太平洋的交口。如果不是因為美國為了開鑿巴拿馬運河而出錢出力，幫助巴拿馬革命，讓巴拿馬在一九〇五年脫離哥倫比亞而獨立，它還能擁有巴拿馬運河（「美國以正大光明手段偷了巴拿馬運河」）。有了這許多優越條件，哥倫比亞理當做得不錯。

許多年來，特別是在二十世紀最初十年，我以邁阿密為總部，執行所謂「毒品戰」任務期間，我在哥倫比亞海岸外的加勒比海上度過許多時間。我過去也曾遊走加勒比海，在巴拿馬運河穿進穿出，但身為四星上將之後，我得協助我們的哥倫比亞友人阻止來自哥倫比亞山區的毒品走私——走私路線泰半透過加勒比海西部水域。在我到任未久時，我們抓到一艘在哥倫比亞叢林製造、進入加勒比海作業的潛艇。這艘柴油動力潛艇功能齊全，有三名組員，有絕佳的通訊裝備，貨艙裡還有十噸古柯鹼。這些毒品市價在一億五千萬美元以上：販毒集團為了賺錢，腦筋也動得真快！他們是加勒比海新海盜，如何肅清他們，是加勒比海西部諸國執法當局的首要任務。

哥倫比亞北方不遠，就是美洲（這裡指廣義美洲，包括北美、南美與中美）經濟的心臟：巴拿馬運河。在美國策動的政變以及後續的「獨立」之後，這條運河於一九一四年在原本屬於哥倫比亞的土地上開通。巴拿馬運河由美國工程師領導施工——法國人佛迪南・德・雷賽布（Ferdinand de Lesseps）曾在一八八〇年代首次嘗試，結果失敗——工人大多來自加勒比海近岸各地，他們嘗盡千辛萬苦，許多工人還犧牲了生命。史學家大衛・麥考洛（David McCullough）在《大洋中的小徑》（*The Path Between the Seas*）一書中，對這段海上工程故事有精采的描述。

對海員來說，通過巴拿馬運河是十分獨特的經驗。它是一種極度專業的海上作業，就算是以講究指揮官全能而著名的美國海軍，在通過巴拿馬運河時，也不得不讓艦上作戰官交出職權，請巴拿馬在地專家代勞。我在一九八〇年代中期初次通過巴拿馬運河，當時我在第四艘提康德羅加（Ticonderoga）級巡洋艦、全新的「福吉谷號」上擔任作戰官。我非常喜歡福吉谷號，它是我在密西西比州一座造船廠協助建造的軍艦。當我們將這艘軍艦駛出碼頭時，它真的還有那種「新車的味道」，灰色艦殼上的塗裝更是渾然天成，無懈可擊。身為作戰官的我，負責照料這艘五百六十七英尺長軍艦的外觀，我那幾位負責維修保養的士官也深以這艘軍艦兩舷的塗裝為傲。在我們即將進入運河窄道時，我怕我那位硬漢水手長金・瓊斯（Gene Jones）會因擔心擦撞損及塗裝，心臟病都要發作了。那條水道奇窄，過往船隻得靠兩邊許多迷你車拉著通過。巴拿馬人很專業，我們的軍艦順利通過，連一點刮痕都沒有。但離開加勒比海開闊水域，進入狹窄閘道——不得不把你的職權交給運河工作人員與領港員——那種感覺實在不好受。當福吉谷號終於從運河南端脫身，我興高采烈，將引擎加速到三十節，立即衝入無邊無際的太平洋，把巴拿馬運河拋在腦後。

沿中美洲海岸而上，沿岸是幾個全世界最危險的國家——過了巴拿馬之後，是哥斯大黎加、尼加拉瓜、薩爾瓦多、瓜地馬拉、宏都拉斯、貝里茲與墨西哥。這些國家總計擁有全球最高暴力犯罪率，每十萬人的暴力事件死亡人數比全球任何其他地方都高，就連阿富汗與伊拉克都比不上這些國家。可悲的是，這些暴力本質上是一種美國的出口：美國毒品市場的龐大需求是它們的動機；美國工廠製造的自動武器與槍械是它們的執行工具；而領導它們的，是三十年前出現在南加州，之後由驅逐出境的亡命之徒帶進中美洲的犯罪集團文化。中美洲的加勒比海海岸與美國草創初期的西部頗相類似，與海盜橫行的那個年代沒有什麼不同。它有許多隱藏的港口與堡壘是沒有法律，販毒集團為所欲為的地方。

我在一九七五年念官校四年級時掛著准尉軍階第一次駛入加勒比海。每年夏季，美國海軍官校四年級生學生大隊總數約四千名學員，會分發到世界各地在艦上見習。

這與搭乘嘉年華郵輪在陽光下享受冰鎮果汁雞尾酒、在船上拱廊購物的經驗可是天差地遠。海軍官校的四年級生暑訓項目包括飛往啟程海港、在肩上背一個巨型水手袋、辛辛苦苦攀登一個鋼質踏板等等，用意是讓學員對「艦隊」有一點體認。在那個時候，所謂艦隊對我而言不過是一種遙遠的理論罷了。

在一九七五年一個溽暑夏日，我乘巴士來到維吉尼亞州的諾福克（Norfolk），與十幾個同學一起登上嶄新的航空母艦「尼米茲號」（Nimitz）。尼米茲號是一座浮在海上的城市，總重量有十萬多噸，艦身有三個足球場那麼長，從龍骨到桅桿頂端有帝國大廈那麼高。經過一陣迅速填鴨，我們啟程，沿美國東海岸南下進入加勒比海。

幾天以後，我們穿過西班牙島（海地與多明尼加共和國）與古巴之間的「向風海峽」

進入加勒比海。艦長用艦上廣播系統1MC宣布，我們現在走的，就是哥倫布幾世紀以前駛經的同一條水道。將近二十年以後，我以驅逐艦艦長身分複製了他這篇講詞。但當年身為尼米茲號見習官的我，卻在官艙裡啃著起士漢堡，本來還想享用一客冰淇淋聖代，想到當年哥倫布與他那些部屬面對的環境一定比這艱苦多多，我決定冰淇淋就免了。

我們造訪的第一個港口不是什麼觀光景點：古巴的關塔納摩灣（Guantá-namo Bay）。當然，在那個年頭，它只是一處名不見經傳、軍艦在部署前使用的訓練設施，還不是一座以拘禁恐怖分子而揚名國際的監獄。關塔納摩海軍站的大部分歷史都用於後勤支援——即馬漢所謂加煤站。但隨著時間變化，由於它不在主要大西洋海運線上，又因為有現成的後勤基地，關塔納摩遂成為大西洋海岸上的訓練中心。

在實際作業上，所謂訓練中心意指船艦得在這裡停留三星期，接受嚴厲的戰備訓練。從火砲射擊到損管（船艦遭敵砲擊中起火與進水的消防措施）、飛行作業到海上行進中運補等等艦上一切作業，都要在這裡演練。這是一天二十小時非常緊張的訓練，目的是讓艦上官兵承受最大可能的壓力。

在關塔納摩灣外海進行這項訓練的好處是，海軍官兵由於遠離親友家眷，可以全神貫注接受訓練。對這些水兵來說，諾福克的酒吧與紋身廳似乎已經是遙遠記憶。不過海軍也知道，把這些血氣方剛的水兵關在海上受訓幾星期，不可能達到最大效果，所以海軍每星期會讓他們上岸兩三天透透氣。

就這樣，我在二十歲那年掛著准尉官階第一次踏上加勒比海海岸，頂著夏日豔陽倘佯在海軍站的運動場與網球場上。就像我那四千名同學一樣，我一面健身，一面喝著三十五分錢一杯的啤酒，偶爾也來幾杯五毛錢一小杯的蘭姆酒清清喉。可想而知，到日落西山時，我也有些醺醺然不知天南地北。然後我會與三兩名官校同窗一起到海邊，任由夕陽晚風替我們提神醒腦，凝望著大海思考這個世界。

一輪明月低懸在徐徐拍岸的水波上，夜晚的加勒比海美得令人驚豔。就像加勒比海大多數地區一樣，一旦離開海灘，古巴的地形天候也乾燥且崎嶇不平；但貿易風與綠得發亮的海水之美，足以彌補這些小缺失而遠有過之。我躺在海灘上，望著月亮升起，想到許多世紀以來那些經過古巴南端的帆船、輪船，一幕幕多數是血腥的歷史彷彿在眼前重演。

第二天我們回到航母巨型鋼甲板上，緊繃著神經聽著隨時可能響起的全員備戰警報。

如果回顧加勒比海殖民歷史，很容易想到邱吉爾對皇家海軍傳統的那句名言：「蘭姆酒，雞姦與鞭刑。」事實上，加勒比海這個名字起源於早年美洲一個叫做「加勒比」（Caribs）的部落，這個部落因歐洲人挾著槍炮、病菌與鋼鐵入侵而慘遭滅絕。賈德・戴蒙在他的名著《槍炮、病菌與鋼鐵》（*Guns, Germs, and Steel*）中描繪得很清楚：歐洲人能夠在這麼多地方殖民，靠的就是這三樣利器。

歐洲人入侵以前的加勒比海，有關文獻紀錄不多，我們的了解也很少。歐洲人為他們發現的土著部落取了各式各樣名字，但在歐洲人眼中，這些土著只有兩種用途：皈依基督教與當奴隸。在進入美洲之初，歐洲人為美洲土著訂了幾個名目，其中「泰諾」（Taino）或「坦由」（Tanyo）意指比較合作的土著；「加勒比」意指一般而言屬於吃人族的戰士；或介於兩者之間的「阿拉瓦」（Arawak）。對當年的西班牙征服者而言，文化人類學並非顯學，維護在地語言、歷史與文化的機會就這樣浪擲了。

值得注意的是，加勒比海早期居民不事遠洋航行。除了沿海漁捕以外，沒有證據顯示他們曾經嘗試真正航海，沒有用過風帆，也沒有造過可供多名水手操作的大船。也因此，當西班牙人的帆船開到時，儘管以今天的標準而言，這些船都很小，但看在美洲土著眼裡它們已經大得令人敬畏有加。

這些土著部落並非全然原始的社會。加勒比海土著可能在歐洲人抵達前數千年已經進入加勒比海。他們所以來到這個地區，最可能的原因，不是像歐洲人那樣為尋找黃金與絲綢而來，而是為了尋求土地，為了躲避南美洲那些壓迫他們的統治者，為了食物與魚而來。

當歐洲人來到加勒比海時，部落土著都住在村落與屯墾區裡，有些村子聚居了五千人。加勒比海諸島總人口無法估算，但說絕大多數土著在歐洲人來到以後幾十年間死亡，應該錯不了。誠如梅爾・吉布森（Mel Gibson）的經典之作，以加勒比海墨西哥海岸為場景的電影《阿波卡獵逃》（*Apocalypto*）所說，對在地土著而言，歐洲人的抵達絕對是一場世界末日般的浩劫。

一五一七年，一位名叫馬丁・路德（Martin Luther）名不見經傳的修士，在今天德國境內一家天主堂的大門上貼了一份文件，說明他的宗教觀，為加勒比海接下來上演的一場鬧劇揭開序幕。英王亨利八世利用路德這件事趁火打劫，不顧教皇反對結了婚，從而使新教崛起，天主教會隨而分裂，最後導致一百五十多年的血腥惡戰，而且直到十九世紀仍然餘波盪漾。

所有這一切爭議，當然免不了地緣政治與帝國競爭。沒隔多久，歐洲陷入新教徒與天主教徒之間的政治與宗教大戰，並且以各種形式繼續延燒了五個世紀（直到今天，愛爾蘭與巴爾幹半島的衝突多少仍是這場大戰造成的後遺症）。無可避免，這場巨型歐洲戰事與爭端逐漸對遠在加勒比海的新興社會系統造成重創，特別是在海上，情況尤其嚴重。

這場大戰交戰雙方，一方是西班牙天主教徒。他們在之後幾百年間竭盡全力鞏固在美洲的龐大帝國；讓土著皈依天主教，並加以奴役；大舉開採金、銀與寶石；壟斷新世界帶來的一切貿易，尤其是糖，以及之後的菸草。交戰另一方是強悍的英國與荷蘭新教徒，他們都從北大西洋對加勒比海本身展開探險與突襲。介於兩者之間、效能較差的，是信奉天主教的法國人與葡萄牙人，他們也在南美洲大陸割據領地。就整體而言，這是一個海權帝國角逐爭霸的時代，角逐場包括加勒比海諸島與左近相對狹小的水域，以及近岸周邊較大的陸塊。

新教徒海上突襲的一個主要目標是西班牙皇家載運寶藏的大帆船。這些大帆船每年從西班牙啟程，通常都會幾十艘集結成隊，載貨前往新世界。在抵達美洲以後，它們卸下船貨，將帝國搜刮來的珍寶——包括從玻利維亞的波托西（Potosí）礦採來的銀，從哥倫比亞採來的黃金與翡翠、菸草、糖，甚至還有遠從中國與菲律賓跨太平洋而來的商品——裝進貨艙。到十六世紀後半，西班牙已經創造第一個全球性市場，並從而獲取龐大利益。這些載運寶藏的大帆船自然成為絕佳的目標，新教諸國的海軍與經過授權的私掠船都必欲得之而後快。

或許最能代表新教徒海上突襲客的偶像人物首推法蘭西斯・德瑞克（Francis Drake）爵士。德瑞克以一連串大膽的突襲行動揚名加勒比海，並因此成為伊莉莎白女王的寵臣，或許還與女王結有一段情緣。他在十六世紀末對哥倫比亞與佛羅里達的西班牙海港進行幾次突襲，還一路燒殺搶劫，為所欲為。當西班牙無敵艦隊（Armada）於一五八八年駛往英國時，德瑞克在大西洋與它們對壘，打了幾場比較乾淨的海戰，但之後他就重拾他的最愛：海上打劫。他於一五九六年病死在加勒比海，留下許多財寶。

但德瑞克絕非當年唯一海盜。在十六與十七世紀，活躍在加勒比海的「布烤客」（buccaneer，就是海盜，所以得名是因為據說這些海盜喜歡把肉與抓來的俘虜綁在木架上，慢慢烤著吃，這木架的法文名稱就叫「布烤」）總有數以百計。加勒比海不是大規模海戰的戰場，但它是海上無法無天的西部。海軍戰艦當然也在加勒比海巡弋，隨著時間不斷消逝，「文明」逐漸降臨，這些戰艦終於成為加勒比海的主控勢力。

但在加勒比海殖民地化的第一個一百年，海上上演的大戲主要是海盜對商船發動的攻擊——當然，這一切情景都因票房賣座系列電影《神鬼奇航》（*Pirates of the Caribbean*）中那位裝模作樣、虛張聲勢的船長傑克・史派羅（Jack Sparrow），荒唐而古怪地呈現在我們眼前。《神鬼奇航》片中許多情節或多或少源出於亨利・摩根（Henry Morgan）爵士的事蹟。摩根是威爾斯（Welsh）出生的私掠船船長，他的畢生經歷與故事頗為膾炙人口。在當了幾年非常成功（也窮凶極惡）的「布烤客」之後，他回到英國，小小受了一番不痛不癢的懲戒，當了西班牙人恨之入骨的牙買加總督。他把牙買加經營成海盜集散地，累積了龐大財富，最後於一六八八年死在牙買加。

我在一九七〇年代末期第一次往訪牙買加。那是島國牙買加史上一段相當動盪的時期。獨立未久的牙買加人經過自然轉型，不能再像過去一樣依賴英國式治理，必須摸索找出一套更符合本身文化、歷史與特性，政治選項也較多的系統。他們於是大幅左傾也就不足為奇。當時我二十五、六歲，只是個小小中尉，對這一切也不甚了然，只覺得整個牙買加島沐浴在一種濃郁的革命感性中。這不僅僅是「紅帶」（Red Stripe）啤酒、加勒比烤雞、「雷鬼樂」（reggae）與「拉斯塔法里教」（Rastafarian，一種源起於牙買加的黑人基督教），以及觀光客雲集之鄉而已。這裡顯然還有其他許多事情正在進行。

為了一探究竟，我與航空母艦佛雷斯陶號上一小群工程人員，決定走出蒙提哥灣（Montego Bay）觀光區，前往觀賞一場由兩支純黑人球隊進行、觀眾也都是黑人的板球賽。沒有人歡迎我們，而這麼說還算最客氣的。我們並沒有遭到什麼真正威脅，但就像電影《動物屋》（*Animal House*）裡那群白人大學生在闖進純黑人客棧之後，極力巴結那支黑人樂隊一樣，我們也遭到無數大小眼。不須多說，我們沒看多久就決定早早離開。之後我們又逛了幾個地方，在遭到同樣待遇之後，我們學了乖，回到北岸海灘。

第二天晚上，我們啟碇駛向加勒比海開闊水域，當時我在艦橋輪值。晚風強勁，儘管可以動用四具巨型推進器與十萬匹馬力動力，我仍得極力掙扎將軍艦駛上航道。最後，我終於將軍艦送進航道。當夕陽西下，我們掉頭往東，離開牙買加，進入冬夜的蒼茫世界。輪值任務不久成為例行公事，我將自己有關牙買加歷史的些許認識與此行所見所聞湊在一起，驚覺這次訪問為自己帶來的印象竟如此深刻——特別是那種陳年往事的沉重，那些雖說久已逝去，但仍然在我們無法見及的角落伺機而動的魅影。從那次訪問以後，加勒比海一直讓我有那種感覺：儘管熱愛加勒比海群島、海岸線與在地人民，儘管對這一切寄予無限同情，但它始終彷彿一處剛剛掙脫、卻絞盡腦汁也無法真正了解的黑色夢鄉。

歐洲在十七世紀的土地爭奪戰無法避免地引發海上衝突。英國人來到加勒比海的時間很遲，但他們不僅發現糖與菸草，還逐漸發現巧克力、薑、鹽與靛青的力量。到十七世紀後半，英國艦隊已經在加勒比海各處征戰，搶奪西班牙的土地。經過一連串混戰，英國拿下許多長期占有的殖民地，包括牙買加、巴貝多（Barbados）、尼維斯（Nevis）、聖基茨（St. Kitts）等島嶼。

荷蘭人不甘示弱，也在加勒比海南方水域占領幾個島，並且據有荷屬蓋亞那（現在的蘇利南）。在絕對令人回味無窮、感嘆不已的一次歷史性諷刺事件中，荷蘭人在十七世紀用新阿姆斯特丹（New Amsterdam）殖民地換到了荷屬蓋亞那。在當年，一般認為這兩個殖民地的價值大體相等。當然，今天的紐約市房地產要值兩三萬億美元，而蘇利南首都帕拉瑪利波（Paramaribo）卻是美洲最貧窮的首都之一，居民只有不到五十萬。

法國人也迅速趕到，拿下幾個小島，在南美加勒比海海岸占領一片土地，就是後來的法屬蓋亞那（直到今天它仍是法國一部分）。這些殖民強權都以公、民營兩路並進的做法建立海上貿易與商務公司，以半官方姿態在加勒比海地區伸張國家權勢。這些西印度公司（不同國家的名稱也不同）與百年後橫行印度洋的東印度公司頗相類似。

到十八世紀，之後兩百年的經濟雛形已經底定。這雛形包括一種以奴工為基礎的經濟模式。歐洲人將非洲勞工帶進加勒比海，生產糖以及其他農產品。糖與農產品送往歐洲，歐洲則負責提供招募奴隸的手段。海運路線呈三角形不斷循環：船隻從歐洲前往非洲找奴隸，然後載著商品與奴隸前往美洲，之後載運加勒比海的珍寶回到歐洲。

原產於太平洋與印度洋，一度在「勒凡特」大舉種植的糖，在加勒比海殖民化以前已經是一種全球著名的商品。但這些原產地的產量逐漸減少，歐洲人對糖的胃口越來越大，加勒比海的經濟於是不斷升溫。印度人與訂了契約的白人，也投入勞力極度密集的黑糖蜜與蘭姆酒種植、切割、打壓、貯藏、蒸餾以及運輸作業。甘蔗含糖量只有約一〇%，從甘蔗煉糖是非常艱辛的工作。

這種三角貿易除了可想而知造成慘痛人類苦難以外，還帶來疾病與死亡。不僅是大批美洲土著與非洲黑奴因暴露在原本沒聽過的微生物之下而生病、死亡，許多歐洲人也因為清地造成的死水與蚊害而感染疫病。以黃熱病為例，就是專門攻擊歐洲人、不影響非洲人的病（非洲人由於久已暴露在非洲的一種變種之下，擁有相當免疫力）。這種情勢進一步增加了對「適應力強的非洲人」的需求，白人勞工更加乏人問津了。

從整個十八世紀到進入十九世紀，所有這些情勢始終是加勒比海命運與人口狀況的決定性因素，直到廢止奴隸運動終於崛起為止。英國首先於一八〇七年宣布奴隸為非法；美國在一八六〇年代打了一場內戰解放黑奴；最後巴西也於一八八八年廢止奴隸制度。但損害已經造成，奴隸文化不僅蹂躪了當年那些社會，造成的餘毒至今猶存。有關數字令人髮指——至少好幾百萬（或許有一千兩百萬）黑奴經過「中央航線」（Middle Passage）由西非送進西印度群島，多達兩百萬人死在旅途中。不過確切數字究竟是多少，我們永遠也無法知道。

「門羅主義」（Monroe Doctrine）對加勒比海的影響不能不提。美國總統詹姆斯・門羅（James Monroe）在一八二〇年代發表的這項聲明，在之後幾百年間大體上遭歐洲列強拋在腦後。根據門羅主義的說法，美國不容許歐洲列強在加勒比海做更進一步殖民與操控，美國要負起保障加勒比海地區善良行為的責任。但當時的美國幾乎沒有軍隊，人口不多，政治理念混淆，對國際事務大體上漠不關心，更何況美國本身也是一個靠奴隸維持經濟的國家。像這樣的國家卻高談「善良行為」云云，難免有倚老賣老、自視過高之嫌，而且當時的美國也無力做到不容歐洲列強進犯加勒比海的承諾。但幾十年過後，隨著美國國力不斷增長，門羅主義逐漸不再只是空談。美國開始以門羅主義為名，抗拒歐洲列強在加勒比海予取予求的野心。整個十九世紀期間，美國也曾多次提到門羅主義，但幾乎總是說說而已，直到美國因為與西班牙打仗，多少在意外情況下闖入殖民舞台為止。

加勒比海諸國與二十世紀的戰爭所以結緣，主要因為它們派遣戰士為殖民地主子而戰。在第一次世界大戰期間，加勒比海島民組成的英國西印度兵團（British West Indies Regiment）曾經在歐陸作戰，不過讓那些黑人島民失望的是，他們一般只獲准擔任後勤支援任務。法國與荷蘭也像英國一樣，組織殖民地土著參軍幫他們打仗。

美國在二十世紀初期，主要運用陸戰隊進行了一連串干預，維護加勒比海安定與金融秩序，讓歐洲諸國無法染指海地、多明尼加共和國與中美洲這些地區。美國還在一九一七年用兩千五百萬美元從丹麥手中買下維京群島，這交易就算在當年也極合算，更別說今天維京群島房地產的市場行情了。還記得二十世紀九〇年代中期，我帶著驅逐艦進入聖湯瑪斯（St. Thomas）與聖克羅斯島（St. Croix）時，邊想著美國那三筆買賣運氣真好——買下路易斯安那，得到西部疆土；買下阿拉斯加，取得北進之窗與龐大天然資源；以及買下維京群島，讓美國擁有沿波多黎各進入加勒比海的戰略通道。

冷戰期間，加勒比海情勢開始急遽升溫。造成這種局面的主因，當然就是西班牙文所謂「caudillos」的崛起。所謂「caudillos」就是「軍事獨裁者」。到二十世紀後半段，幾乎所有拉丁美洲與加勒比海國家都由軍事獨裁者當權。這些獨裁者自然而然激起反獨裁的自由運動，其中一些運動與共產黨掛勾，就這樣，冷戰突然間來到陽光燦爛的加勒比海，而以古巴島為引爆點。古巴革命過後，菲德爾・卡斯楚（Fidel Castro）造訪美國，雙方看來有望建立和睦關係。但卡斯楚很快倒向蘇聯，而當時冷戰打得難分難解，美、蘇雙方陣營都抱著「不是友人就是敵人」的心態。美國於是採取各種行動，竭力破壞古巴政權，其中最著名的行動是一九六一年入侵豬玀灣事件。由中央情報局主導的這次行動最後以失敗收場，死了一千名古巴人，另有兩三千古巴人被卡斯楚關進監獄，並且造成兩國前後數十年的相互仇視。

一九六二年十月發生的古巴飛彈危機，把冷戰緊張情勢拉到最高潮，有十天時間，加勒比海是全球大地震的震央。葛拉漢・艾立森（Graham Allison）與菲立普・澤利科（Philip Zelikow）合著《決策的本質》（*Essence of Decision*）一書，討論甘迺迪政府如何成功避開一場核子大戰，對這段歷史有絕佳的描繪。當時美國海軍執行對古巴的大舉封鎖，阻止蘇聯將更多飛彈運進古巴。

經過明智的外交折衝，這場危機終於落幕，但想到曾有那麼幾天，核子大戰爆發、全球沉淪的凶險僅在一瞬之間，怎不令人心驚膽戰。

在二十世紀後五十年，冷戰光芒漸退淪為背景，獨立成為整個加勒比海的真正主旋律。大多數群島與其他小國終於掙脫歐洲枷鎖，幾乎所有國家都能和平獨立：蓋亞那與巴貝多（一九六六年）、巴哈馬（一九七三年）、格瑞那達（一九七四年）、多明尼加（一九七八年）、聖露西亞與聖文森及格瑞那丁（一九七九年）、貝里茲（一九八一年）以及聖基茨與尼維斯（一九八三年）。這些國家各有本身豐富多彩的文化與歷史，不過就經濟而言，大多數直到今天仍然貧窮。

到二十世紀八〇與九〇年代，拜政治動亂與大自然之賜，海地成為暴力頻傳的中心。八〇年代，海地獨裁者尚－克勞・「娃娃醫生」杜華利（Jean-Claude "Baby Doc" Duvalier）被趕下台，一連串選舉與政變隨即出現。到一九九一年，軍方迫使民選總統尚－貝朗・阿里斯泰（Jean-Bertrand Aristide）下野，美國遂向政變領導人施壓，要他們和平交出權力。我的驅逐艦貝利號也於九〇年代中期奉命前往海地，執行武器禁運（其實是展現武力）任務。我只記得當時我們沿著海岸上上下下，沒事找事地登上兩三艘載運香蕉的近海輪船臨檢，為無聊透頂的艦上官兵在艦尾舉行烤肉宴。我還記得望著海地島黝黑的海岸，想著蓄奴時代發生在島上的那許多喋血事件，那些英勇但注定失敗的奴隸革命，那些大屠殺、大地震與颶風。世上最走霉運的國家一定非海地莫屬了。

大約二十年後，在一波波似乎沒完沒了的颶風將海地原本搖搖欲墜的基礎設施大舉搗毀之後，我以四星上將指揮部總司令的身分重返海地。我與海地總統蒲雷華（René Préval）一起走訪美麗但維護得很差的總統府，在市內巡行，指揮救援與補給的運交。由於國際救援物資大舉湧入，重建工作也真正展開，海地似乎出現時來運轉的契機。我在出掌南方指揮部三年任期間，一直覺得海地轉運在即。但我錯了。

就在我卸任後不久的二〇一〇年，海地再遭浩劫。一場大地震讓或許三十萬人喪生

（這類數字爭議性很大），首都太子港全毀，連總統府也被夷為平地。這場大地震震央就在太子港外，整個太子港幾乎為之蕩然。從那以後，由於世人矚目焦點已經移往敘利亞、次撒哈拉非洲與其他許多爭議區，海地再也得不到它需要的那種支援了。

冷戰期間演出的另一場加勒比海驚魂記，出現在小島格瑞那達上。格瑞那達在一九七九年出現左派政變，隨後發生殘酷的反政變，導致總理摩里斯・畢夏（Maurice Bishop）遭到處決。當時美國雷根政府認為，新當權的格瑞那達政府對島上約一千名美國公民（包括許多美國醫科學生）的安全有威脅。此外，新政府還有馬克思派傾向也是個問題。於是，就像美國於十九世紀末與二十世紀初對加勒比海發動的多次入侵一樣，美國以保護美國公民為名侵入格瑞那達：在一九八三年的「緊急怒火行動」（Operation Urgent Fury）中，六千美國陸軍與陸戰隊，外加海軍三棲特戰隊員在格瑞那達登陸。他們輕而易舉重建了秩序，讓總督重新掌權。令人感到反諷的是，今天的格瑞那達國際機場外有一座紀念當年美軍陣亡官兵的紀念碑，但這座國際機場的名字是「摩里斯・畢夏」——就是那位被推翻、處決的左派領導人。

值得注意的是，緊急怒火行動進一步暴露美軍各軍種之間協調能力貧乏的弱點。幾年前拯救伊朗人質行動的失敗，已經首次讓美軍這項弱點大舉曝光。問題主要出現在通訊、教條、後勤與戰術方面；格瑞那達入侵行動導致美軍大整頓，還成立一個協調各軍種作戰的單位。這項行動在美國歷史上當然微不足道，但對這美麗的小島而言，它是一件大事。

事實上，格瑞那達入侵行動凸顯美國對加勒比海的興趣缺缺以及參與不足。我在擔任南方指揮部（總部設在邁阿密，有人因此說，加勒比海與拉丁美洲的真正首都在邁阿密）總司令三年期間，曾遍訪責任區內每一個大島，對加勒比海知之甚詳。加勒比海地區無論走在哪裡，都有寶石般清澈的水，但儘管自然之美美得如此清麗脫俗，貧窮、成長萎縮、貪腐與暴力，卻始終是這處熱帶啟示錄的四騎士（註：根據《聖經．啟示錄》的說法，瘟疫、戰爭、饑荒與死亡等四騎士，將為人類帶來浩劫）。從太多方面而言，加勒比海似乎都永遠沉淪於過去，苦苦掙扎無法脫身。每當想到加勒比海，《神鬼奇航》電影中那句海盜守則「誰跟不上，誰就會被拋棄」就浮現在我腦海。在加勒比海，似乎每個人都因為跟不上這個世界，而在絕望掙扎中。

我們必須面對現實：雖說山明水秀，加勒比海的國家大體而言卻都做得不好。中美洲是全世界最暴力的地區；哥倫比亞境內叛軍作亂六十年；委內瑞拉雖擁石油之富，政治卻亂成一團，結果是商店連貨品都不敢陳列在貨架上；三個蓋亞那（英屬蓋亞那現在就叫蓋亞那；荷屬蓋亞那現在叫蘇利南；法屬蓋亞那也仍然是法國一處非常貧窮的領地）都窮得發慌；幾乎所有加勒比海島國都因治理不善與貪腐而軟弱不堪；波多黎各的經濟瀕臨破產；所謂「安地列斯群島明珠」的古巴惡名在外，是整個南半球碩果僅存的獨裁政權。甚至是美國與墨西哥這兩個最富裕的國家，也在加勒比海沿岸有幾個最貧窮的地區（例如密西西比州、佛羅里達州狹長地帶、德克薩斯州東南部與墨西哥加勒比海沿岸大部地區）。

為什麼會這樣？這是種族歧視、奴隸、海盜、無政府主義與小型戰爭等歷史與地緣政治毒藥加在一起的結果。此外，加勒比海地區有一種不顧永續性、竭澤而漁的生產型態。這個地區的農耕大多採用單一作物方式，而且總是不將地力用盡不罷休。自然災害（颶風、地震、火災）總是如影隨形而至。舉例說，海地這樣的國家每在開始有所進展時，就會遭到一場破壞力超強的颶風或地震，或者颶風、地震相繼來襲。除了加勒比海以外，世上沒有一個海洋地區拿到這樣一手歷史與自然爛牌。

不僅這樣，主要來自南美洲安地斯山脈、流入世界最大毒品市場美國的毒品，也以加勒比海地區為重要轉運區。談到毒品，我寧願擱下「是否應該吸毒」這個道德問題不提。我們的社會正在全力因應這個議題，許多分析家與政治領導人也開始真正下足功夫，主張毒品合法化。但我在這裡考慮的純粹是錢。

這個數以十億美元計的巨型產業賺來的錢從不受規範，其中許多流入貪腐與暴力，破壞基礎脆弱的民主，窒息其他產業區塊的成長。「對毒品作戰」的構想不僅狹隘，也有將問題過於簡化之嫌，而且顯然已經失敗——我們需要的是一項打擊貪腐與暴力的戰略，因為這才是問題根源。

我們必須針對這些問題根源全面思考，找出聯手解決之道。就造成這一切的禍端而言，許多人不假思索認定美國本身就是問題中心。他們會說，十九世紀二〇年代的門羅主義使加勒比海成為美國勢力包辦的一攤死水，一直得不到充分發揮潛力的機會。墨西哥人有一句話：「可憐的窮墨西哥，距離美國這麼近，距離上帝卻這麼遠。」加勒比海地區的人也有類似感覺。在他們心目中，從經濟景氣低迷到天氣惡劣，一切的一切全是美國的錯。所有這類現象都讓我想到孟肯（H. L. Mencken）那句「明確、簡單而錯誤」的經典名言。（註：孟肯曾說，每一個複雜的問題都有一個明確、簡單但是錯誤的解決辦法。）情勢比這複雜得多。

當然，最讓人感到反諷的是加勒比海地區理應做得很好才是。雖說在早期殖民時代有過一段血腥史，幾百年以來，這個地區的國與國之間沒有打過一場大仗。加勒比海位於美洲心臟要地，而美洲是世上商貿與天然資源最富裕的區域。往北走，是與加勒比海諸國有強大、重要人口統計關係的工業化社會——以人均數字而言，多明尼加共和國、海地、古巴、波多黎各與薩爾瓦多等等，都在美國有龐大的移民人口。往南走的情況也越來越像這樣。

加勒比海本身在颶風季節期間雖能帶來暴風暴雨，但它同時也是渾然天成、將各式各樣經濟結合在一起的「熱帶絲路」，也因此擁有熱鬧滾滾的觀光業。而且儘管殖民悲情依舊戀戀，許多加勒比海國家與英國、法國、荷蘭等歐洲先進國與先進經濟體仍保有強大聯繫。想推動這個地區的社會，可以使力的資材甚多。

美國能做些什麼？或許更重要的是，美國願意做些什麼？

首先，我們必須認清美國對這個地區的責任。儘管幾十年來的徒勞令我們沮喪，基於一些道德與現實理由，我們應該在這個地區——特別是在加勒比海與近岸區域——投入資源。鑑於我們過去的作為（包括美國在過去兩百年的多次軍事入侵）以及我們將加勒比海事務攬在自己身上的偏好（門羅主義），道德方面的理由看來十分顯然。

現實理由同樣明顯。若能透過經濟、政治、文化與安全領域的合作，在這個地區建立強有力的在地夥伴，我們就能加強我們自己的共享區。我們必須放棄老掉牙而且氣勢凌人的「美國後院」陳腔濫調，營造「美洲夥伴關係」，而最需要我們援助的加勒比海地區，包括中美洲諸國，正是推動這種關係的良好發起點。甚至只要將我們在阿富汗的花費撥出一小部分投入加勒比海，成果可能都很巨大。不過我們得開始動手才行。

其次，我們得鼓勵加勒比海的國家互助合作。現實條件是，這些國家都太小，各自為戰起不了真正政治力量。加勒比海地區已經有一些草創初期的組織，但在全球政治舞台上一直沒能發揮什麼作用。美國應該為強調集體行動的加勒比海組織提供資源、建議與訓練，並且為奄奄一息的「加勒比海盆地方案」（Caribbean Basin Initiative）注入強心針。就地緣政治角度而言，美國對這項方案的重視，始終不及「北美自由貿易協定」（NAFTA）與「中美洲自由貿易協定」（CAFTA）。

第三，美國與加勒比海諸國的合作，無論在做法與效益上一直不夠全面。美國需要全面投入，改善加勒比海地區安全情勢，而不是幾乎把一切完全押在徒勞無功的「對毒品作戰」上。美國應該為加勒比海國家提供訓練與資源，幫這些國家改善法治、基本調查工作、先進肅貪技術、監測、情報與人權。美國南方指揮部是推動這些活動的適當管道。

第四，美國應該以一種有系統的建設性手段，協助今天境內的加勒比海諸國僑民發揮力量。以古巴僑社為例，就有豐富資源與深厚的商務經驗。其他諸國僑社也可以貢獻各自不同的區域實力。整合加勒比海僑社是極端重要的工作。

第五，我們應該與北美另兩個經濟大國，也是我們夥伴的墨西哥與加拿大合作，推動這些工作。欣欣向榮的加勒比海對我們大家都有利。

第六，美國應該研發一項加勒比海集體戰略。我們已經訂了一項針對北冰洋的集體戰略，何不針對我們散布在加勒比海的南方鄰國也訂一項這樣的戰略？

第七，我們應該整合美國與加勒比海地區的民間企業，更積極地思考所謂「第二跑道」外交。我們可以透過教育改革、藝術項目、運動外交與醫藥交流做到這一點。由於加勒比海地區最主要的兩種語言英語與西班牙語，正是美國的兩種核心語言，美國想在加勒比海地區推動所謂「第二跑道」外交，享有巨大相對優勢。在我擔任南方指揮部總司令期間，我們為促進交流做了幾件創舉。經費部分來自職棒球隊捐助、美軍操作的一系列棒球訓練營（精心挑選半職業水準的棒球員）就是其中一例。這類有創意的做法很多，都能提升人文交流。

就整體而言，加勒比海是一個稍加注意、投入一些資源就能發揮巨大效果的區域。基於人道與現實理由，我們都應該扭轉「誰跟不上，誰就會被拋棄」那句海盜守則。讓我們更加努力工作，協助加勒比海鄰國邁向光明未來。

● 第七章

北冰洋｜願景與凶險｜

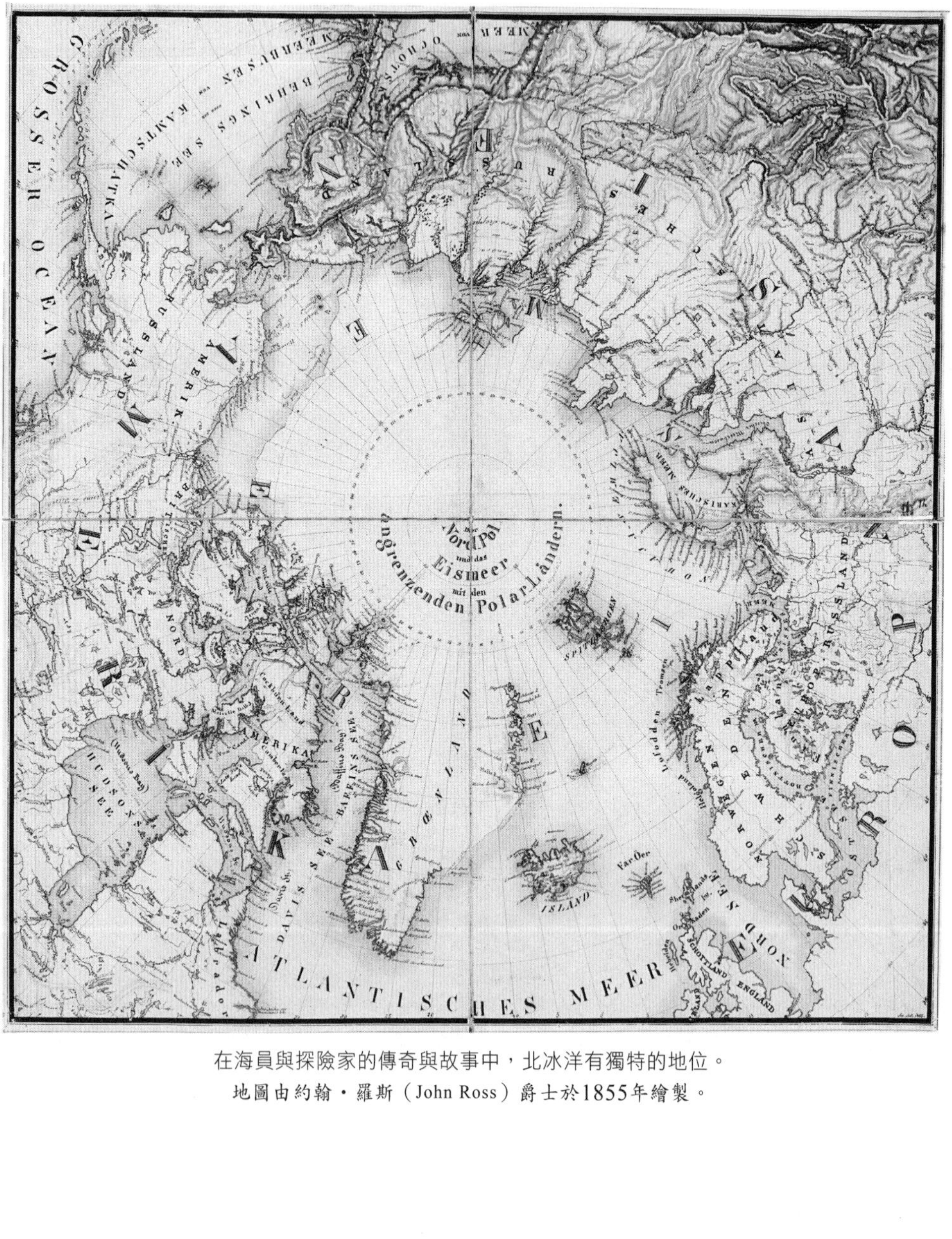

在海員與探險家的傳奇與故事中，北冰洋有獨特的地位。

地圖由約翰・羅斯（John Ross）爵士於1855年繪製。

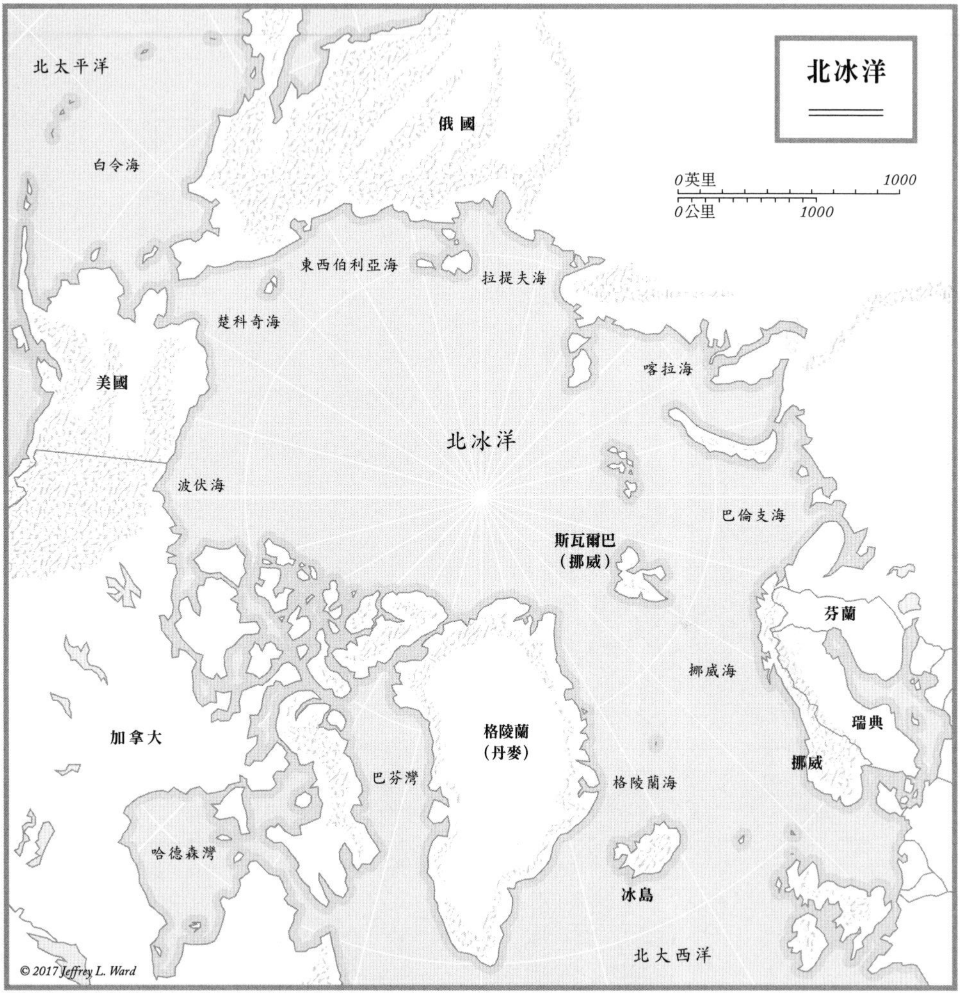

儘管開闊，北冰洋始終是全世界最神祕莫測的海洋。

北冰洋的願景

世上幾乎每一個海洋都曾經是大戰戰場，有些海洋經歷的戰火洗禮次數較多，差別如此而已——全球沒有一處往還頻繁的海洋能逃過大流血的慘劇。事實上，我們根本無從估計自人類開始航海千百年來，有多少男女死在海戰中。不過有一個例外：北冰洋。

除了這唯一例外以外，世上每一處海洋的海底，都躺著早已作古水手的鏽蝕武器，他們的戰鬥也永遠成為過去。但北冰洋由於位在世界頂端、人煙罕至之處，是如今世上碩果僅存唯一一處沒有出現過大規模戰鬥的海洋。今天的北冰洋有可能成為一處人類互助合作的和平區，但它龐大的資源令許多當局越來越眼紅，緊張與危險情勢也不斷升高。

今天的北冰洋世界處於一種一觸即發的緊繃情勢中：一邊是生怕我們會毀了這世上唯一淨土的環保人士，一邊是想開發北冰洋巨大自然財富的開發商（儘管北冰洋的極光之美也令他們欽羨）；一邊是俄羅斯，一邊是北約，而且無論就比喻或就實質意義而言，雙方都絕對可能跌跌撞撞再打另一場冷戰；一邊是想將北冰洋保留為科學外交專區的科學家，一邊是本意良善想在這世上最後邊疆建立生態觀光與教育產業的旅遊業者。

北冰洋是一個充滿願景與凶險，還有神祕的地方。

最重要的是，在觀察北冰洋的時候，我們應該了解它在所有世人心目中占有的地位。

甚至直到今天，北歐斯堪地那維亞半島諸國許多人仍然稱為「極北之土」（High North）的這個地區，還往往有人視為一處等著開發的溫帶區。古早有關北極的地圖常將這裡描述成一處位於世界頂端、氣候溫和的宜耕之地，這項錯誤概念持續了許多世紀。十六世紀最偉大製圖專家吉拉杜・摩卡托（Gerardus Mercator）在一五九五年繪製的地圖中，就將北極描繪為如此適合居住的地區。甚至直到十九世紀中葉，德國人奧古斯特・彼得曼（August Petermann）等地理學者提出的理論仍然認為北極氣候溫暖，許多探險家也對這些理論信之不疑。幾乎每一個文明都有一兩個有關北極的神話，以西方文明來說，耶誕老人就是一個著名故事。

由於在大部分有紀錄的歷史過程中幾乎不近人煙，身為世上最小之洋的北冰洋（有時也叫做北極海）一直籠罩在神祕中。古早的地圖一般將它描繪為一處巨型水世界，邊緣有許多美麗小島，島上住著龍與魔鬼；要不說它是巨型海洋，但在龐大的中心冰原中藏了許多氣候溫暖的土地。甚至在今天，我們對月球或火星的觀測與了解，都比對北冰洋更仔細、更全面。

有意思的是，就算在今天，想詮釋北極與北冰洋仍然有些難度，甚至就連「北極」（Arctic）一詞也有不同定義。科研界大體認定，所謂「北極」指的是地球北端，在夏至時日頭終日不墜的地區，即北緯六十六度三十三分四十五點九秒跨經地區。也有人根據氣溫定義，例如七月均溫在華氏五十度（註：攝氏十度）以下地區屬於北極。還有人從政治角度出發，認為境內住有北極原住民人口的國家才算是北冰洋國家。人類對一個地區的詮釋，總是因為觀察家各有偏見，以及誰應該主控、如何主控那個地區的理論不同而有不同。北冰洋雖說神祕，也不能例外。

談到這個問題，北冰洋對俄羅斯的重要性值得注意。整整有二〇％的俄國人生活在北極圈內，相形之下，基本上沒有美國人生活在北極圈內，住在北極圈內的加拿大人也不多。順帶一提的是，這世上大概除了加拿大以外，沒有一個主權國像俄羅斯這樣如此自許為北極國了。俄國不久前才將世界最大、威力最強的核動力破冰船「北極號」（Arktika）下水。北極號全長五百六十七英尺，排水三萬三千噸，八萬匹軸馬力，能夠劃破厚達十英尺的冰。令人稱奇的是，基本上荒無人煙的北冰洋，今天卻是全世界成長最快的地區——每一個北冰洋國家都在積極闢建屯墾區，加強軍事活動，擴大資源開發，都想辦法在這「極北之土」插旗。

就北冰洋海洋而言，當然基本上其實是一處有兩個大缺口的封閉海域；這兩個開口一個接太平洋，水道很窄，一個通大西洋，水道較寬，兩面都有綿長的大陸礁。由於極地氣候不斷變暖，氣溫與水溫持續升高，讓海員提心吊膽、讓科研環保人士關注的永久冰蓋也在逐年腐蝕。今天幾乎每一位有分量的科學家在觀察全球環境情勢時都能見到這種走勢。

也正因為冰封逐漸瓦解，一處龐大的自然資源寶庫、地緣政治要地與非常有效的海上交通要道，在人類有史以來第一遭開始對人類開放。

到二〇四〇年，北極會出現一條一年可以通行十二個月的海道，再隔十年，北極冰蓋將不復存在。令人感到反諷的是，許多世紀以來，西方世界始終尋尋覓覓想找一條穿過加拿大極地前往亞洲的所謂「西北通道」而不可得。今天，拜汙染與全球暖化之賜，我們不費吹灰之力已經迅速完成了這件工作。就面積而言，北冰洋約有五百四十萬平方英里，與南極洲差不多大小。

北冰洋的願景極為亮麗：根據評估，全世界未經開發的石油（或許有一千億桶）約有將近一五％蘊藏在北冰洋，未經開發的天然氣（或許有一千七百萬億立方英尺天然氣與四百四十億桶液態天然氣）約有三〇％，此外還有價值可能超過一萬億美元的鎳、白金、鈷、錳、黃金、鋅、鈀、鉛、鑽石與稀土金屬。大概地說，已知碳氫（石油與天然氣）貯藏量約有二五％在北冰洋。

北冰洋還是人類活命不可或缺的蛋白質巨型孵化場：它產魚。舉例說，美國漁獲有五〇％來自阿拉斯加海岸沿線兩百浬專屬經濟區。其他許多活躍於這處水域的國家，無論是在本國經濟專屬區內或在公海運作（非北冰洋國家在公海的競爭越來越激烈），情況也一樣。而北冰洋水域就平方里數而言，僅占全球面積二・五％。就地緣政治擁有權而言，值得注意的是，俄羅斯的大陸礁主張如果都能如願以償，則北冰洋已知資源的幾近八成都將落入俄國手中。

最重要的是，就商務與地緣政治而言，由於冰蓋漸退，傳奇色彩濃厚的西北通道已經迅速開通。幾年前，每年經由北冰洋路線運輸的貨品總有一百多萬噸，這比經由較低緯度路線運輸的傳統做法節省好幾千英里里程。經由北冰洋路線運輸的貨品噸數逐年增加，它們大致分為三類：冒險觀光（規模最小），跨北冰洋船運（往來「極北之土」本身港口系統之間），以及全球運輸（以北冰洋以外的世界各角落為特定目標）。連結亞洲與歐洲的關鍵海運線有兩條——沿北美洲大陸的西北通道，以及沿歐亞大陸塊、基本上等於沿著俄羅斯海岸而行的「北海航線」。這兩條路線目前都有難測的風險，但使用的人正不斷增加。俄國顯然會想辦法開發屬於第二條的歐亞線。

阿拉斯加外海狹隘的白令海峽是一條關鍵性海運要道，是北冰洋與太平洋之間唯一通道。美國海岸防衛隊以通過白令海峽的海運流量為粗略標準指出，從二〇〇八到二〇一二年，白令海峽的交通運輸量增加了將近一一〇%。所有這些船舶必須通過一片幾乎沒有傳統港口、導航援助、浮標設施與其他輔助航海系統的開闊水域。以美國在北坡（North Slope）的大港、阿拉斯加州北坡自治鎮鎮會巴羅（Barrow）為例，就只有定期的空中運補航班。甚至是在北極區花大錢投資的俄國，在北冰洋地區也只能做到有限度的海岸巡防。

由於生存條件過於嚴苛，長年冰封，以及與全球通訊中心距離過遠，北冰洋的資源一直沒有開發。這一切當然是令人雀躍的機會。北冰洋有讓人無法否認的願景，但它也位於一處危機四伏地區的中心。

我在一九七〇年代末期乘一艘在西太平洋作業的驅逐艦，第一次駛進北極圈。我們當時奉命撤出日本附近水域的例行巡邏，前往阿拉斯加西海岸。我們運氣還不壞，因為當時正值盛暑，雖說談不上鳥語花香，但海上風浪倒也並不險惡。這項任務的重頭戲是讓我們把軍艦一頭栽進北極圈，而讓艦上每一名官兵都成為海軍術語中所謂的「藍鼻頭」（Blue Noses）。通常，軍艦在進入北極圈以後，艦上還要舉行儀式，在艦首擺一盆北極圈冰水，讓第一次進入北極圈的官兵把鼻子浸在盆子裡。不過由於我們艦上沒有「藍鼻頭」，當然也沒人想玩這把戲。我就這樣雖然沒有受過鼻子浸在北極圈冰水的「洋」罪，也領到「藍鼻頭」證書。

從地緣政治角度來說，當時正值冷戰巔峰期，我們軍艦進入北極圈的任務是測試極端天候下的反潛戰裝備。我們沒有真正碰上一艘蘇聯潛艇——至少就我所知如此——但仍然完成這項任務。身為反潛作戰官的我，比較擔心的不是會不會真正碰上一艘蘇聯潛艇，而是如何將那個用一根長纜線拖著的陣列聲納系統從轉輪上放入海中，再將它完好無缺地收回艦上。之後二十年，美國與蘇聯戰艦在北冰洋有許多互動，大體上都是潛艇在冰層底下的你來我往。

這類對抗一般而言都在寂靜無聲、一片黝黑的北冰洋水下深處進行，外面的人既然看不見，相關報導也很罕見。說起來，這也合情合理。像那些貓捉老鼠的遊戲一樣，過去的事就讓它們過去吧。在冷戰期間，我們躲過槍彈，總算沒有造成北約與蘇聯之間的真正大戰。但前瞻未來，見到可能出現在北冰洋的種種對抗，我常想到幾十年前那第一次北冰洋之行，希望我們能在這世界頂端再次避開海戰。

北冰洋的凶險

我為什麼要擔心？人類雖想全面開發北冰洋，但各式各樣險象會影響開發速度。我們且來檢驗這個地區的一些挑戰。

第一個，也是最顯然的險象仍然是氣候太可怕。漢普登・賽茲（Hampton Sides）在他的二〇一五年力作《北極驚航：美國探險船的冰國遠征》（*In the Kingdom of Ice: The Grand and Terrible Polar Voyage of the USS Jeannette*）中，帶領讀者深入觀察婕內特號在一八七九年那次悲慘的北冰洋探險之旅。賽茲在書中一段有關婕內特號艦長喬治・華盛頓・德隆（George Washington De Long）的敘述中說，「他對北冰洋越來越著迷。那種四顧茫茫、任我獨行的豪情，那些幻象與怪異的極光，它的幻月與血紅的光暈，還有那些使聲音扭曲放大、謎一般令人費解的氣候，都讓人有一種活在圓頂下的感覺。」婕內特號於一八七九年七月從舊金山啟程，幾乎所有隊員都在這次探險途中喪生。今天在安納波利斯美國海軍官校公墓中有一座孤零零的紀念碑，紀念他們的勇敢。伊安・麥奎爾（Ian McGuire）二〇一六年出了一本小說，叫做《北方之海》（*The North Water*），述說一次捕鯨行動因北極可怕的天候環境出了亂子，演成善與惡終極對抗的故事，書中也談到婕內特號這次死亡探險。

當然，救援與監控設施的缺乏，也使北極可怕的天候狀況變得更加凶險。以美國海岸防衛隊為例，距離巴羅——美國在北極最大城市——最近的海岸防衛隊航空站，設在位於巴羅南方約一千英里的柯迪亞克（Kodiak）。美國雖說也在諾姆（Nome）、普魯豪灣（Prudhoe Bay）與其他幾個北方小城設有小型商用機場，這些地方卻幾乎沒有任何進行搜救的基礎設施。基於顯然理由，行動通訊根本不存在，任何形式無線電訊號的傳播也有限。所有這一切意味著，海員一旦在北冰洋出狀況，這狀況一定嚴重。

治理混亂是北冰洋今天的第二種危險形式，特別是在海上，治理狀況尤其混亂。由於與五大主權國——俄羅斯、加拿大、挪威、美國與丹麥（透過格陵蘭）交界，北冰洋已經成為國家與國際勢力較勁的競技場。

就國際層面的凶險而言，全球幾乎所有國家在談判十多年之後，終於在一九八二年訂定《聯合國海洋法公約》（UNCLOS）。這項公約在一九九四年大舉修訂過一次，直到今天仍是全球海洋治理的主要準則。奇特的是，擁有龐大海洋利益的美國卻沒有在這項公約上簽字，只藉著「國際習慣法」盡可能爭取海洋法公約的好處。大多數國家認定，《聯合國海洋法公約》架構適用於今天的北冰洋，二〇〇八年的《伊魯利薩宣言》（*Ilulissat Declaration*）重申了這項原則。

除了海洋法公約以外，還有北冰洋理事會（Arctic Council），這是北冰洋諸國（俄羅斯、加拿大、挪威、美國與丹麥，外加瑞典、芬蘭與冰島）為追求共識而成立的高階層論壇。代表北冰洋原住民的五個非政府組織，也是理事會常任理事，為北極圈內大多數居民的利益發聲。

聯合國有一個總部設在倫敦的海事機構——國際海事組織（International Maritime Organization）——專責處理船運及其規範問題。它根據一項所謂北極法規（Polar Code），為北冰洋的船舶往來提供公認指導原則。國際海事組織也與《聯合國海洋法公約》以及北冰洋理事會一樣，參與所有有關北冰洋的對話。

在國家層面上也有凶險。每一個北冰洋國家都有一些組織，設法為它的國民、在它的北冰洋主權領域內提供治理，但這類治理同時也影響到例如過往船隻等其他實體。北冰洋的第三個凶險是地緣政治競爭。觀察五個瀕臨北冰洋關鍵國的結盟關係，就能看出端倪：

美國、挪威、加拿大與丹麥四國是北約會員國，俄羅斯聯邦則是北約一個不好相處的「夥伴」。隨著北約與俄羅斯關係持續惡化，冷戰在北冰洋重啟戰端的可能性也與日俱增。

由於氣候暖化，北冰洋可供軍力角逐的海域不斷增加，地緣政治競爭於是更加轉劇。與一九八〇至二〇〇〇年間的二十年均值相比，北冰洋在二〇一二年的平均冰封面積少了一百三十萬平方英里。此外，海冰的冰齡也值得注意。冰齡較輕意謂暖化，以及舊冰蓋的瓦解。北冰洋的開放空間因冰蓋逐漸變薄、不斷退縮而持續擴大，為地緣政治帶來巨大衝擊。

越來越多人擔心，全球暖化可能導致北冰洋永凍層融解，釋出大量甲烷氣體，這是又一個我們還沒能完全了解的環境危機。這情況有些像是把巨量碳氣注進全球環境，後果可能不堪設想。有幾個數字能幫我們了解這種風險：首先是暖化的走勢。地球溫度每上升一度，主要由於甲烷氣體的釋出，北極溫度就上升大約五度。

同時，碳釋放導致的災難引爆點已經引起全球關注。一般認為，當大約一萬億噸的碳落入環境時就會引爆這場大難；而目前的數字大約已經高達五千五百億噸。近兩百個國家在巴黎氣候高峰會中達成協議，要設法保住這個「碳預算」。但北冰洋的氣溫就算僅僅上升兩度，也會釋出一萬七千到一萬八千億噸碳當量的甲烷，而立即衝破這個「預算」。若干專家認為，全球暖化雖說不是北冰洋政策造成的直接後果，但暖化對永凍層的效應可能引發全球性浩劫。

想了解北冰洋地區錯綜複雜的關係，觀察北冰洋大國的地緣政治做法至關重要。以目前情況而言，儘管衝突——甚至競爭——並非無可避免，欲求得真正協調或合作似乎並無可能。這是因為俄羅斯在歐洲侵略行徑故態復萌，影響到北冰洋地緣政治關係。不過事情並非「我們又重回冷戰」之嘆那麼簡單。我們且對幾個北冰洋關鍵國家進行逐一觀察。

俄羅斯聯邦

俄羅斯綿長的海岸線大半位於北極圈以北，「極北之土」也是俄羅斯聯邦的一個中心台柱。俄國目前還擁有最多的北極人口（約四百萬）以及北極地區最好的基礎設施。俄國人用極清明的地緣政治眼光觀察北冰洋的願景，遲早將成為這個地區的主導勢力。俄國人一直以強悍、能在最惡劣環境下生存自豪，北冰洋對俄人心態與自我形象的影響也極深遠。俄國人永遠會以和其他北冰洋國家（特別是美國）不同的方式對北冰洋深入關懷。

這倒不是說我們會在北冰洋一頭栽進一場新冷戰（就實質意義或就象徵意義而言），一種極地北國的零和遊戲。北冰洋完全可能成為一處合作區，而不是一處競爭或爆發實際衝突的戰區。

不過我們必須徹底了解俄羅斯在北冰洋邊緣部署的基礎設施。許多世紀以來，這些設施一直是北海艦隊大本營，今後它們仍將為俄國核子彈道飛彈潛艇提供基地，讓這些潛艇在北冰洋地區出沒。俄羅斯正不斷加強北冰洋地區駐軍的規模與兵力，大幅擴充它在北極的基地。根據過去五年的觀察，我們透過公開資訊與情報蒐集發現，所有俄國北冰洋導向的戰略，都將北冰洋視為俄羅斯最高優先。包括「二〇二〇年俄羅斯聯邦國家安全戰略」，以及更特定的「二〇二〇年以降俄羅斯聯邦的北冰洋地區國策原則」等等，許多文件都可以佐證我們這項觀察所得。

俄國將會集中力量，開發沿俄羅斯北部陸塊海岸而行的北海航線。這條航線最後全面開通，可以將歐洲與亞洲之間的航行時間縮短四〇%，降低運輸成本，將北俄羅斯與全球市場貫通，以便利俄國碳氫燃料外銷。想使用這條航線，業者得開發能夠抵擋惡劣天候狀況的船隻，而且在今後許多年，行駛這條航線都得冒高風險。目前為止，有關加油、修補、導航，以及一旦遇上災難時的搜救設施都非常欠缺。北海航線在日後通航時，由於逐漸出現的規範當局勢必增加，也會造成有關治理的挑戰。

俄羅斯還會設法保衛它在北冰洋的各項領土主張，這些主張有許多已經不斷爭了六十多年。俄羅斯聯邦於二〇〇七年在「羅莫諾索夫海嶺」（Lomonosov Ridge，一處完全浸在水下的巨型大陸礁，距離俄國海岸遠遠超過兩百浬）插上一面國旗，就是著名的例子。俄羅斯也仍然與挪威、美國，以及加拿大有重大邊界爭議。以與美國的爭議為例，兩國在白令海的海上邊界之爭就仍在持續中。與挪威的若干議題雖已解決，兩國在巴倫支海（Barents Sea）漁捕權問題上仍未達成協議。丹麥、挪威、俄羅斯與加拿大等國在延伸大陸礁的多項爭議上也一直彼此唇槍舌劍，互不相讓。

儘管爭議與歧見很多，但隨著時間不斷逝去，北冰洋地區的合作應該有望。雖說北冰洋諸國這類相互攻訐總是惡言相向，但俄羅斯在北冰洋採取的大多數行動都相當務實。而且爆發戰端的可能性雖說很低，但也並非絕無可能——這更說明北冰洋諸國應該透過外交途徑建立一個合作區。

加拿大

擁有一百二十多萬平方英里北極土地，以及世上第二大北極陸地面積的北約忠實盟邦加拿大，無論在理想主義生態意識，或在務實的地緣政治架構上，一直極端重視它身為北冰洋保護者的角色。加拿大擁有全世界最長的海岸線，其中六五％分布在北冰洋沿線。在二十一世紀最初十年，加拿大不斷發聲，集中力量為北極區，尤其是北冰洋請命。

特別是，加拿大軍方已經擴大對北冰洋，以及對進入加國領土行徑的作業監控。加拿大最近添購一艘新破冰船，具備「新冰」能力（註：海冰遙測能力）的巡邏艇，在巴芬灣（Baffin Bay）的深水港，還為軍方建了一所冬季「戰鬥學校」。加拿大在製圖測量方面也投入可觀資源。前加拿大三軍參謀長華德・納提吉克（Walt Natynczyk）將軍就對北冰洋非常關注。有一次我半開玩笑問他，如果加拿大北極圈領土遭到跨北冰洋而來的入侵，他會怎麼做。納提吉克說：「真的這樣，我告訴你，我想我的第一個任務是對入侵者進行搜救。」他這話的意思，當然就是北冰洋內外條件太惡劣，很難在這種情況下採取入侵軍事行動。

他這番話多少也透露加拿大有關北冰洋不很調和的情節：加拿大在戰略層面上很了解北冰洋的潛在挑戰，也願意從現實政治觀點出發，保護他們在北極與北冰洋的權益，但他們同時也是平衡、多國共同開發北冰洋地區的忠實信徒。加拿大一直堅決支持北冰洋理事會，積極參與北極事務相關國際會議與活動。但一旦涉及北約組織介入北冰洋水域的議題，在所有二十八個北約會員國中，加拿大的表現最是冷淡，因為加拿大認為，北冰洋議題應由北冰洋理事會與它的軍事委員會負責主導，而不是北約。加拿大熱中投入北約幾乎每一項行動，是北約的堅強盟國，唯獨在北冰洋議題上非常有主見。加拿大人認為，北約介入北冰洋會損及他們在北冰洋的主導權。此外，親原住民色彩與反軍事偏見也充斥加拿大社會各角落，對政治形成牽扯。

挪威的做法與加拿大成強烈對比。主要由於幾世紀以來與俄國那些令人不快的互動，也因為認定俄國現行做法太具侵略性，挪威的立場較「前進」，主張北約擴大對北冰洋的介入。在會議中，挪威軍方領導人經常向我抱怨，說「北約不夠關心」北冰洋。挪威正不斷調整他們的指揮與管制系統，以便利與北約系統連線，讓北約盟國至少可以知道北約最長邊界——「極北之土」——沿線的狀況。

加拿大目前還面對幾件領土爭議。他們與美國在波弗海（Beaufort Sea，位於東阿拉斯加與西加拿大邊界北方）大塊水域的權益問題上爭執不下。這個問題雖不是特別嚴重，但也沒有迅速或簡單的解決之道。他們也與丹麥就林肯海（Lincoln Sea，加拿大東部邊界與格陵蘭西部邊界之間的一處狹窄水域）邊界與小島漢斯島（Hans Island）的主權有爭議。此外，加拿大還與歐盟與美國聯手，以謀解決「西北通道」爭議。這是最重要、爭得也最激烈的一項爭議。基本上，加拿大認為，「西北通道」大部位於加國「內海」，而大多數其他國家則認為這通道是一條「國際海峽」，世界各國應該擁有更大通行自由。這項爭議牽涉利益過廣，近期內無望解決。以上另兩項爭議由於相當直截了當，正逐步走向解決。所有這三項爭議對「極北之土」的和平都不構成嚴重威脅，但都說明北冰洋紛擾多事、爭論不休的特性。

北冰洋歐洲諸國：挪威、丹麥、瑞典、芬蘭與冰島

北歐諸國雖說都有涉入極地的悠久傳統，但就整體而言，由於無論資源、地緣政治

影響力或人口都嫌不足，它們無法像俄羅斯、加拿大與美國一樣，強有力地介入北冰洋事務。它們只能透過歐盟（除了挪威以外，都是歐盟成員國）或北約（除了瑞典與芬蘭以外，都是北約成員國，而瑞典與芬蘭都是北約的親密夥伴），或經由北冰洋理事會，推動本國各自的議程。

歐洲這些北冰洋國家在北冰洋事務上各有一套略有不同的議題，而且就目前而言，我們還沒有見到它們在任何議題上集體合作建立歐洲北冰洋立場。

對冰島而言，在幾乎整個冷戰期間，北冰洋一直是個危險區，因為蘇聯如果發動搗毀美國海、空防禦區的核子攻擊，面積不大的冰島將首當其衝。在北大西洋戰略地位極其重要的格陵蘭－冰島－英國海道中，冰島也像一艘「不沉的航空母艦」。蘇聯彈道飛彈潛艇必須先通過這條海上通道，才能進入攻擊美國的發射位置。也因為這些理由，冰島自冷戰以來的地緣政治地位一直像是戰場一樣，不是什麼過日子的好地方。

也因此，美國／北約與俄羅斯聯邦關係的惡化，令冰島惴惴不安。冰島外交官員非常希望「極北之土」能成為合作區，而不是衝突區。冰島人雖說在北極圈內並不擁有任何土地，但他們相信若能推動貿易，建一條通過世界頂端的「冷絲路」，讓冰島成為這條貿易線的樞紐港，冰島一定可以獲益。冰島人主辦了一項基本上就是北冰洋達佛斯世界經濟論壇的年會，名稱就叫「北極圈」年會。對於冰島專屬經濟區內可能出現的石油與天然氣田，以及他們對北大西洋與北冰洋內搜救任務的責任，冰島人也極為關注。冰島人會勉力施為，在大西洋理事會的核心討論中爭取發言權，與五強（俄羅斯、加拿大、美國、丹麥與挪威）分庭抗禮。

由於多年來一直擁有格陵蘭與法羅群島（Faroe Islands），丹麥是北冰洋國家。它自一七二一年以來一直統治格陵蘭，但這項所有權在二十一世紀可能生變已經是刻正進行的政治辯論議題。格陵蘭與格陵蘭人不斷要求更大自治權，主張完全獨立的聲浪也逐漸轉強。格陵蘭是個巨型島嶼，丹麥將許多散布在海岸線上的軍事設施交給北約與美國使用，以位於格陵蘭西北角的圖勒（Thule）為例，就設有美國重要的空軍基地。近年來，由於海底不斷發現天然氣與石油資源，為格陵蘭原住民帶來收入，鼓勵他們認真考慮脫離丹麥而獨立，格陵蘭的前途越來越不確定。最後，為佐證他們對北冰洋大片海床——包括北極本身——的領土主張，丹麥人正推動一系列非常詳細的海底地圖測繪。

就整體而言，丹麥人將在北冰洋問題上扮演重要而激進的角色。他們會想辦法保有格陵蘭，在為格陵蘭居民提供越來越高度自治的同時，繼續在當地行使主權。為達到這些目標，丹麥人會在北冰洋地區——特別是利用格陵蘭島內與附近地區的新設施——進行更高度軍事介入。哥本哈根當局不會輕易放棄它在「極北之土」的重大利益。

富有的挪威擁有大片土地，但人口只有五百萬——儘管有資源，但人力不足，無法對北冰洋造成重大衝擊。在北約與歐洲北冰洋諸國中，對俄羅斯最小心提防的國家莫過於挪威。挪威與俄國有若干領土爭議，其中有些已經解決，有些則遲遲找不出解決之道。挪威的斯瓦爾巴（Svalbard）島深入北冰洋，箝制巴倫支海，對俄國在北冰洋地區的雄圖有如芒刺在背。挪威人關心的不只是天然氣與石油而已，漁捕權對他們也很重要。特別是挪威南方海岸沿線的天然氣與石油資源由於易於開採，在今後多年將逐漸耗盡，「極北之土」對挪威而言將更加重要。

大多數人都相信，挪威比所有其他國家都更擔心北冰洋可能爆發「資源戰」，或至少一場武裝衝突。這使挪威在北約的北極問題立場上扮演激進角色，不斷催逼北約提高戰備警覺，注意北極圈內一切動態。我在二〇〇九至二〇一三年擔任北約盟軍最高統帥期間，就曾經常與挪威軍方領導人會商，讓他們對北約的做法不要過於操心。

還有兩個國家是瑞典與芬蘭。這兩個國家都因為在北極圈內有小塊領土而是北冰洋理事會成員，但兩國在北冰洋本身都沒有海岸線。瑞典與芬蘭都不是北約成員國，眼見俄羅斯在距兩國不遠的北冰洋內不斷擴張勢力，也都很擔心。兩國都不願與俄羅斯爭執，在冷戰期間當然基本上也一直保持中立。過去十年，瑞典與芬蘭已經比較靠向北約，也都派遣相當兵力進駐阿富汗。在利比亞戰役中，瑞典獅鷲（Grippen）戰鬥機與北約盟軍並肩作戰，取得輝煌戰果。由於俄羅斯在北冰洋與烏克蘭的挑釁不斷升高，兩國可望更進一步向北約靠攏。瑞典與芬蘭還可能考慮加入北約，但除非俄羅斯又有什麼大動作，兩國似乎不會這麼做。在北冰洋議題上，兩國都會堅持身為北冰洋國家的特權，但兩國也都很清楚，由於沒有北冰洋海岸線，兩國的作業選項也有限。

美國

如果俄羅斯仍然擁有阿拉斯加，美國與俄羅斯的地緣政治立場會與今天有多大差異，實在令人難以想像。當然，美國早於一八六七年在國務卿威廉・史華德（William Seward）主導下從俄國手中買下阿拉斯加。當年美國人曾將這項交易批判得體無完膚，稱它是「史華德幹的蠢事」（Seward's Folly），或稱它是「史華德的冰箱」（Seward's Icebox）。事實證明，這是美國史上僅次於「路易斯安那採購案」（Louisiana Purchase）的最佳買賣。

美國對北極從未真正重視。在美國史上，美國最重要的戰略目標首先是主控北美大陸，之後隨著貿易與地緣政治責任不斷擴充，重心轉向大西洋與太平洋，以建立通往全球的海上公路為戰略目標。直到二〇〇九年，美國根本沒有有關北極與北冰洋的既定政策。第一份這類文件，是布希政府在二〇〇九年年初即將卸任時，以「國家安全總統命令」與「國土安全總統命令」形式發布的「北極地區政策」。坦白說，這份文件乏善可陳，也沒有鼓勵美國政府對「極北之土」投入資源。

在整個冷戰期間，美國與蘇聯核子潛艇一直忙著在北冰洋玩貓捉老鼠遊戲。湯姆・克蘭西（Tom Clancy）在他的巨作《獵殺紅色十月》（*The Hunt for Red October*）中，對這段故事有極為精采的描述。總部設在科羅拉多的北美防空司令部還將「極北之土」闢為一處空戰戰場。透過與加拿大的防空合作，美國在加拿大與美國海岸沿線各處建立預警防空雷達，直到今天這些雷達仍然繼續作業，對可能長程進犯的俄羅斯戰略轟炸機與偵察機實施跟監。

冷戰結束後，北冰洋地區一開始情勢緩和許多，但隨後俄羅斯與美國以及北約的關係急轉直下——特別是在俄羅斯侵入烏克蘭與兼併克里米亞以後——雙方的貓捉老鼠遊戲與防空跟監活動再次密集展開。中國洲際戰略飛彈的威脅越來越大，又是一個惱人的問題。此外，不久以前，極度不穩的金正恩北韓政權為它那一小堆核武器取得長程彈道飛彈。北韓在二〇一六年初進行了第四次核試爆。由於北韓可以從亞洲發射飛彈，循最短路線飛越北冰洋，攻擊美國本土，北冰洋這條彈道飛彈飛行路線已經將一條新的戰略前線從亞洲推到美國本身。這種種事端已經使美國將更多戰略重心轉移到北冰洋。就算與僅僅兩三年前相比，美國也沒有這麼重視北冰洋。

或許對美國長程戰略思考而言，比這更重要的是北冰洋內部、海底以及周邊地區的天然資源。北極地區可能有三百億桶油藏，以及兩百二十萬億立方英尺天然氣。這些數字由於是美國政府以非常保守的方式進行評估的結果，或許只能代表實際資源的冰山一角。此外，北冰洋地區還有龐大的森林、淡水、煤、銅、金、銀、鋅與稀土資源。

所幸，有鑑於這個地區對美國的重要性，美國政府各類型組織已經開始投入時間與資源，針對北極進行一貫性的戰略策畫。國防部在二〇〇九年年底透過海軍，訂定一項合理的企畫案，並在實施過程中不斷更新。這項企畫案包括戰略策畫項目預算、作業與訓練、投資（包括武器、感應器與裝置）、策略溝通與環境評估。國土安全部在二〇一三年透過海岸防衛隊，發布一項類似戰略案，稱為「美國海岸防衛隊北極戰略」。國務院也已指派前海岸防衛隊司令鮑伯・帕普（Bob Papp）將軍，以「北極沙皇」之姿代表美國參加北冰洋理事會。就連歐巴馬總統也共襄盛舉，於二〇一五年夏末成為第一位訪問北極的美國總統。不幸的是，美國政府各部門雖說競相投入，但仍然欠缺全國性、協調一致的努力。

在歐巴馬政府主政期間，美國有關北極的事務主要透過北冰洋理事會進行。一九九六年正式成立的這個組織，有俄羅斯、加拿大、美國、丹麥、挪威、冰島、芬蘭與瑞典等八個常任理事國。它還有十二個常設觀察員：計有法國、德國、荷蘭、波蘭、西班牙、英國、中國、義大利、印度、日本、南韓，甚至還有新加坡。許多這些國家顯然不會搖身一變而成為「北冰洋家族一員」。不過，北冰洋觀察員身分的取得與否，與國際海運活動以及一個國家在其他戰略海運要點的實際介入有關。今後幾年會有更多國家申請並取得觀察員身分。對美國而言，想引起國際關注，想質疑其他北冰洋與非北冰洋國家的行為，北冰洋理事會是最好的國際論壇。北冰洋理事會還贊助它所有八個常任理事國軍方之間的對話。

值得注意的是，觀察八個常任理事國擁有的破冰船數量，讓人對美國的弱點特別提心吊膽：

俄羅斯：有三十幾艘破冰船，其中七艘為核子動力，包括船隊之傲的「北極號」
芬蘭：七艘
瑞典：七艘
丹麥：四艘
加拿大：六艘
美國：三艘
挪威：一艘
中國：三艘（雖說不是常任理事國，中國還有更多施工建造中的破冰船）

情況似乎已經相當明顯：北冰洋那些「不露身影」的日子即將過去。由於人類活動越來越頻繁、流冰群迅速融化、極端重要的碳氫資源，以及國際較勁，「極北之土」已經成為一處崛起中的海上新疆界。

展望北冰洋未來，美國面對許多重大挑戰。首先是與俄國的地緣政治緊張情勢不斷升高。導致這種情勢的主因雖是敘利亞與烏克蘭境內事件，但它們遲早會影響到「極北之土」。俄國破冰船在數量與作業頻繁程度上都不斷增加（這些破冰船在特性上純為俄式，都採取三五成群的作業方式），俄國人也已經擺明要在北冰洋建立軍事基地。其次是北極冰帽不斷融解為環境與生態系統帶來的損害。第三，冰帽融解造成石油與天然氣開發熱。當幾個北冰洋大國競相開發這些碳氫資源時，角逐與爭執勢必增加並轉劇。第四，美國在北極沒有真正的介入文化，而且如前文所述，我們今天只有一艘真正可以運作的破冰船（前文表列說有三艘，但其中兩艘目前正在維修，不能作業），與俄羅斯的幾十艘不成比例。美國欠缺俄羅斯、加拿大、挪威、冰島與丹麥有的那種「北冰洋認同」。

美國需要做些什麼？

美國必須在北冰洋理事會確保領導地位。所有與北冰洋接壤的國家（包括以上六國以及芬蘭與瑞典）都經常集會，討論有關「極北之土」的議題。這些議題包括軍事行動情報交流、環境保護、天然資源開採標準的訂定、打撈與搜救作業的實施、氣候研究與其他科研合作的進行，以及北極地區各式各樣其他活動。美國需要投入真正資源作為參與後盾，需要派遣頂級高官（除了帕普以外）與北冰洋諸國磋商，需要撥出大筆經費支援北冰洋理事會活動，在理事會內結盟以推動政策。

建造更多破冰船。美國如果真正想在北冰洋作業，就需要能夠穿過流冰群的軍用與商用破冰船。儘管美國的許多潛艇已經強化，可以破冰，但美國如想運用這項航距縮短之利，在外海運送石油與天然氣，支援從科學外交到北極觀光等各種活動，就需要建造更多破冰船——在北冰洋，想建立信用就得有破冰船。以目前而論，俄國、加拿大、芬蘭與瑞典都已超越美國，丹麥與中國也在加工建造更多新破冰船。美國必須扭轉這種反應遲緩的情勢。

好的破冰船所費不貲，成本約在八億至十億美元間。買新船之所以困難，是因為新船必須跟上其他高成本項目，包括海軍阿萊．伯克級導彈驅逐艦、先進戰鬥機與精密的陸軍指管系統等等。但特別也因為美國在北冰洋的實力不足，對美國而言，取得這類破冰船必不可缺。

美國要在北約架構內主導北極議題。對於北約在極北之土應該扮演什麼角色的問題，有關各國各有見解：加拿大的主張多少有些自由放任，認為北約不應干預，強調「極北之土要靜下，不要緊張」；挪威則從聯盟角度出發，主張整合國家與北約跟監系統，積極而徹底監控整個北極圈。

挪威人因為擔心俄國會採取領土侵略行動，會因爭取碳氫資源而掀起戰端，常說極北之土是北約不設防的側翼。加拿大往後退，不願北約介入；挪威往前傾，希望北約大舉介入極地事務。美國的立場多少界於這兩者之間。美國應該透過在北冰洋的演習、跟監、飛越與訓練，領導北約更直接而實際地介入極地事務。

加強與俄羅斯的對話。北冰洋對俄羅斯的重要性甚於任何其他國家，這是現實。美國若能與俄羅斯合作，就能使北冰洋成為一個合作區，而不是競爭區，甚至衝突區。儘管美、俄兩國在其他領域意見不和，兩國需要在極北之土的方向上保持對話。俄羅斯正在構建一個以北冰洋為重心的作業中心，美國應該透過合作方式參與這個中心，應該與加拿大以及其他北約盟友共享參與經驗。

在與俄羅斯的對話過程中，商務與導航將是主要議題。值得注意的是，有些科學家認為，到二〇三〇年北冰洋將成為真正「北方藍海」，有水無冰，一年四季暢通無阻。海運、石油與天然氣、觀光、科學與其他許多商業利益將逐漸成為主要議題。美國的「北極沙皇」應該與民營企業領導人多多會商，全面了解相關議題，找出政府可以著力的關節，再以這些磋商成果為基礎，與俄羅斯進行對話。

採取跨部會做法。美國在北極的利益涉及政府各部會——國防部、國土安全部、國務院、海岸防衛隊、內政部，以及環保局（EPA）、國家海洋與大氣管理局（NOAA）等等——職權領域。確保政府各部會的參與，是美國在北極作業成敗的重要關鍵。海岸防衛隊必須在國土安全部大帳之下與緝毒局（DEA）、海關、漁業局等組織、單位合作，對海岸防衛隊領導人而言，跨部會合作的概念早已根深柢固。美國所以任命一位退役海軍上將、一位熟悉跨部會合作之道的海岸防衛隊司令主持北極事務，道理也在這裡。

美國海軍攻擊潛艇在北冰洋執行巡邏任務時，在流冰群中冒險前進是例行公事。就象徵意義而言，在思考北極政策時，不妨像這些潛艇艦長一樣作為：在北極冰層下潛行，需要仔細導航，精密策畫與行動決心。

在北冰洋航行危機四伏、充滿獨特挑戰，與在世上任何其他海域航行都不一樣。打算進入北冰洋的船長，必須花很多時間研究北冰洋，研究冰與冰能造成的損害，必須向其他人請教嚴寒天氣、堅冰、夏日豔陽與冬夜黝暗帶來的特殊困境。每一個曾經進入北極圈的美國海軍官兵都領到一份「藍鼻頭」證書，但就算在這為數不多的「藍鼻頭」中，經歷過最嚴厲挑戰——乘潛艇穿梭於流冰群中，之後在北極衝出海面——的人也少之又少。

每一艘執行過這種任務的美國海軍潛艇，都了解懸在水中的「冰龍骨」（ice keel）——海上流冰垂在水下的大冰舌——對船身構成的危險。潛艇想在北冰洋作業，就必須避開這些冰龍骨，必須了解預定浮出水面定點的確實流冰厚度。

整個潛航與浮出水面的過程由潛艇艦長本人，運用一套雙人操控的標準作業程序（SOP）清單，全程仔細監控。潛艇用聲納——可以發出乒聲穿越水中，再根據回響聲測量距離——尋找平坦的點，用精密控制系統讓潛艇在距離冰層底部不遠的下方潛行。冷戰期間，美國大多數潛艇為實施這項作業，都裝備強化「帆」（sail，潛艇頂端像塔一樣的結構）。但即使有了這種強化帆，在「無障礙」、薄的冰層下適當深度潛行時，潛艇仍然必須降下所有桅桿與天線。冰下潛航的潛艇，在尋找薄冰冒出水面時竟有些像是「如履薄冰」：稍有疏失就會大禍臨頭。

一旦找到冰層最薄的一處平面，潛艇也進入平面下方位置以後，潛艇開始將空氣灌進壓載艙（ballast tanks），造出讓艇身往上、衝破冰層的浮力。像大多數潛航作業一樣，這項作業也同樣寂靜，在潛艇大部分角落幾乎聽不見任何聲響。但在進行一切水下運動的控制塔台，當然還有在聲納控制區，潛艇外殼撞擊在冰層上的聲音仍然依稀可辨——那是一種低沉、摩擦、時斷時續的聲響，直到終於破冰而出為止。

潛艇一旦破冰而出，浮在冰面時，艇上官兵可以登上塔台，小心翼翼打開艙口蓋，檢查潛艇外殼。穿著特製防寒裝的官兵首先繫上繩索，檢查艇身露在冰面上的受損狀況。最後，全艇約一百名官兵都會走下潛艇，在冰上拍照，一面留神避開可能就在艇身旁邊遊蕩的北極熊。

船長可以把船開到世上許多地方，但只有潛艇可以穿越北冰洋純淨、冰冷的水域，在千古不化的冰層下潛行，最後在世界之頂破冰而出，迎向藍天。

極北之土的軍事化是一件非常危險的事。我們禁不起有一場新（更冷的）冷戰。北冰洋基本上有三條路可以走：成為一個合作區（最佳選項），成為競爭區（很有可能），以及成為一個真正衝突區（有可能，但可能性不大）。

以目前而論，由於俄國與美國以及北約的關係陷於後冷戰最低潮，我認為最可能出現的狀況是競爭更加激烈。我們會見到俄羅斯積極加強對北冰洋的軍事介入。就一種意義而言，這事相當自然：由於保護北海岸安全的冰「障」不斷融化，俄國人（由於幾世紀以來多次遭到入侵的經驗使然）開始擔心邊界安全，軍事活動當然不斷增加。一旦美國與其他北約國家採取因應行動，俄國人這項憂慮將很快成為一種自我實現的預言。怎麼做才能打破這種惡性循環？如前文所述，只有透過國際（以北冰洋理事會為主要推動工具）、跨部會（轄有海岸防衛隊的國土安全部要與國防部以及國務院並肩合作）與民營－公營事業合作，多管齊下，才能解決問題。我們需要這三方面的合作，缺一不可。

在極北之土建立緊急反應平台是一個這類合作的範例。問題在於，美國能不能在北冰洋提供國際、跨部會與公民營事業合作的領導——特別是在北冰洋永續基礎設施發展的問題上，這類領導尤其重要。有鑑於美國的職責，美國是否已經做好有關搜救能力、環境災害緩解、科學外交等方面的準備，可以在災難發生時及時反應，全面參與極北之土的各項活動？

許多世紀以來，海冰長年覆蓋北極地區，但今天情況已經不同：現在到了夏天，從白令海峽到巴倫支海已有可供航行的暢通水道。北極區豐富資源就這樣逐漸對外開放，引來不只是北冰洋國家，而是整個世界各式各樣的活動與相關社會反應，也直接導致北冰洋能源探勘、開發與生產的熱議。

與穿過巴拿馬或蘇伊士運河相形之下，跨北冰洋航線能將歐、亞兩洲之間的距離縮短三分之一。根據歷史經驗，新的貿易路線或貿易型態總能造成國際權力均勢重新洗牌，北冰洋航線會帶來什麼衝擊？我們今後應該怎麼運用北海航線、西北通道或跨北極航線？

為滿足全球市場需求，巨型漁捕企業已經躍躍欲試，準備在海產資源未經規範的北冰洋公海上大顯身手。國際社會能不能展現共治與自律精神，確保北冰洋海洋生態系統歷久不衰？

就在我們為氣候議題爭得面紅耳赤的同時，北冰洋的氣溫上升速度比世上其他地區快了兩倍。氣候與其他全球衝擊性議題需要世界各國協調合作。我們能將相互攻訐擱下，認清在這類議題上，我們不過處於襁褓階段，必須全人類攜手，才有望解決問題？

這本書有關北冰洋的討論至此已近尾聲，這些討論讓我們對這龐大的北方之海有什麼認識？我們能在北冰洋籌畫、建立永續基礎設施，不僅為北冰洋諸國，也為全球各國謀福牟利，帶來希望？

在這項努力過程中，我們必須了解經濟繁榮、環境保護、社會公平與福利都是必不可缺的要件。我們有責任為這一代、也為後世子孫的利益謀福。此外，就像在世上其他地區一樣，我們也應該與其他國家攜手，謀求國家利益與人類共同利益間的平衡。

在北極原住民直接介入與非北冰洋國家有效參與下，美國與其他北冰洋國家必須以一種平衡態度，面對北冰洋開通帶來的機會與風險。這是一項大挑戰。

一百多年前的一八七九年，北極中心有一處溫帶氣候區的說法在美國引發一場「北極熱」——這說法後來遭事實否定，「北極熱」基本上也只是一場一直未能實現的「土地夢」。美國海軍在這一年組織一支探險隊，登上美國海軍軍艦「婕內特號」，「載著一個年輕共和國成為世界強權的雄心壯志」駛進北冰洋。婕內特號為流冰所困，最後在隆冬時節船破沉沒。如漢普頓・賽茲在《北極驚航》中所述，艦上大多數官兵為了讓美國進駐北冰洋而捐軀。從那以後，在這個地緣政治上極其重要的世界一角，美國大體上只扮演次要角色。但自從任命「北極沙皇」（依我之見，稱為冰王會比較好）以後，美國已經逐漸將焦點轉入這極北之土。美國必須再次奮勇，進駐這塊充滿挑戰、但極端重要的邊區。

儘管在領導層關注、跨部會合作、破冰船，以及其他特殊裝備與基礎設施與系統架構方面仍有許多缺失，但大體說來，美國與十年前相比，已經有了更能在北冰洋扮演重要角色的有利地位。問題是，在資源有限的今天，美國能不能以足夠前瞻的眼光進行必要的關鍵性投資。美國的政府部會能不能投資於人員訓練，培養為美國訂定北冰洋前途開發計畫的人才？美國的國防部與國土安全部能不能將過去幾年訂定的計畫付諸實施？美國總統除了拍照作秀、將山脈改名以紀念原住民以外，能不能真正掌握極北之土的願景與風險？

威廉・史華德憑藉前瞻眼光為美國在北冰洋的前途打下大好江山。在他有生之年，有人說他是「時而走在公共輿論前方，而不是跟在輿論後面亦步亦趨的那種人」。希望我們能以他的精神為指針，前進北冰洋。

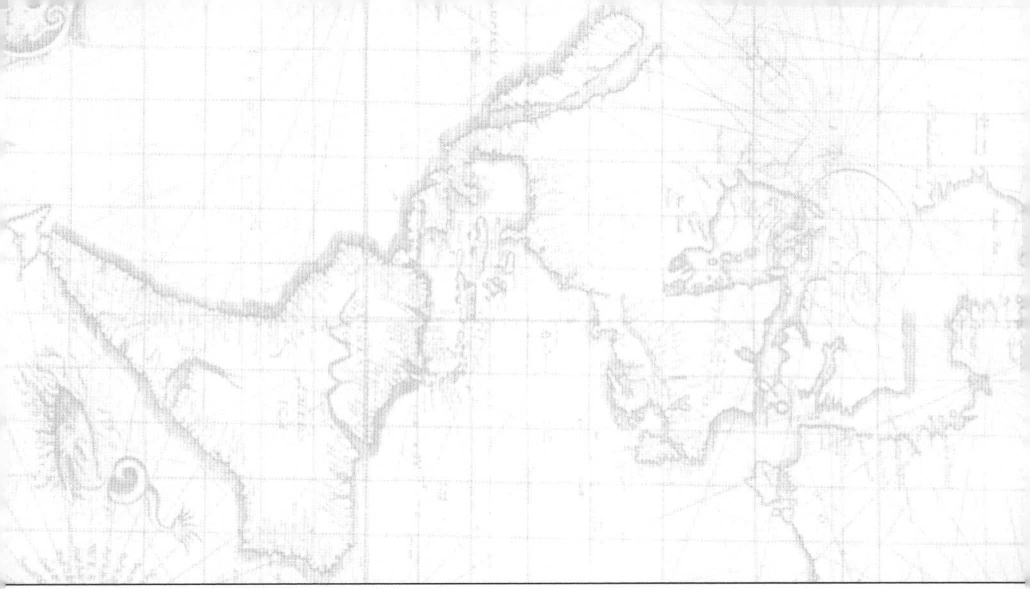

●第八章　不法之海　|海上的犯行|

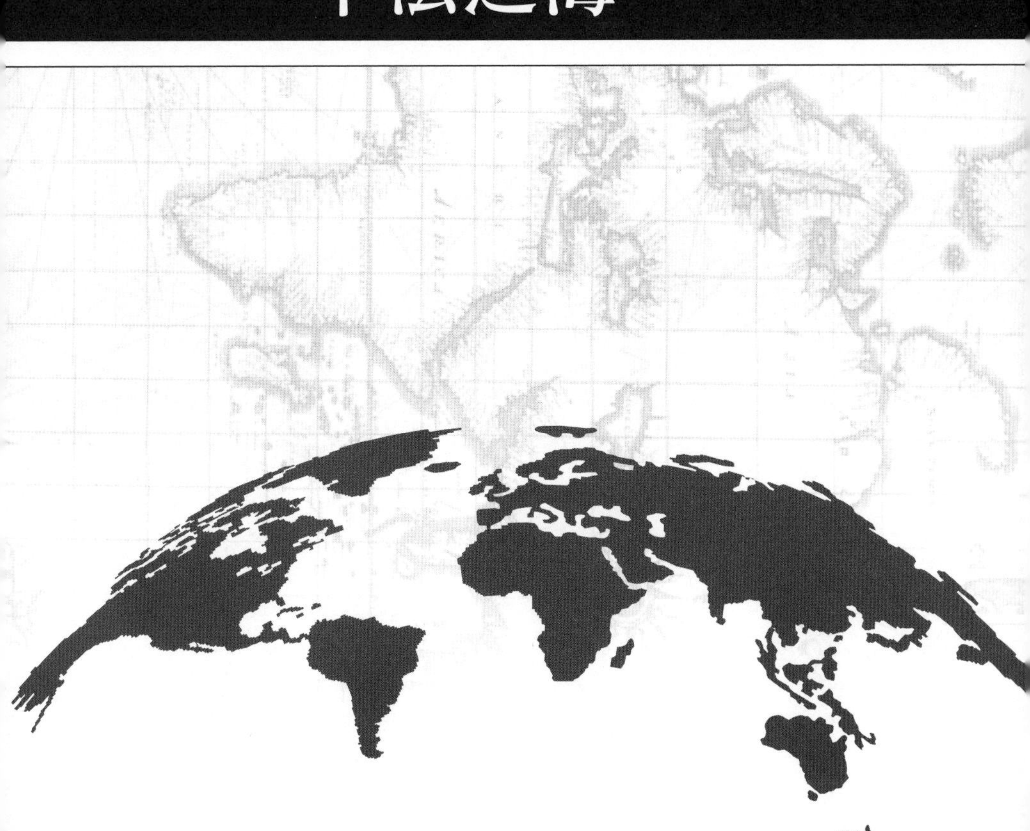

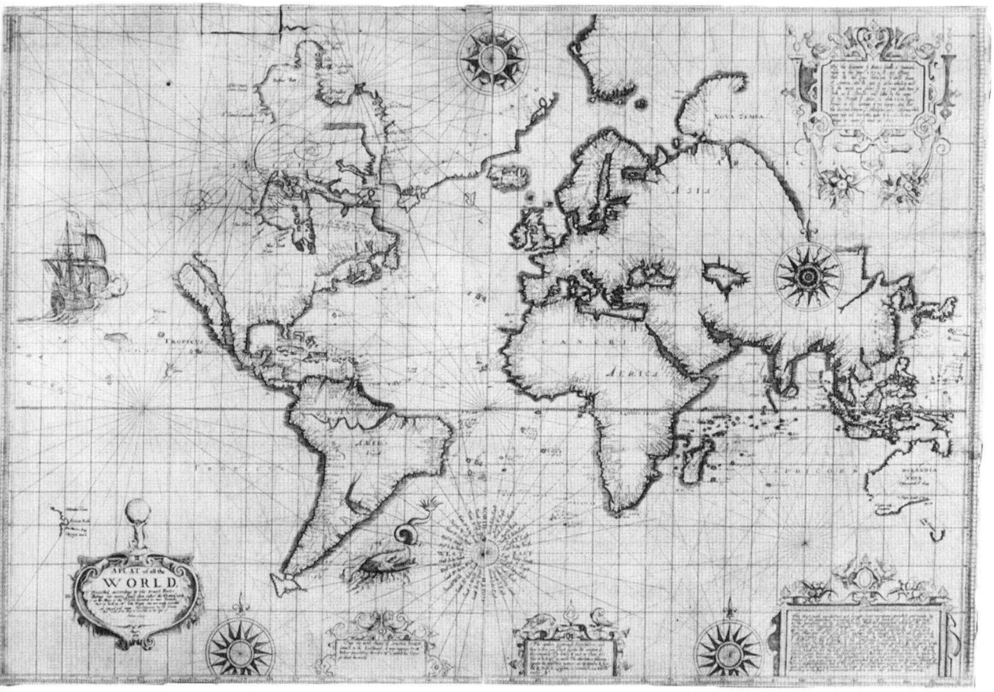

從美洲到歐洲到亞洲，無論在哪個地區，海盜都是問題。

艾米利・摩里諾（Emery Molyneux）與愛德華・萊特（Edward Wright）製圖，1599年。

儘管這項挑戰的軌跡已經轉移到新地區，在現代世界，海盜仍然為禍不淺。

在逐一觀察世界各大海洋之後，我們還需要以一體的方式檢驗全球海洋系統。如我在本書開端所說，或許是第一個能將勢力投注世界任何角落的真正全球性武力英國皇家海軍，對全球海洋系統的詮釋最為中肯：萬海歸宗。意思就是，無論一處海洋是大是小，最後它都與其他海洋相通，都是一個系統的一部分。

而且這是一個忙碌的系統。無論哪一天，想精確估算究竟有多少船隻在海面行駛都不可能，不過我們可以粗略估算一個數字。在讀了各式各樣資料——包括海運業者克拉克森（Clarksons）的國際航運「聖經」——之後，我們相信，在全球各地海洋行駛的大型商用船舶，包括散裝輪、貨輪、油輪、貨櫃輪、化工船、客輪、滾裝貨櫃輪與液態瓦斯輪等等，約為五萬到六萬艘之間。在擔任戰艦艦長這許多年，我有好幾千次在海上遇到這類船隻。世界各國戰艦（或許有五千艘，包括許多非常小型的海岸防衛艇）彼此之間在海上的互動一般都相當專業。四十年海軍生涯給我的感覺是，海洋上的交通越來越繁忙；有人估計，與三十年前相比，今天行駛在世界海洋上的船多了四到六倍。如果根據行船密度，用紅色、橘色與黃色標出海運線，從太空對世界進行觀察，戰略海上公路與交通瓶頸清晰可見——紅色帶狀線條穿過南中國海、地中海，紅點密布在蘇伊士與巴拿馬運河，長條繞經非洲底部，紅色箭頭在阿拉伯灣與麻六甲海峽進進出出。這是一個龐大而忙碌的空間，無論任何時間，總有成千上萬各式船隻穿梭其中。

好消息是，自人類開始探討世上海洋三千年以來，我們學到許多東西。人類研發成功了不起的科技，讓我們可以正確觀測每一處海洋，可以深入海底，捕魚、抓鳥，獵殺棲息在海洋的哺乳動物，對航行在海上數以千計的船隻進行跟監與導航，並且針對海洋的一切——溫度、酸度、鹼度、鹽分濃度等等——做精密測量。但儘管就許多方面而言，我們有關海洋的資訊已經極其豐富，但還有許多海溝迄今仍未探究，我們不知道的事也還多得很，特別是海洋如何以一種一貫系統的方式運作，我們所知尤其有限。就某種意義而言，我們徒然擁有一大堆有關海洋的知識，卻一點有關的智慧也沒有。

只要看看今天海洋帶給我們的各種挑戰，就知道此言不虛。有人說海洋是「世上最大犯罪現場」，還有人把海洋比為「不法之海」。可悲的是，從許多方面而言，這兩種說法都相當真實；而且最糟的是，海洋究竟為什麼逐漸成為犯罪與破壞環境的淵藪，我們並不真正了解。

就海上犯罪而言，犯罪源頭很多，但最讓人擔心的有以下幾種：海盜，這是一種早自人類懂得行船海上以來就有的禍害；毒品走私，這是一門透過各式各樣海上管道，用巨型全球網路運送海洛因、古柯鹼、安非他命與其他非法藥品的龐大生意；非法拋棄有毒物質，這當然直接形成對環境的危害（我們將在下文討論）；武器走私，從昂貴精密的彈道飛彈到槍枝等各種殺人利器都在走私項目之列；非法捕魚，這種做法正在迅速摧毀世界水產資源；還有從未稅香菸到巨額紙鈔（包括真鈔與偽鈔）等各式違禁品走私。我們將在下文特舉海盜為例，作為海上犯罪個案研究，並檢討全球軍警部隊、海運與保險業者以及國際組織為因應這項挑戰而採取的行動。我們在因應海盜挑戰的過程中，學到許多可以運用到其他海上犯罪活動的教訓。此外，我們並且要特別提出非法漁捕問題，因為非法漁捕問題如今已經非常猖獗，而國際社會迄未提出有效緩解之道。

全球海洋面對的另一重大挑戰，當然首推環境。許多事情正在大舉戕害我們的環境：全球暖化加速北極冰帽融解，造成海平面增高；海洋許多角落酸化度上升，對全球海洋食物鏈各種層面造成高度危害；海洋變暖，改變了遷徙型態，損及脆弱的生態系統；精緻的珊瑚礁遭到施工損害；或有意或意外，由陸地或海上直接注入海洋的汙染；油氣回收對海洋生物與海岸生態系統造成有意或意外的影響；紫外線與其他形式輻射層次升高；隨著人類在深海海床開採鈷、銅、鎳、鎂與稀土的欲求不斷升溫，礦物回收腳步也將加速；此外，人類進駐全球海岸地區，在海洋左近建立大都會也是造成環境受損的原因。所有這一切合在一起對全球海洋環境造成的創傷，或許是我們身為物種面對的最大威脅。

談到對全球海洋造成的衝擊，有三大議題不僅完全打破國界，還超越各大海洋之間的人造界線，它們是海盜、漁捕與環境。這三大議題交織糾纏，值得我們逐一審視。

海盜

我必須承認，在二〇〇九年準備出任北約盟軍最高統帥時，我一開始並沒有把海盜列為就任後最緊要的工作。阿富汗、巴爾幹、敘利亞、俄羅斯與利比亞這些地方看來才是最需要我勞神費力的所在。但在逐漸真正認清海盜在東非洲——主要在索馬利亞外海——形成的挑戰以後，我心知肚明，知道自己得做一件海軍將領傳統上都會做的事：抓海盜。

早在三千多年前，海盜無疑已經成為海上風情的一部分。在古希臘時代就有報導說，「海上人」在地中海幹著海盜勾當，印度洋與西太平洋部分地區也有類似報導。凱撒曾經遭西西里海盜俘虜，關了短短一段時間。維京文化的構築基礎，主要就是海盜風俗習慣。千百年來，海盜文化在好幾處地方已經根深柢固，其中最著名的有所謂巴巴里海盜（Barbary pirates）在十八、十九世紀盤據下的北非；有十七與十八世紀「海盜黃金時代」的加勒比海，還有斷斷續續始終鬧著海盜的麻六甲海峽與南中國海。

在二次大戰結束後，海盜有一段時間曾經大體上銷聲匿跡，但在二十世紀後半在全球多個地方死灰復燃，而且直到今天仍然猖獗。今天全球各地海盜活動最頻繁的水域計有非洲東北海岸外的印度洋與北阿拉伯海、非洲中西部外海的幾內亞灣、太平與印度兩洋之間的麻六甲海峽，南中國海與加勒比海近岸水域海盜活動也時有所聞。今天的海盜行動有對私人遊艇的小規模攻擊，還有大舉出擊占領大型國際油輪，劫持船隻與船員以勒贖。海盜活動對全球運輸網路造成多少成本損失，各方觀察家評估的數字不一，但大約都在一百五十億到兩百億美元之間。這些成本項目包括保費增加的成本、贖金、法律費用、在船上派駐警衛、為躲開海盜猖獗水域而繞道、額外警戒費用、為防範海盜攻擊而在船上增設科技裝備（例如加裝鐵刺網等障礙物、在兩邊船舷裝消防噴水系統），以及國家為派遣軍艦與作業人員監督全球反制海盜行動而付出的開支。

在就任北約盟軍最高統帥之初，每想到北約最高作戰領導人得花這麼多時間研究海盜，我心裡就有五味雜陳、說不出的亦喜亦憂感覺。當時許多人認為，選派一名海軍將領擔任北約盟軍第十六任最高統帥是一項錯誤——畢竟，從第一任統帥艾森豪開始，過去十五任北約盟軍最高統帥一直由陸、空軍將領出任。盟國最關心的總是陸地戰鬥與高科技航空，對海上事務的關注層面要低得多。而且就我本身而言，直到擔任這項職務以前，對海盜問題也一直不很注意。但我想，我終於有機會在海上追海盜，克盡海軍軍官的「天職」了。

北約所以開始重視索馬利亞外海的海盜清剿任務，原因很簡單：錢。這裡的海盜越來越猖狂，已經嚴重威脅到歐洲公司，對進出東非與北阿拉伯海水域的貨品構成高度成本衝擊。索馬利亞當地恐怖組織「青年黨」（Al Shabaab）顯然開始向索馬利亞海盜「課稅」，用所得在索馬利亞以及附近其他國家進行極端主義暴力活動，是另一原因。我們還發現青年黨與「基地」組織（Al Qaeda）也有牽扯。事實上，青年黨現在已經表態向所謂伊斯蘭國效忠。這類國際恐怖組織的關聯當然值得北約關注。

索馬利亞海盜所以猖狂有幾個原因。經過幾十年內戰與燒殺擄掠，在東北非洲想以合法手段謀生非常困難，這是第一個原因。失業青年如果能找到一份既能謀生，而且獲利相對豐厚（雖說非常危險）的工作，自然趨之若鶩。其次，許多轉業當海盜的索馬利亞人，原本都是漁民。由於濫捕以及鄰近水域的生態破壞，在二十世紀後半段期間，他們想靠打魚維生越來越困難。傑・巴哈杜（Jay Bahadur）的暢銷書《索馬利亞海盜》（*The Pirates of Somalia*）從索馬利亞人（索馬利亞人很有痛恨大型海運業者與工業公司的理由）的觀點出發，對這一切問題的來龍去脈有非常好的解釋。第三，附近水文條件適合海盜活動。在海盜活動真正猖狂以前，進出蘇伊士運河、滿載貨物的商船，使用的正常路線距離索馬利亞海岸很近。這處水域風平浪靜，讓小船可以攻擊龐大得多的商船。最後，海運公司由於近幾十年來未遭密集攻擊而放鬆戒心，也是一個原因。

到二〇〇九年，海盜的情勢已經嚴重到國際必須干預的地步。當我就任時，海盜攻擊事件次數急遽升高，於二〇〇九到二〇一〇年間達到超過三百件的高峰。幾近二十艘大型船隻遭到劫持，更惡劣的是，船上一百多名海員也遭扣留。雖說死亡暴力事件相對較少，但保險費不斷高漲，無辜海員被關在苦不堪言的地方（一般都被關在索馬利亞海岸一處港灣內的廢船中，囚房既小也不通風，中人欲暑），流入地方恐怖分子的資源不斷增加。很顯然，國際必須採取進一步行動才行。

在美國組織下，二十八個北約會員國、歐盟、與阿拉伯灣諸國海軍於是派遣戰艦（主要是巡防艦、驅逐艦與輕巡洋艦）組成一支聯合艦隊，在索馬利亞外海巡弋。此外，由於打擊海盜是世上每一個國家有志一同的事，許多來自不同陣營的國家也決定共襄盛舉。一些一般不與北約合作的國家，如俄羅斯、中國、印度、巴基斯坦；另人稱奇的是，甚至伊朗都派了船艦。事實上，這項全球海上聯合行動已經成為一項範例，證明國際社會一旦選擇合作，成就不可限量。

我往訪諸國首都，在推動這項聯合行動的外交層面花了許多時間。由於打擊海盜已是國際共識，參與這項行動符合每一國的利益，我的工作相對而言也不難進行。特別是，打擊海盜已經成為北約與俄羅斯之間真正的合作領域，從共享海上戰術到交換通訊裝置，到美、俄兩軍的海上聯繫都取得相當成果。美、俄兩國也只有在這個領域上才有這樣的合作。

打擊東非洲海盜的作業相對而言算得上成功：到我的北約盟軍最高統帥任期於二〇一三年屆滿時，海盜攻擊事件已經大幅減少，而且直到今天仍然如此。這項成功是幾項關鍵因素的共同成果。

首先，戰艦進駐至關重要。一艘可以起降一架或兩架直升機的巡防艦或驅逐艦，能監視好幾千平方英里的水域，讓戰艦可以立即擊潰武裝海盜，擊沉他們的船隻，（至少暫時）在海上逮捕、監禁他們。在我的四年盟軍統帥任內，我們一般都有三到五艘北約戰艦，搭配類似數目的歐盟艦隻隨時在海上巡弋。再加上參與這項打擊國際海盜非正式聯盟的其他國家也派出三到五艘船艦，我們在海上的兵力已相當可觀。不過，儘管有這許多戰艦進駐，我們往往比海盜落後一步。這是因為東北非洲外海作業面積過於廣大——約有歐洲那麼大——所致。有人質疑我們為什麼不能將海盜一網打盡，我的答案是，雖說我們已經有十五艘戰艦進駐，但就像想用十五輛警車在整個西歐執勤一樣，難免有力不從心之嘆。

我們還用長程海上巡邏機輔助艦艇作業。這些重型、廣體、四引擎巡邏機駐在阿曼、印度洋群島，或非洲之角境內基地，可以在空中不斷執勤八到十二小時，巡邏廣大地區。這些在整個冷戰期間一直負責反潛巡邏任務的飛機，可以緊貼海面進行超低空飛行，可以在較高空使用雷達掃描海面，為搜索海盜的直升機或艦艇提供指管支援。美國有P-3獵戶座，英國有「獵手」（Nimrod），其他幾個盟國也有類似裝備的飛機。此外，為了全面掌握空中指管作業，北約還動用龐大的空中警控系統（AWACS）E-3機。E-3配備精密雷達與通訊系統，以及受過良好訓練的人員。我在擔任北約盟軍統帥期間，E-3機由我直接指揮，我也用它們支援打擊海盜任務。

在戰術層面上，我們決定使用老辦法：船團。我們堅持，每年航行海上的五萬艘油輪與商船為了本身安全，不應落單，應該組成船團集體行動。我們雖說由於艦艇數量有限，無法為每一個船團提供護航艦艇，但我們能指派一艘戰艦在每一個巡邏區左近作業，隨時出動對付海盜。我們也辯論是否應該上岸攻擊海盜老巢的問題。我們很清楚海盜藏身之處，但我們無法取得這麼做的政治共識，因為發動陸上攻擊可能造成「附帶損害」，而且在岸上想確定海盜身分非常困難——因為海盜使用的船與裝備，和小漁船或商用三角帆很像。此外，我們也找不到一個可以協調這類行動的國家政府。我們大多數戰術行動只能在國際水域執行，因為根據國際法，每一個國家都有權對海盜進行反制。

事實上，打擊海盜作業最困難的部分是在抓到海盜之後。這些海盜都是索馬利亞青年，他們大多數有嚼「卡特草」癮。卡特草是一種不很強烈的毒品，在東非地區流行了許多世紀。這些青年沒有身分證明文件，不自認屬於任何政府該管，我們就算想把他們移送當局也無從移送。當我們在海上堵住他們、駛近進行逮捕時，他們當然早已把作案用的攀船梯與槍械丟進海中。當我們登上他們的小船時，我們見到的是「無辜漁民」，在許多案例中找不到任何他們犯行的證據（當然，如果能在他們做案時當場逮到，或錄影存證，則又另當別論）。幾個當地政府後來願意拘留他們等候受審、判刑，肯亞表現得尤其積極。這些海盜算是走運，因為我們不能按照幾百年來的老傳統，將抓來的海盜吊在船桅上以示懲罰。幾個參加聯合行動的國家雖說真的願意這麼做，但在我在位期間，我們一直遵守西方司法審判慣例。

除了海面與空中軍事行動外，海運業者本身也採取因應措施對付海盜。在一開始，這類措施主要是改變行船路線與船團作業，責成船長彼此在海上密切合作，參與我們的船團機制。經過一段時間，在進出我們（在阿拉伯灣與其他近岸地區建立）的作業中心時，他們與作業中心的配合也更好了。商船開始分享海盜活動資訊，還交換有關對抗海盜的辦法。這類辦法包括利用商船的速度與噸位優勢；在船舷設置鐵刺網等等各種有效障礙物；反制海盜登船的對策，例如使用強力消防水龍；派遣人員守在甲板上，在海盜企圖登船時，把海盜擲來的攀船梯丟進海中。

所有這些措施有一個問題就是，商船船員必須做一些他們沒有受過訓練、也不很清楚應該怎麼做的事。今天的商船一般只有極少數組員，他們習慣於美食，生活環境也很舒適；要他們與海盜作戰不是件簡單的事。許多船東訂了計畫，要組員在遭到海盜攻擊時撤入船上一座堡壘，在裡面用無線電求救。電影《怒海劫》（*Captain Phillips*）講述「快桅」（Maersk）集團旗下貨輪「阿拉巴馬號」（Alabama）遭索馬利亞海盜劫持、船長之後獲救的故事，對這類事件有精確生動、扣人心弦的描繪。

海運公司最後決定在船上派駐保安隊，終於改變整個情勢、導致非洲東海岸海盜劫船事件大幅減少。這是歷時千年的對抗海盜鬥爭過程中一項新發展。在一開始，基於法律責任考量，海運公司本不願採用這種做法。業者們擔心僱來保衛船隻的傭兵可能殺害無辜漁民或其他海員。他們的顧慮有憑有據。這類事件確曾發生，而且犯下誤殺大錯的，甚至還不是傭兵：一艘義大利籍輪船上的保安在二〇一二年槍殺兩名印度漁民。這次事件發生在印度克拉拉（Kerala）外海二十英里，案發地點雖在公海上，但在印度兩百浬專屬經濟區內。案子仍在訴訟過程中，印度法庭有可能對被告處以重刑。

儘管擔心可能發生類似意外，海運業者終於還是找上傭兵公司求助。民營傭兵公司提供的兩人到六人保全小隊就這樣登上商船。這類保全人員一般受過精良訓練（至少擅長槍械使用），而且有很好的武裝。這種趨勢引來許多問題，包括如何為他們提供武器與彈藥，應該讓他們駐在哪裡，怎麼訓練他們、為他們發照，他們應該遵守什麼交戰準則等等。由於這類保全小組的活動主要在不受任何國家管轄的公海上進行，如何對他們進行規範成為一門複雜的國際法問題。雖說傭兵業者也設法訓練他們、為他們提供證照準則，但這類傭兵難免有電影《衝鋒飛車隊》中那些狠角色的味道。他們並不真是那種殺人不眨眼的戰士，但他們的出現讓比較傳統的海軍人員感到緊張，就像城市裡的警察不喜歡見到武裝保鑣，或購物中心的武裝警衛一樣。但無論如何，這項發展成果驚人：駐有武裝保全小隊的商船沒有一艘遭到海盜成功劫持。這是因為保全小隊享有大型油輪居高臨下的巨大優勢，也因為海盜本身既未受過訓練，只有非常輕型的武裝，而且在登船作案時極易受制。海盜對這一切也很清楚，因此一旦遭到商船密集火力抗拒，一般都會放棄登船，避開了事。

最後，除了國家採取軍事行動與業者的努力以外，國際社會在陸地上的鍥而不捨也功不可沒。我們必須面對現實——單靠海上作業解決不了海盜問題。我們得從陸地著手，讓青年不必鋌而走險也能謀生，才能從根本上解決這個問題。我們還需要建立在地海岸防衛與警察嚇阻力量，以及有實際效力的司法系統。索馬利亞境內這類艱辛的建國工作主要一直由歐盟負責，成果雖說不一，但大體而言令人鼓舞。索馬利亞、索馬利蘭與邦特蘭（Puntland）——非洲之角東部三個「國家實體」——的新興政府結構已經越來越有能力處理陸地方面的海盜行為，能接管、審判和監禁海盜。

在索馬利亞外海的海盜水域，海盜得逞的事件銳減，這當然是好消息。但就像大多數打擊跨國威脅行動一樣，國際社會一旦在指定地區取得成功，問題會轉到另一地區冒出來。海盜問題也不例外。非洲另一邊的幾內亞灣開始鬧海盜了。

我記得有一次在結束地中海的一項任務後，我們駛入幾內亞灣。幾內亞灣是一處廣闊的水域，有許多近岸三角洲在這裡輻輳，尼日河（Niger）與沃爾特河（Volta）幾條源於西非洲的大河就在這些三角洲入海。當時是三十年前，那時的幾內亞灣一片寂靜，了無聲息。如今情況早已變化，幾內亞灣已經成為全球最大石油與天然氣生產熱點，岸上與外海油井隨處可見。這裡許多年來一直是不法組織之鄉，隨著伊斯蘭激進團體「博科聖地」（Boko Haram，字面意思就是「西方的方式是犯禁」）的崛起，兩股力量朋比為奸，造成海盜事件急遽增加，許多西方國家決定「再起爐灶」，效法幾年前我們在東非外海採取的行動，在西非海岸展開反制作業。好消息是，西非洲有比較多的海岸防衛部隊，比較強的陸地軍警武力，法庭與司法系統雖說非常貪腐，極易受外界勢力操控，但至少它們還存在。打擊海盜的下一章看來就要在幾內亞灣展開。今天的幾內亞灣，情景就像回到約瑟夫・康拉德（Joseph Conrad）筆下《黑暗之心》（*Heart of Darkness*）中那個混沌世界一樣：騷亂、危險，絕對需要重建秩序。總結而言，不法之海這個特定問題單憑海上作業本身無法解決，還需要維護陸地安定，需要誠實、公正的警察、法庭與監獄系統，需要周全的情報，還有最重要的是，需要建立就業與教育的「長久之計」，讓年輕人不必步上強尼・戴普（Johnny Depp，註：在電影《神鬼奇航》中飾演傑克船長）的後塵。

就全球而言，海盜事件過去兩三年大體沉寂，不過要注意的是，這類事件一直以來就是一種能不報導就不報導的現象，特別是在非洲東、西海岸情況尤其如此。最好的整體情資來源仍是「亞洲反海盜及武裝搶劫船舶區域合作協定」（ReCAAP）。ReCAAP是一個由幾個國家組成、結構不很嚴密的團體，主要以在非洲之角外海打擊海盜為宗旨。這個組織也很注意全球走勢，隨著非洲西海岸海盜活動升溫，ReCAAP應該會有所行動。就像打擊其他層面海上犯罪一樣，成敗關鍵在於合作參與。打擊海盜也絕對是一種團隊作業。

漁捕

海上法律規範的第二項重大挑戰在漁捕。海洋占地表總面積七〇％，深度達到七英里以上，海洋裡擁有龐大漁產資源應是合理的推估。在有關海洋的知識不充分、國際協議也不足的情況下，海洋成為巨型全球活動的主題，產值遠超過兩千兩百五十億美元。歐洲、美國與日本對魚的胃口都很大，而且越來越大，世界最大魚貨輸出國的中國也一樣。值得注意的是，這種產業規模的消耗主要集中在已開發世界，全球漁產有四分之三輸往已開發世界。

濫捕對海洋漁產資源已經形成重大壓力。許多濫捕行為違反國家的專屬經濟區、國際協定與公約，甚至在歷史慣例性漁場也逃不過這個劫難。不久前的一項研究報告預測，全球所有漁產資源有六〇％以上需要「重建」，有關全球漁產資源崩潰的警告也層出不窮。佐證這些警告的統計數字顯示，從一九五〇年代到一九九〇年代初期，「三不管水域」

（相對於從漁場捕魚）的漁獲量暴增，但之後基本上沒有成長。

從非漁捕海員的觀點而言，在世上有些水域，想避開漁船隊阻礙、暢行而過幾乎不可能。在我的海軍職涯中，出現在東亞的這類阻礙最為嚴重。龐大的中國、越南與菲律賓漁船隊在南中國海近岸水域夜以繼日進行漁捕。在一九八〇年代，當我們接近菲律賓群島時，只要風向撞正，好幾浬以外就能聞到漁船隊那種夾雜著汽油、木材煙與魚本身的味道。這些漁船在作業時經常只亮微弱小燈，我們的九千噸級驅逐艦與巡洋艦在高速通過漁場水域時很容易撞上它們。由於漁船幾乎完全木造，我們的水面雷達無法清楚「畫」出它們，我們往往必須增派觀察哨，在前甲板用望遠鏡對著霧茫茫的海平線搜索它們。

漁捕管理本身已經成為一門大產業，業者也下了許多功夫以規範這種全球性生意。自《聯合國海洋法公約》基本上獲致全球批准以來，許多國家竭力控制二百浬專屬經濟區（每個國家有權也有責任管理這個專屬水域內的漁獲）。專屬經濟區以外水域的漁捕由一連串國際條約規範——有人算了算，說這類條約總數超過七十項。這類條約一般針對魚類，但也涉及有關烏龜、海豹、北極熊、海豚與其他物種的協議。這類條約大多數設有一個祕書處（小型行政組織），但不具備真正有效的執行手段。「不法之海」的問題與概念就這樣出現了。儘管許多人下了諸多立意良善的功夫，但大多數觀察家相信，將近九〇%的漁產資源遭到「完全開發、過度開發、資源耗盡，或從資源耗盡中逐步復甦」*。鮪魚等許多漁產資源正迅速減少——與高峰期相比少了一半。事實上，「海洋開發一空的速度比（陸地上的）森林快了一倍」，這樣的遠景想來令人膽戰心驚。

造成漁產資源減少有幾個問題，每一個都值得迅速加以檢驗。第一個問題是我們沒有能力提供精確的評估標準。我們今天雖說可以還算正確地追蹤整體生物質（條件是漁民必須依法申報漁獲，而且我們得了解，在不法之海，違法不報的情事非常普遍），但我們無法精確算出捕獲的魚的繁殖力規模與層次。如比爾・穆茂（Bill Moomaw）教授所說，長此以往，對部分魚口進行的「人造截斷」會毀掉這些魚口的繁殖能力（穆茂與布蘭肯西，頁14）。此外，值得注意的是，由於用網捕魚總是網到最大的魚，導致大魚數量越來越少，幾十年之後造成的負面效果會很明顯。

漁產資源所以不斷減少，最明顯的原因就是濫捕。窮苦漁民或出於貪心，或迫於經濟壓力，再加上大型產業公司對於長期後果漠不關心，濫捕於是出現。身為海軍的我，經常在海上遇到大型漁捕作業，其中有較輕型（仍然很大）的長線漁捕平台，也有大型圍網

＊威廉・穆茂（William Moomaw）與莎拉・布蘭肯西（Sara Blankenship），〈為海洋開闢新航線〉（Charting a New Course for the Oceans），塔夫茨大學福雷契法學院，國際環境與資源政策中心（Center for International Environment and Resource Policy）討論文件第十號。

船。業者往往在同一地區內設有大型漁產處理廠（特別是俄國與中國尤然），以便迅速將漁獲加工，避開監察人員的耳目。造成濫捕的最關鍵性做法，是海底拖網捕撈這類毀滅性漁捕作業。這類作業不僅影響到海中水族，還能對海底造成非常大的損害。

不幸的是，由於在主權國造成的政治衝擊，也由於建立監督機制（海岸防衛隊）與審理濫捕案件的法庭系統需要成本與開支，而且帶來許多不便，許多政府對於相對在地性的漁捕，一般只是睜一隻眼閉一隻眼。我們稱這種漁捕情事為「非法、不申報、無規範漁捕」（illegal, unreported, and unregulated fishing），簡稱ＩＵＵ。根據若干評估，這類ＩＵＵ活動占了所有漁獲總數的三分之一，市值達好幾十億美元。我們為什麼坐視這種事不斷出現？美國海軍將領海曼•里考佛（Hyman Rickover）決定打破行之數十年的一項傳統，不再用魚的名字為潛艇命名。有人問他為什麼這麼做，里考佛說，因為「魚沒有投票權」。不幸的是，在魚終於有了投票權以前，想來也不可能出現足以矯正這種濫捕走勢的政治壓力。

津貼手段的運用是造成濫捕的另一個問題，而這是政府完全可以控制的問題。國家領導人為了提振地方經濟，往往濫用國家經費，直接助長了上述各種問題。特別是，這類津貼導致漁船隊過於擴張。有些觀察家相信，各國政府每年投入漁產業的經費高達近兩百億美元，造成業者在漁獲早已枯竭、這類活動不再合算以後，仍然繼續進行漁捕。

讓人震驚的是，每四條魚之中就有一條（全球漁獲的二五％）歸類為「附帶漁獲」。所謂附帶漁獲指的是不在目標漁獲項目內，「意外」撈上船的魚與其他水族。當漁船使用產業規模的巨型拖網進行捕撈時，特別是將網沉入海底在海床上拖著作業，造成的附帶損害尤其巨大。在這個問題的管理上，國際社會表現得一點效率也沒有。我曾經在墨西哥灣親眼見到捕蝦船從海中撈起巨量漁獲，其中有數以百計的海龜、海魚，甚至還有海洋哺乳類動物。一旦了解這類附帶漁獲對環境造成的毀滅力以後，你會不忍目睹。這還不算，越來越多業者開始使用炸藥或氰化物等極盡殘酷能事的毀滅手段進行漁捕。這種做法不僅對有秩序的漁捕管理構成威脅，同時也威脅到脆弱的珊瑚礁。海洋彷彿已經成為沒有法治的戰區，每天暴行不斷，還有可怕的附帶損害。

造成這一切的背後當然還有一項國際政治因素：「方便旗」（flags of convenience）。這是一種行之有年的慣例：商船業者可以將他們的船在一個「執法層面較有彈性」的國家註冊（就像註冊車輛一樣），懸掛這個國家的國旗。這與境外銀行帳戶頗相類似，純粹只是一種在漁捕世界（當然，就廣義來說，包括所有商業性海運世界）躲避問責的手段罷了。除了在各類規範（例如漁捕、汙染）的執法上尋找較低標準外，海運業者也尋找最廉價的選項。今天大約有一千到兩千艘漁船懸掛方便旗。這些漁船的註冊國有許多是加勒比海小國，包括貝里茲（中美洲境內原來的英屬宏都拉斯）、宏都拉斯與巴拿馬（以方便旗著名）。這些國家靠註冊費獲利，但讓海事與海上執法人員（例如海岸防衛隊）傷透腦筋，因為想對違法者進行有效制裁很難——方便旗註冊國並不真想懲罰犯行者，而且它們的法庭系統也往往不精密。事實上，放眼綜觀全球海運，就會發現約五五％的各類型船隻（漁船、油輪、貨輪、客輪等等）懸掛方便旗，其中四〇％懸掛三個國家的國旗：巴拿馬、賴比瑞亞與馬紹爾群島。身為海軍軍官的我，在公海上一見到這三面國旗，就知道如果我想派遣人員登船，檢驗船上有無恐怖分子、毒品、現金或任何其他不法物品，就得有一番非常艱難的談判。

在這一切因素推波助瀾下，海洋生產力正持續下降，對全球漁捕業造成的長久衝擊令人關注。除非我們能在規範與科研方面大幅增加投入力度——民營企業、國家與國際組織都得投入——想從海中汲取蛋白質與其他養分會越來越難。無論怎麼說，今天世界上，靠吃魚汲取蛋白質的人超過十億，靠漁捕維生或生活在海洋的人也有大約十幾億。而根據若干評估報告，自一九七〇年代以來，漁產資源可能已經腰斬，這樣的狀況怎不令人心驚膽戰。

最後，我們應認清漁捕極可能造成全球性地緣政治緊張情勢的不斷升高。舉例說，龐大的中國漁船隊——由數千艘漁船組成——的漁船，就一再因非法捕魚而遭外國逮捕。單只是印尼就已經扣押、摧毀了十幾艘中國漁船；澳洲與南韓逮捕中國漁船也早已司空見慣。已經是全球最多事水域的東亞與西太平洋，也因此情勢更加劍拔弩張。

環境

海盜與漁捕是非法海上活動非常重要的來源，這當然可悲。但在公海上最嚴重的犯罪行為，是對環境的刻意損壞，這類犯行每天都在進行，而且是防範得了的。坐視海洋世界遭到損毀，等於眼睜睜望著後代子孫被剝奪享用海洋的權利。破壞海洋環境是對我們全人類的竊取，我們必須攜手合作，努力不懈，才能為人類前途保住海洋的財富。三十年前，這是《聯合國海洋法公約》談判期間的指導前提，可悲的是，這項條約對刻正在我們眼前展開的損害沒能發揮多少止損效應。

我於一九八一年秋結束五年來服役驅逐艦與航空母艦的海上生活，來到麻省麥德福（Medford），進入塔夫茨大學福雷契法律與外交學院就讀。早在從安納波利斯官校（在官校，我們沒有上過任何有關環境的課，也從未想過這個問題）畢業那年起，我就上了軍艦，毫不在乎地看著艦上工程兵把滿是黑色油汙的艙底髒水從兩舷排進海中，而且明目張膽，不虞受罰。我們把完全未經檢驗的垃圾倒進距海岸不遠的海中，讓塑膠袋、有毒物品、醫藥廢料、略帶放射性的物質，以及各式各樣極度不安全的產品充斥海洋。我完全不覺得自己是個在全球犯罪的罪犯；以上提到的那些事不過是「正常水上作業」而已。就算有時我也想過我們這麼做對不對，但總覺得海洋這麼大，一定可以自我再生，我們不過是「依照慣例」罷了。

一九八〇年代中期進入福雷契以後，我以身為海軍艦上軍官從未經歷過的方式開始學習有關海洋的科學、政策與物理現實。有時，想真正了解一件你心愛的事——就這個案例而言，就是我對航海專業生活的熱愛——特別是，如果想知道你是否出於無心之過，而造成對這件事的傷害時，你得先退一步，才能看得清楚。在那個年代，我認為自己是個「愛海、願意與海結伴的人」（直到今天仍然如此）。但我花了兩年苦讀，洋洋灑灑寫了一篇論文之後，才拿到專精海洋法條約的國際法學博士學位。

氣候變化非常真實，對海洋造成的影響也越來越顯著，其中全球暖化造成海洋溫度上升帶來的衝擊尤其明顯。人類產生多出來的熱，最後幾乎全部（超過九〇％）影響到海洋，海洋表面與深處溫度不斷升高自然不足為奇。在海面下近一萬英尺深處的海底，也能感覺到水溫增高，部分海洋的水溫升高了將近整整一個華氏度。雖說這樣的變化看似不大，它對海洋生物卻有一種漸進但殘酷的效應，許多水族的遷徙型態已經因而感受到遷往兩極的壓力。特別是對漁捕，這種移向兩極的運動尤其有連鎖效應。

海洋溫度升高對洋流也有影響。海洋的鹽度、風向與洋流，以及全球各地許多傳統漁場靠它生存、來自深海充滿養分的「湧升流」，彼此之間有複雜的交互作用。如果海洋表面溫度與深海溫度差距過大，這種湧升流會減弱，對海洋生物造成負面效應。此外，冰融區（接近兩極）附近的鹽度降低會造成酸化層面升高與臭氧耗損，進一步加速環境損害的腳步。

這類增溫現象誠然令人擔心，但到頭來可能對人命造成最大危害的是海平面上升。海平面上升的原因與極地冰帽融解以及海洋水量增加有關。相關數字越來越讓人提心吊膽，海平面正在加速上升，有些觀察家說，上升速度比過去快了一倍。造成這種現象的主因是，全球暖化造成兩極冰河與流冰群融冰效應。這種現象的潛在效應很明顯：海岸生態具有水質過濾、暴風雨水控制，以及為近岸水域水族提供養分等重要環境效應，是全世界最脆弱的生態系統之一。海平面增高會大舉顛覆近岸漁捕區，還可能在全球暖化週期引發連鎖效應。經過一段時間，海平面增高還會讓海水吞噬大片現有宜人居住的可耕地，換言之，我們會失去一些海岸居住地區，一些小島會名副其實地沉淪，現有一些海港也會就此喪失。目前全球各地海岸地區住了近三十億人，海平面增高會造成全球性的調適難題。

石油汙染與資源剝削是影響海洋的另兩個重大問題。儘管幾十年來，我們在認知、規範與執法上已有改善，但特別是在液態碳氫燃料議題上，這兩大問題相互糾結，而且都危及海洋。

漏油是最顯然、最劇烈的汙染，造成汙染的來源可能是外海油井、岸上油井，也可能是駛經海上的油輪。或許最引人矚目的是外海油井。從海洋的海床上開採資源是一種非常複雜而且困難的事。我在整個海軍生涯中，曾在幾十國、幾十國的海岸線進進出出，每見到那些猙獰醜陋、龐然大物的外海油井越來越多，總令我感到悲傷。我眼見過幾次重大漏油事件，那種可怕的毀滅景觀——羽毛滿是油汙的海鳥在海面上掙扎欲飛，成群死魚，泛在海上的油光——令人怵目驚心。在這樣一種地獄般的恐怖景象中航行，是一種難忘的經驗。一九九一年初，我在第一次波斯灣戰爭期間碰上這種狀況。當時由於伊拉克入侵科威特，聯軍部隊在阿拉伯灣集結，準備解放科威特。海珊的伊拉克軍故意打開隔油閘門，從岸上油管與油井中將四億多加侖石油倒進阿拉伯灣，讓大約四千平方英里的海面浮滿油汙，意圖降低聯軍作戰效率。他們此舉沒能影響聯軍在阿拉伯灣的作戰能力，但造成的損害直到今天在部分阿拉伯灣水域仍然清晰可見。

鬧得沸沸揚揚、最具標竿性的外海油井大面積汙染事件，是英國石油公司「深水地平線」（Deepwater Horizon）油井二〇一〇年在墨西哥灣發生的事件。這次事件的短程影響已經眾所周知：大體上都是海員的十一名油井工作人員罹難，兩億多加侖石油洩入墨西哥灣。在油井發生爆炸後，石油以每天遠超過兩百萬加侖的流量倒進墨西哥灣。前後幾近三個月之間，工程人員絞盡腦汁意圖控損，提出各式各樣解決辦法，甚至嘗試使用一枚戰術核子武器。近六百英里完好的海岸遭到油汙而成廢墟，幾百萬居民的生計被打斷或喪失。

巨型整治與賠償作業已經完成，英油也被課以巨額罰款。不幸的是，事件造成的長程後果仍然難以估算，因為同時傷害這麼多魚與鳥可能造成禍及數代的後果；有報導說，好幾個物種的循環系統已經出現病變。

大多數最著名的海上洩油事件，禍首都是油輪。身為海員，我多年來在海上遇到的大油輪數以千計，它們絕大多數運作得很好、很專業。我們經常交換友好訊號，還曾經為它們提供過救助或醫護支援。這些巨型油輪，有些比美國超級航空母艦還大三倍，但船組人員很少，只有十幾人，而美國一艘航母的艦上官兵總有數千之譜。但這些巨型油輪一旦出錯，問題就會很嚴重，而最嚴重的問題莫過於這些巨無霸將原油洩入海中。對美國人來說，「艾克森．法戴號」（Exxon Valdez）油輪將原油洩入阿拉斯加威廉王子灣事件是一次令人特別難忘的悲劇。這次事件的禍首不是外海油井，而是一艘運作得一團糟的船，洩漏的原油汙染了一千四百英里長的海岸，（根據大多數評估）數以百萬計生靈，包括五十萬隻海鳥死於非命。但這次洩油事件的歷史排名連前三十名都排不到，因為它「只不過」將一千一百萬加侖原油洩入海中——在英油那場慘禍中，洩入海中的原油超過兩億加侖。

這些外海油井或油輪闖下的大禍，當然震撼了我們的良知，讓我們歷經數十年無法忘懷。但與石油透過例行流程、年復一年流入世界各地水域造成的汙染相形之下，這些油井或油輪造成的汙染又彷彿是小巫見大巫。造成這種更巨型汙染的禍首包括：利用暗夜非法傾倒廢油，意外將摻油垃圾倒入海中，以及主要來自河流（這些河流本身也已遭汽車排放物或殺蟲油劑的汙染）等淡水源頭的油汙染。有些專家認定，這類在暗裡不斷發生的汙染，每年將五億加侖以上的油排入海中。英油「深水地平線」油井與艾克森．法戴號油輪慘案在一個特定水域造成讓人無法承受的大難，當然成為媒體爭相報導的對象，但不受媒體關注、長期不斷流入海中的油汙染造成的威脅其實更嚴重。有鑑於它可能造成的長期效應，這類悄然無聲、不斷傾油入海的問題值得我們加倍注意。

油汙染由於影響清晰可見，自然容易引起重視，但化學汙染也值得我們高度關注。這種汙染主要來自各式工業活動：因為工業活動而產生的危險化學物流入海洋，造成這種汙染。汙染淤泥滾滾入海就是一個例子。經由相當時間河水水流沖積，河流兩岸幾千里沿線工業與居住活動製造的大量汙染物會納入淤泥中。主要由於使用非有機肥料，人類農業活動也是這種汙染形式的主因。汽車排出的廢料也往往輾轉流入大海。水銀等有毒化學物在入海以後，還會沉積在旗魚、鮪魚等大型魚類組織中。此外，在許多規範工作不嚴密的國家，工廠工業廢料、人類糞便尿液不斷直接排入河流或海洋，造成明顯的汙染自也不在話下。

我多年來經常目睹的另一種汙染是直接將塑膠袋與垃圾倒進海中。在這個問題上，美國海軍毫無疑問也脫不了干係；我清楚記得我們將各式各樣塑膠袋丟進海中的情景：

一九七〇年代，我站在驅逐艦艦尾，望著數以百計海鷗群集而至，圍著我們丟進海中的垃圾打轉。我們已經逐漸了解塑膠袋造成的損害，世界各國海軍與有責任感的商船隊至少已經修正這類任意拋棄垃圾入海的行為。不好意思，要對伊安・傅雷明（Ian Fleming）與他的不朽之作《*Diamonds Are Forever*》（鑽石恆久遠）說聲抱歉——因為談到海洋，情況是「plastics are forever」（塑膠袋恆久遠）。

這些塑膠袋在入海以後雖說形體變小，但仍保有基本成分。就這樣，海洋生物——特別是鳥類與龜——在吃這些垃圾時也吸收了塑膠。我們今天不僅在海上，也在大多海洋生物的消化系統中發現垃圾，這類發現已經越來越普遍。除塑膠袋以外，大多數垃圾可以生物性分解，或可以在製造流程中想辦法讓它們能分解，對海洋不構成危害。不過有些垃圾處理作業仍將醫療廢料（針、管、支架等等）、汙水（接近岸邊）、化學物、毒品等劇毒物質與其他非生物性分解廢物排入海中。

展望未來，有好消息也有壞消息。壞消息是，損害海洋的各種活動只會繼續增加——對魚基蛋白質與碳氫燃料的需求有增無已，不斷增加的世界人口（到二十二世紀展開時，很可能從目前的七十億左右增加到至少一百億）也會製造更多汙染，將更多垃圾、塑膠袋、醫療廢料與汙水倒進海中。所有這一切活動都能損及海洋，在接近海岸的地區，特別是對脆弱而重要的珊瑚礁，造成的危害尤其驚人。此外，海洋中還會出現新活動，以彷彿躺滿馬鈴薯一樣，滿布銅、鈷、錳、鎳與稀土資源的深海海床為例，開採這類資源的開礦作業就很有可能增加。好消息是，我們現在還來得及採取保護海洋的因應行動。首先我們必須加強既有規定的執法，談判新國際準則，在所有全球戰略性通訊中，強調以負責任的方式使用海洋。我們永遠無法完全遏阻不法之海的種種犯行，但可以主動出擊，降低風險。

我們應該怎麼做？

面對不法之海這種種問題，我們應該怎麼做？大多數海員像我一樣，終其一生為的是本國利益，在這種情況下，世界各國國民應該如何群策群力處理這些龐大的跨國問題？就許多方式而言，對於海員以及所有愛護海洋的人，這是在進入二十一世紀以後最重要的問題。

無論用什麼方式因應不法之海的挑戰，最核心的要務都是提升國際合作。面對龐大海洋的挑戰，唯有透過國際、跨部會以及民營事業的高度整合才有成功希望。不幸的是，直到目前為止，我們在這類合作上的成果充其量只能算成敗各半而已。當然，一九八〇年代締結的《聯合國海洋法公約》大體上是成功的。經由大規模談判而締造的這項公約，是有關海洋管理的第一項真正全球性準則。在一九八〇年代之初，世人曾對這項公約寄予厚望。雖說它顯然不能解決所有有關海洋治理的問題，但儘管超級海權強國美國不肯簽字（由於美國新保守派推動一項愚蠢的立場，美國不同意公約中有關深海海床開礦的條款），若是沒有它，海洋會亂成什麼樣子實在令人難以想像。我仍然希望我們能以這項公約為基礎談判其他國際規範，而且更重要的是，能透過聯手制裁、國家與國際法庭判決等手段執行這些規範，懲處不守法的國家。所以就整體而言，我對國際海上合作抱持謹慎樂觀。

另一方面，許多國際努力成效令人喪氣。例如，世界各國在二〇一〇年保證在二〇二〇年至少要將一〇％的海洋劃為保護區，但直到今天，僅僅二％的海域已經完成這類規畫。雖說也有幾件成功案例（以英國為例，就在皮凱恩島〔Pitcairn Island〕附近的南太平洋建了一個比英國本身大三倍的保護區），國際有關作為大體落後。同樣，針對漁捕、汙染與全球環境等各種問題，各國雖也有各式各樣立意良善的行動，但結果都仍在未定之天。

談到跨部會合作，情況同樣憂喜參半。歐巴馬政府雖說採取行動訂定一項打擊非法漁捕的全政府計畫，但沒有投入完成目標的足夠資源。計畫中訂有一整套各式各樣任務，但無論海岸防衛隊或美國海軍都沒有完成這些任務的餘力。好消息是跨部會合作精神仍然高昂，只是實際執行能力軟弱罷了。無論在美國或在其他國家，跨部會合作計畫項目的失敗，一般都敗在執行力。不幸的是，在海洋議題上，全球大多數政府意見並不一致。

政府與民營企業間的交流互動，是另一個極端重要的合作領域。舉例說，國際海運業者正逐漸加強與國際組織——例如聯合國國際海事組織——的合作，以建立海洋行為規範。這類行為規範包羅廣泛，從「排放與拋棄」（從船上丟下海的一切）到船員、工程人員、守望人員、大副與船長的資格都在規範之列。許多漁捕公司開始與政府以及國際組織更密切地合作，為混亂的漁捕世界帶來秩序。石油與天然氣公司也在更高層面上與這類當局展開合作。如何在所有這些海洋地區克服敵視政治意識，是成敗關鍵。

比爾・穆茂在有關海洋的報告中，與共同作者找出七十六項「針對一個或多個物種的管理，針對全球或區域性漁捕慣例或海洋資源訂定的條約、協定、議定書與架構」（穆茂與布蘭肯西，頁39）。這類國際合作讓我們見到希望，但也說明擺在我們眼前的挑戰：許多協議沒有正式祕書處、科學機構與執行機制。在所有七十六項國際協議中，只有六項兼具上述三種機制。很顯然，我們在國際合作領域上還有很多要做的事：不僅要訂定協議，還要建立適當管理與執行管道。最好的辦法，就是在聯合國組織（特別是國際海事組織）架構下，根據《聯合國海洋法公約》締約原則（近兩百個國家就根據這些原則，經過十年艱辛談判完成這項公約）採取行動。

面對海洋問題，我們必須以更創新、更有實驗精神的態度，提出新的治理構想，廣納各方意見參與海洋決策。我們要像在陸地一樣，在海上建立魚、鳥與哺乳類動物保育區，建立更多海洋保護區的構想也很有幫助。若干證照項目向民眾說明哪些公司在生態問題上考慮周詳，這類項目有效，但關鍵之道仍是鼓勵業者負起海上的社會責任。與水族館、動物園、環保倡導組織與智庫的聯手也各有用場。

我們的海洋規畫過程必須涉及政府與政府之間，以及政府內部的參與，而且最重要的是必須鼓勵民營企業投入。不過所有這一切努力，必須以前後一致的策略溝通為基礎。除非能讓世界各國民眾都相信海洋不是一個龐大得百毒不侵的垃圾場，不是一處取之不竭的蛋白質來源，我們將無法改變目前已經走上的這條岔路。希望有一天我們能充滿信心，認定已經在不法之海重建秩序，但在那一天到來以前，我們還有很長的路要走。

● 第九章

美國與海洋

二十一世紀的海軍戰略

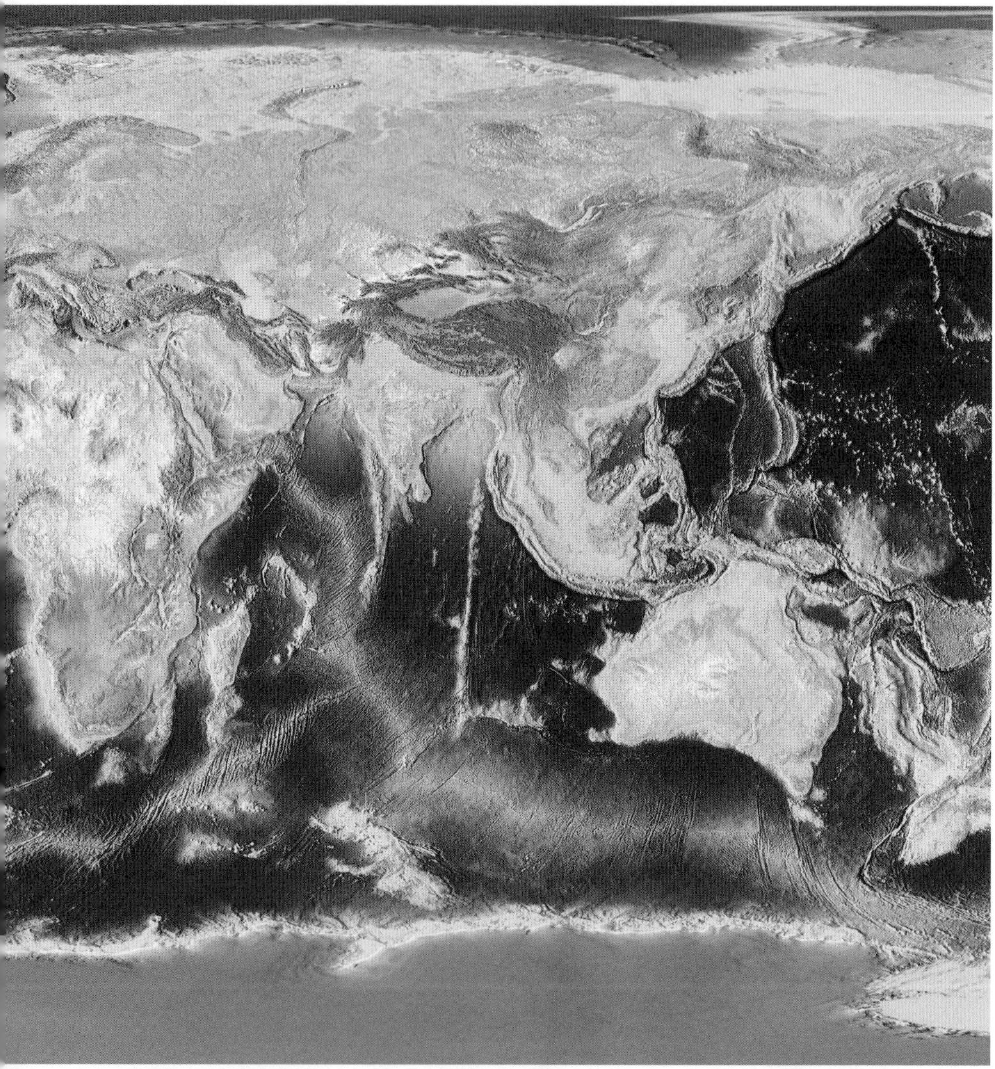

這是一張世界土地與海洋立面圖。我們將在海洋以前所未有的方式面對新的環境挑戰。

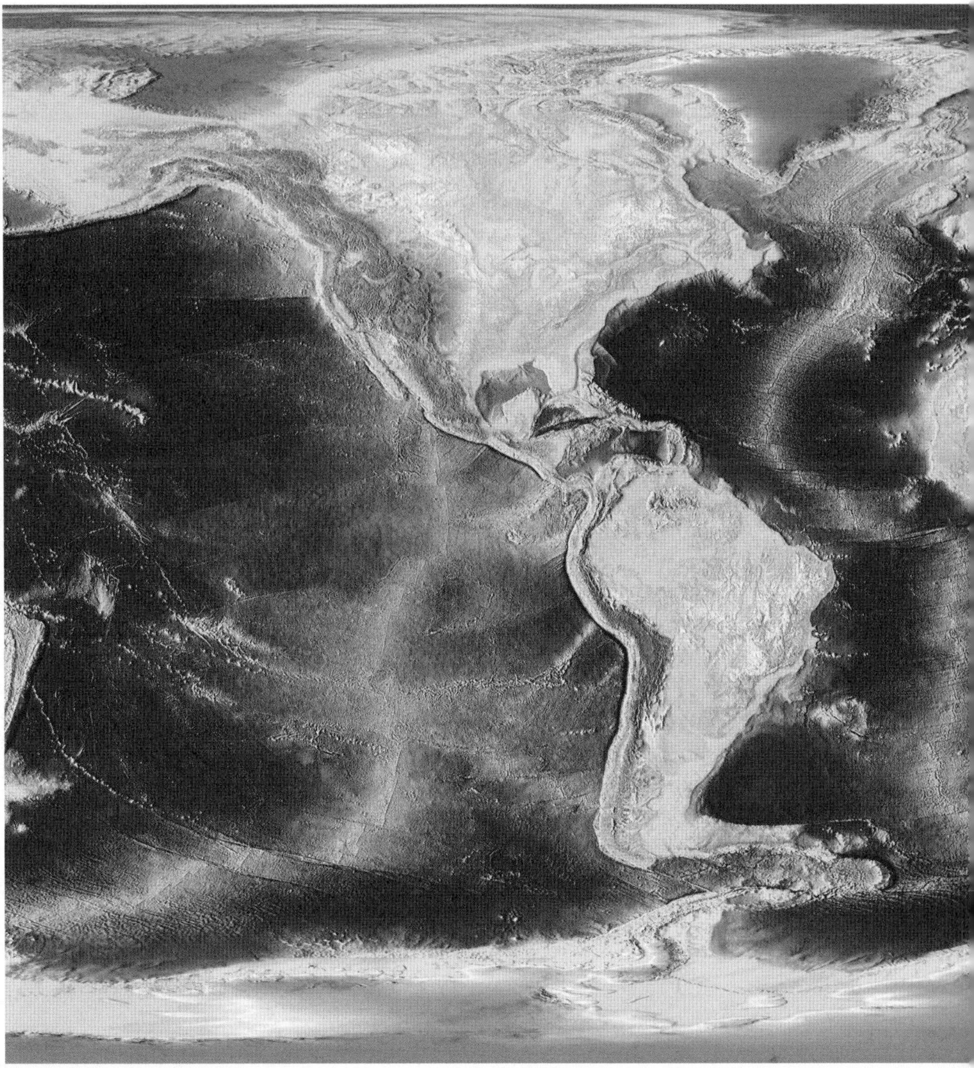

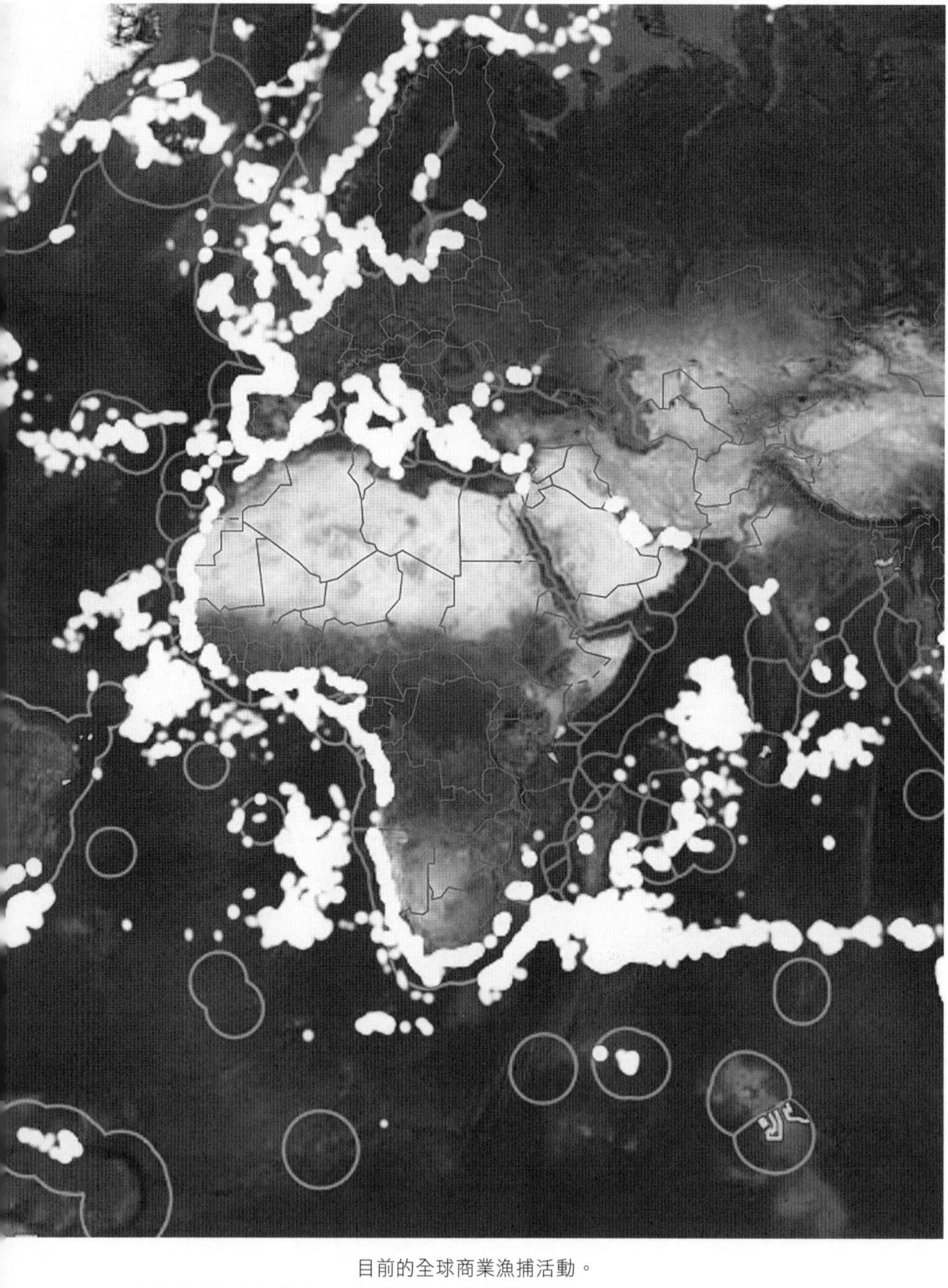

目前的全球商業漁捕活動。
全球漁業觀測站（Global Fishing Watch）提供。/Courtesy of Global Fishing Watch.

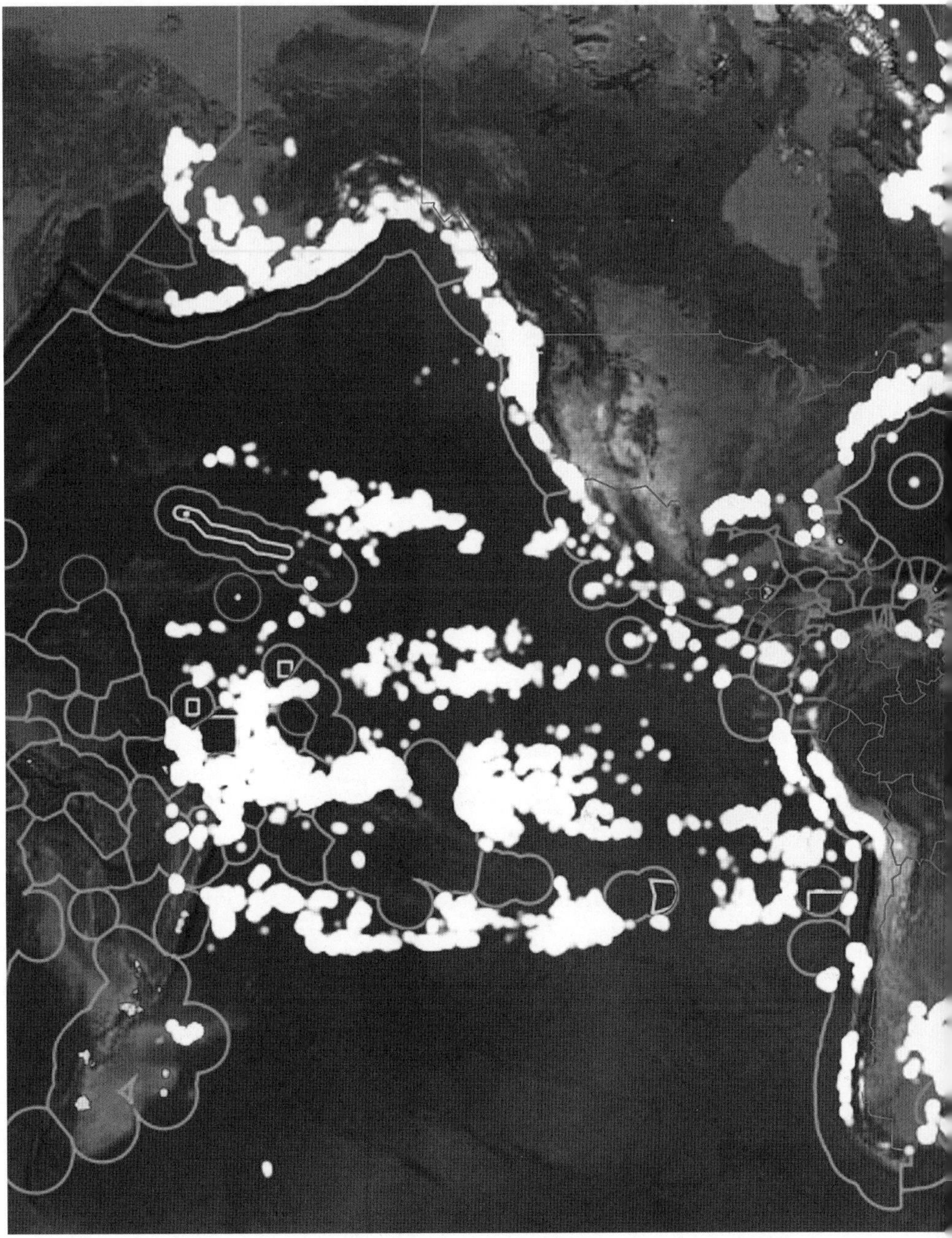

我在十七歲進入海軍官校就讀的那一年，第一次聽到奧夫瑞・薩耶・馬漢的大名。那一整年所有一千名官校一年級新生（在那個史前時代，都是男生）都得上一門課，課的名稱就叫「海權」（Sea Power）。班上有些腦筋動得快的同學給這門課取個外號叫「Z權」，意指它的內容讓人聽了昏昏欲睡。不過我對這門課很有興趣。

海權這門課的創始人是著名歷史學家「奈德」・波特（E. B. “Ned” Potter），他還寫了一本藍封面的經典教科書，書名也叫「海權」。波特運氣不錯，每年都能賣一千本教科書（到海軍官校），我聽說他愛喝限量發行的頂級波旁（bourbon）威士忌，每年這筆版稅收入無疑讓他可以供應無缺。我仍然保有我在官校一年級時買的那本教科書，略有些磨損，但我仍不時翻閱。當然，我寫的這本書取名「海權」，為的也是向波特致敬，不過這本書的內容與做法與波特那本教科書完全不一樣。

海權這門課的進程純粹以人類在海上軍事行動歷程編年史為依據。它從史前時代說起，蜻蜓點水一般掠過希臘人與羅馬人駕大帆船征戰的年代，談到鄂圖曼與哈布斯堡王朝的雷班托之戰等等經典海戰。書中舉了許多有關美國獨立戰爭的海戰材料，之後還談到巴巴里海盜與史蒂芬・德卡圖的英勇事蹟。之後，它開始詳述十九世紀美國海權，強調南北戰爭，最後討論第一次與第二次世界大戰的海戰。這門課不折不扣西方導向（過去這樣，現在仍然這樣，讀完以後，你很可能認為中國人連船都沒有造過）。它完全以西方觀點出發，見解極端傳統。整個立論以馬漢的理論為基礎。

擔任過美國軍令部長的亨利・史提森（Henry Stimson）曾說，馬漢代表「海軍部特有的心理，這種心理似乎往往背離邏輯世界，走入一種模糊、幽暗的宗教世界，在這世界中，海神是上帝，馬漢是祂的祭司，美國海軍是唯一真正的教會」。奧夫瑞・薩耶・馬漢於一八四〇年生於美國陸軍官校所在地西點（West Point），父親是西點的教授。他的中間名「薩耶」，為的是紀念西點軍校之父席凡納・薩耶（Sylvanus Thayer）。他早年的一切在在顯示他長大以後會當陸軍軍官，但他很年輕時就決定進入海軍官校，在一八五九年以全班第二名的優異成績從海軍官校畢業。

馬漢在南北戰爭期間服役北軍海軍，在海上度過不少時間，升官到上校，也指揮過幾艘軍艦。但無論從任何角度來說，他都談不上是什麼優秀的海員，上司還發現他經常把船帶得與其他船艦或與海上浮標相撞。但他很早開始寫書，提出的海權理論使他成為或許是他那一代人中最有影響力的海軍軍官。

馬漢喜歡閱讀、思考、寫作與出版的習性曾幾次惹來上司不滿，有一位上司就曾在報告中指責馬漢不適任，說「寫書不是海軍軍官的職責」。（寫到這裡，我必須指出的是，你現在讀的這本書是我編寫的第七本書，這些書在層次上當然不及馬漢的著作那麼經典；但我也發現，由於熱愛寫作，我的海軍職涯也不時碰上一些艱難險阻。對內部那些喜歡出書表達觀點的人，海軍似乎總有若干質疑，所幸，依我之見，經過這許多年變化，海軍在考量軍官職涯時，除了重視海員專業技能以外，對智慧作為也開始重視了。）

馬漢之後獲得海軍少將史蒂芬・魯斯賞識（美國海軍在十九世紀末從帆船轉型為輪船，在知識方面的推手就是魯斯），進入羅德島新港的海軍戰爭學院任教，起先擔任講師，並繼魯斯之後成為第二任院長，一連做了兩任。馬漢提出的理論在當年極為熱門，席奧杜・羅斯福等人都是他的忠實信徒。這些理論後來寫成一系列有關海權與歷史的經典著作，直到今天仍為人們仔細鑽研，美國進入二十一世紀的海權也仍以它們為理論基礎。馬漢晚年晉升海軍（退役）少將，後因心臟衰竭而逝，享年七十四歲。

馬漢的基本立論是，國家透過三個關鍵向量，經由在全球海洋上的發展而取得權力。這三個關鍵向量分別是生產（生產導致國際貿易與商務需求）、海運（包括商船與海軍艦艇）以及殖民地與聯盟關係（跨越全球，形成基地網路，從這些基地投射海權）。所有這三種基本概念直到今天仍然適用，不過需要稍加更新。我們會在下文做進一步討論。

除了這三個關鍵向量以外，馬漢並且反覆提出幾個原則性條件，認為一個國家能否有效發展與運用海權，取決於這些條件。第一個條件，也是最直截了當、最不可改變的就是地理。根據馬漢的說法，「一個國家的海岸是它的一處疆界；經由這處疆界通往界外地區——也就是海外地區——越是便利，人民利用這處疆界與全球交往的傾向也越大」。以美國為例，美國擁有廣大的海岸線，讓美國人可以直接進出大西洋、太平洋與北冰洋，以及南方的墨西哥灣與加勒比海。憑藉這種得天獨厚的地理條件，美國可以發展、利用海權，美國歷史也一再證明這一點。加上龐大的天然資源與相對溫和的氣候，美國營造海權的地理條件或許堪稱舉世無雙。

馬漢經常舉證的第二個、直到今天仍然重要的條件是海岸的實際規模。馬漢對這一點的說法很明確：「就海權的發展而言，關鍵不在於一個國家總共擁有多少平方英里，而在於它的海岸線有多長，以及它的港口優良不優良。」以潮水界線為標準，美國有十三萬三千公里海岸線，不僅奇長無比，而且幾乎所有海岸線都位於溫帶，從內陸輕鬆可及。這是全球數一數二最長的海岸線（順帶一提，測量海岸線是件有許多門道的事，本文引用的是世界資源研究所的數據）。根據這種標準，只有加拿大的海岸線比美國長，但加拿大的海岸線每年總有大部分時間冰封，使用不易。

馬漢並且認為，國家人口的多少，也是這個國家能不能運用海權的重要決定因素。人口在許多方面影響國家的命運，這情事在二十一世紀已經越來越彰顯。馬漢認為，所謂人口不單指人口數字，國民運用海洋的能力——包括造船，在船上工作，加入海軍與海岸防衛隊的意願等等——也非常重要。如馬漢所說，「跟在海後面的數字」很重要。與這些數字密切相關的是「人的性格」。就這方面而言，馬漢（像席奧杜・羅斯福總統一樣）篤信積極人生哲學，認為政府應鼓勵人民抱持商業冒險精神，在海上進取——特別要以經濟誘因鼓勵人民投入全球貿易。

根據馬漢的說法，「國家必須生產一些東西以便與外國貿易，這種對貿易的熱中，是國家在發展海權過程中最重要的個性。」他並且說，「似乎只須稍加回顧，我們就能證明，如果能除去立法機構的掣肘，能闢建更多企業獲利領域，海權自然應運而生。對商務的本能，大膽逐利的企業進取精神，以及不斷嘗試的勇氣，我們都已經具備；如果今後出現任何需要殖民的領域，美國人毫無疑問，自會秉持他們與生俱來對自治與獨立成長的熱愛全力以赴。」馬漢絕非羞於表達意見的人，他是不折不扣的資本主義信徒（老實說，他是帝國主義者），希望美國如同當時那些歐洲國家，以侵略手段在海外奪取殖民地。

馬漢強調的最後一項原則性條件是「政府個性」。他認為國家必須擁有海權，並在畢生著作中一再呼籲美國政府徹底了解海權的重要性。馬漢說，「能充分運用國民天賦特長的政府，無論投入任何一面看來都最能取得最成功的發展，就海權而言，全面秉持國民精神、發揮國民良知的政府，只要領導有方，就能締造最輝煌的成功。」在魯斯將軍與羅斯福等人大力支持下，馬漢積極鼓吹這套理論，他的構想不僅贏得美國、也贏得大西洋彼岸——包括英國與德國——決策人士的注意。

所有這一切基本條件當然都很重要，但馬漢的理論核心仍是打造一支強大艦隊：要在羅斯福麾下建立一支閃閃發光、規模龐大的艦隊，巡弋全球各地，在精挑細選的加煤站（就是今天我們所謂前進基地）加煤補給，耀武揚威，讓世界各國敬畏臣服。席奧杜・羅斯福那句「說話柔和委婉，但要手持大棒」名言中的「大棒」，指的就是這支艦隊。關鍵是要在艦隊戰鬥能力上超越對手——運用強大艦隊的機動力集中兵力，在決定性戰役中擊敗對手。

不過這一切的背後另有一套戰略概念：陸權大國或因對海權缺乏興趣，或因不了解海權重要性，或因為不具備地理、個性與進軍海洋的政治意願等基本條件，而只知強調在陸地用兵，最後都會遭到海權國家制服。首先以古希臘為例：雅典是海權國（同時也擁有相當強大的陸軍）。憑藉陸權與海權，雅典能在伯羅奔尼撒戰爭（Peloponnesian Wars）中壓制斯巴達（一個基本上只重陸權的國家）。主控希臘半島南端的斯巴達是一個「腹地」式大國，但經過一段時間，斯巴達人逐漸學到海權的教訓，也發現想與雅典有效競爭，就得建一支海軍。

再談大英帝國。一個幾乎沒有天然資源的小島國，怎能在全球那麼多地區稱霸？答案是透過海權的有效使用，建立「日不落」的殖民帝國。馬漢以英國憑藉海權崛起為例，為美國量身打造一項戰略，呼籲美國建立像英帝國當年那樣強大的艦隊與殖民帝國，利用美國海岸線與崇尚海洋冒險的精神，透過海軍行動，影響全球事務。馬漢說，英國由於能支配全球各地的海上交通線，而能挑戰德國／普魯士這類歐陸大國。

許多分析家以同樣這套脈絡分析美國與蘇聯之間的冷戰。蘇聯擁有巨型陸地兵力與地緣政治上的內陸優勢，（透過《華沙公約》）控有鄰近諸國，還有一套在對抗拿破崙、德皇威廉（Kaiser Wilhelm）與納粹德國的陸地大戰中建立的心態，是典型「腹地」式大國。與蘇聯對抗的美國則是一個海洋國——基本上是一個島國——擁有大海洋與地理位置的天然屏障，有一支強大的海軍，能（透過北約）與陸權盟國密切結合，使蘇聯無法完成支配「世界之島」（world island）的終極目標。「世界之島」一詞為地緣政治分析家哈福・麥金德（Halford Mackinder）所創，指的是整個歐亞大陸。麥金德說：「誰能統治東歐誰就能控有腹地；誰能統治腹地誰就能控有世界之島；誰能統治世界之島誰就能控有世界。」麥金德這幾句話，道盡馬漢對陸權大國支配全球的顧慮，也說明海權制衡陸權的重要性。

在二十一世紀的今天，我們得問一個重要問題：勢力、國際規範或科技的變化，是否大幅改變了馬漢提出的做法。我個人以為，對今天的美國，他的說法依然實際有效。在我們為國家訂定國際海洋策略的過程中，只須根據今天的世局略加調整，馬漢的觀點仍是不朽之見。

首先以馬漢的海權原則來說，他今天如果在世，會向總統提出什麼建議？

首先也最重要的一點是，他會強調美國必須自認是個海權國。換句話說，美國應該維持一支擁有合理規模的商船隊，一支強大、戰技精良的海軍，一個熱絡的造船工業，一支高水準的漁船隊，有效率的海港與基礎設施，擁有在北冰洋作業的破冰能力，以及在海岸線外進行大面積海洋監測的能力。

馬漢還會向今天的美國總統強調，美國必須為全球公海開放、暢通無阻的概念辯護——在公海通行與運輸的權利，《聯合國海洋法公約》的重要性（像今天美國海軍的幾乎每一位現役將領一樣，他會支持這項公約），以及沒有海盜、政治干預或自然障礙的安全通行權。對美國這樣的地緣政治強國而言，商品在海上暢通無阻（全球貿易有九五％透過海上運輸進行）非常重要。這意謂面對中國這類國家封鎖國際公海的企圖時，美國不能退縮。中國正在構建人工島，並根據「歷史主張」宣布擁有南中國海大部分水域。

馬漢建言的第三項關鍵要件，是在全球建立強有力的聯盟系統與夥伴關係。他當年設想的是殖民地，謝天謝地，殖民地如今已成過去式。我們今天需要的當然不是殖民地，而是強有力的聯盟關係，而最重要的聯盟關係自非北約莫屬。透過與北約的合作，美國可以穩妥而立即地進出位於歐洲周邊各地的基地，取用後勤支援，並且北上進入北冰洋。美國的戰艦可以在西班牙的羅塔（Rota）、希臘的蘇達灣（Souda Bay）、英國的樸茨茅斯（Portsmouth）、法國的土隆（Toulon）、德國的布里曼（Bremen），以及基本上所有二十八個北約盟國境內任何地方靠港。我在擔任海軍指揮官期間經常造訪盟國海港，在港內加油，讓官兵上岸度假，與盟國海軍友人會商，而且一般都能獲得盟國支援與補給。同樣的，我們在太平洋也與澳洲、紐西蘭、菲律賓、泰國、日本與南韓建有正式聯盟關係，這些盟國對我們的全球作業系統同樣重要。

除聯盟關係以外，對許多基於各種原因未能與美國締結正式盟約，但與美國關係友好的國家，美國需要建立一種積極的夥伴與朋友網路。屬於這一類的國家包括沙烏地阿拉伯、巴林、科威特、印度、馬來西亞、新加坡、芬蘭、瑞典、哥倫比亞、巴西、阿根廷、智利與祕魯。我曾造訪上述每一個國家的港口，而且都受到熱誠歡迎。這些夥伴與朋友也是我們全球海洋網路不可或缺的重要部分，我們應擁抱他們納入海洋戰略。將我們的盟國、夥伴與朋友結合在一起，就能建立非常強大的海軍力量——我們的全球海洋戰略必須以這種建立國際聯盟關係的做法為重心。

第四，馬漢很清楚，美國想在海上維持強大力量，民營企業扮演的角色也很重要。根據他的看法，最主要的關鍵就在於支持海洋產業與全球貿易能力。對美國而言，有效的全球海洋戰略另有一項要件，就是公民營業者的高度整合與合作。一個關鍵性例證是海上船隻動態情資的共享——包括消極透過全球定位系統（GPS）與相關信標系統，與主動報告的共享。特別是在麻六甲海峽、非洲東部與西部海岸，以及加勒比海等地面對潛在海盜活動威脅時，這類情資共享對於確保全球航運系統的開放與自由尤其重要。駐船保安小隊、船團作業、求救申報系統等作業規約，以及個別船隻上反制措施的交換是另一例子。全球海運系統——包括船隻、港口、起重機、浮標系統等等——每一層面如今都可能遭到網路攻擊，如何對抗這類攻擊，也因此成為美國政府與美國業者之間的共同責任。

馬漢對海權競爭對手崛起的問題也非常關注。在今天的世界，他會特別重視兩個國家：俄羅斯與中國。俄羅斯已經在軍事能力上重振旗鼓，今天正透過高度針對性計畫重建它的艦隊。雖說在艦艇總數上略遜美國一籌，但俄國艦隊在水面下的世界非常專精。馬漢在著作中雖沒有提到潛艇科技的驚人進展，但在他晚年，他一定已經知道潛艇對海戰不斷增加的潛在影響力。俄國人無疑對潛艇戰力深具信心，不斷擴大潛艇艦隊的數目、科技與作戰範圍——包括核動力與柴油動力潛艇，包括攻擊潛艇與彈道飛彈潛艇。中國也同樣在不斷加強遠洋艦隊的方方面面，並且把重心放在科技、水面下戰力（包括攻擊與防衛戰力）、用來對付美國航空母艦的長程艦對艦飛彈與長程陸基精準巡弋飛彈。馬漢會建議，美國應該密切注視這兩個潛在的海權競爭對手，維持擊敗兩國的能力。

馬漢會不會遺漏什麼？或誤判了什麼？

我認為，水面下作戰會成為海軍與海洋戰略關鍵性（有人說是決定性）要件是最讓馬漢意外的事。當然，還有核子推進科技的進步，使用這種科技的潛艇可以在海面下長期（幾個月）潛行，唯一能制約它潛行的因素只有船上的食物補給——它們可以自我推動，自製飲水與可供呼吸的空氣。今天潛艇的規模與能力也會讓馬漢震驚——馬漢臨終以前，小型柴油動力潛艇雖說已經問世，但今天的潛艇排水一萬九千噸，長達五百六十英尺，能夠發射足以毀滅大型城市的飛彈，在世界各地造成核子殺戮區，而且在整個行動過程中還能始終神不知鬼不覺地潛伏水中；這樣的事，就算是向以想像力豐富著稱的馬漢，恐怕也始料未及吧。

第二個意外：現代戰爭已經從特定軍種的戰事轉變為高度整合的陸、海、空聯合作戰。美國今天的作戰方式，極度仰賴各軍種（陸、海、空軍與陸戰隊）間的無接縫指管，仰賴各軍種都能交互使用的軍火，仰賴運用各個兵科創造「震懾」——飛彈發射，飛機臨空，海軍砲轟，陸戰隊登陸、飛往指定目標，陸軍重裝部隊緊隨在後……這一切讓敵軍感覺必敗無疑。對馬漢來說，海軍大體上只在海上作戰，目的無非與敵艦隊打一場大海戰，任務主要是海上巡邏，對陸地部隊實施再補給，不時還包括艦砲攻擊與運送陸戰隊搶灘。但艦隊任務基本上還是搜尋、摧毀敵艦隊，確保重要海上運輸線控制權。

他自然對網路的重要性也會一無所知。在馬漢寫作的那個年代，所謂資訊、指揮、通訊與電腦網路作戰的世界根本還不存在，馬漢當然不會想像它們的重要性。或許艦艇科技最大的變化就在於用電腦算程指揮控制武器，為武器帶來令馬漢難以想像的距離、精確度與殺傷力。當然，即時通訊科技的進步造成重大文化改變：在戰鬥過程中，擁有各式各樣情資的指揮體系對艦長的指令，遠遠不只是一種「有用的參考建議」而已。我想，這樣的改變，對於強調海軍指揮官應該在作戰過程中充滿信心、展現氣魄、搶占主攻的馬漢而言，不是什麼好消息。不過天下沒有不散的筵席，而且在今天的世界，艦長就算得接受一大堆作戰與戰略指導，對他（或她！）的作業仍享有一定程度的戰術控制。

此外，馬漢也不可能預測有一天太空與無人系統竟能整合進入海戰世界。海洋的廣大無垠總能為船艦帶來一種天然藏身所，而即使最優秀的航海家，如何在不留痕跡的海上行船也仍是一大挑戰。電子導航科技（例如無線電信標）在二十世紀中葉崛起，部署在飛機上的雷達，開始縮小過去未為人知的海域。人造衛星升空以後，全球定位系統成立，人類終於可以從高空有效為海洋世界繪圖。航海本身與海戰進行的方式也因此與過去大不相同——今天幾乎所有海軍武器，都仰賴至少部分來自全球定位系統的導航資訊。

最後一項令海軍少將馬漢稱奇的，是海底電纜越來越重要。海底電纜將整個世界結合在一起，造成一種我們每個人都仰賴的（名副其實的）海底溝通管道。二十一世紀海洋戰略家必須思考的另一重要問題是，海底有些什麼。除了各式各樣地理景觀——就像地表一樣，海底也有高山、峽谷、高原、平地等等——海底還有非常重要的電纜，它們當然是人造的，載著今天世界的巨量知識與商務。

在全球海洋的海底，就像眾多蛇群纏繞著地球一樣，有每天載運全球九九％國際電信的標準商用光纖電纜。它們以電光石火般的速度傳遞資訊：每秒鐘傳遞二兆兆位（terabit），包括每二十四小時將近五萬億美元的金融交易。所有這些重要資訊大部分透過約兩百條電纜輸送。

一名觀察家最近說：「儘管過去也曾一再提及，但絕大部分網際網路活動經由海底電纜輸送的事實，卻始終遭到社會大眾忽略。在擠滿各種東西的高空環軌飛行的人造衛星，跨洲際的微波塔，還有二十世紀建造的一百萬英里老式銅纜電話線——這一切總加起來載運的網際網路交通流量，與深海光纖電纜相比仍小得不成比例。」在思考光纖電纜今天扮演的角色與進一步加以提升的潛能時，我們得從願景與風險兩方面進行思考。

首先談風險——戰略家們已經逐漸明白這些電纜並不安全。它們鋪設於深海海底的事實固然可以提供一定保障，但根據報導，包括美國、俄國與中國等先進工業國都具備相當能力，能夠跟監、利用、損傷與破壞這些電纜。在冷戰期間，美國與蘇聯據信都曾攻擊位於同樣深度的反潛系統與陣列。

誠如史帝夫・溫茲（Steve Weintz）不久前在「國家觀察者」（National Observer）新聞網站所說：「如果你想打一場混合戰——用幾乎看不見的接戰手段進行顛覆與破壞——能夠隨心所欲在深海切斷海底電纜，能為你帶來一件非常有威力的武器。能切斷海底檢波網路，你能讓對手失去聽覺。能切斷網際網路電纜，你就擁有讓對手無法享用網際網路的終極武器。」

意外割損海底電纜以及因此造成資訊流失的事件當然不少。在二〇〇六與二〇〇八年，意外損毀海底電纜事件造成埃及、印度、中國與巴基斯坦幾個大國的網際網路服務停擺。所幸這種海底電纜相當堅實：它們一般都有兩英寸厚，電流填料的絕緣也做得很好。但要破壞它們也不難，特別是在從海中冒出海面的電纜頂端尤其如此。就在兩三年前，幾名泳者為抄近路，穿過一條一萬兩千五百英里長的主要電纜。整個埃及的網際網路速度因此暴跌了六〇％以上。

就整體而言，面對意外事件、船舶的錨拖經電纜、腐蝕以及低層次的攻擊等等層出不窮的挑戰，這種海底電纜系統都能安然過關。但一旦國家與跨國集團（如犯罪組織、恐怖分子）找出途徑，對它們進行大規模破壞時，真正的挑戰會出現。儘管今天有二百八十五條電纜已經藏在海底，還有二十二條「多餘」或「黑」電纜備用，容易遭到破壞的態勢很明顯。個別國家與國際組織應該集體思考災難應變之道，運用集體防衛保護這些電纜。

海底電纜有很多風險，但它為我們帶來的願景又如何？是否有新科技問世，供我們運用、加強這種能力？好消息是它有很好的前途、願景。

首先，資訊科技本身正在不斷改善——它也必須改善。不過兩三年前，網際網路人均資訊單位只有大約五ＧＢ，到二〇一八年將增到十四ＧＢ。有鑑於今後十年還會有數以十億計的裝置上網，問題十分顯然。所幸我們已能運用新調相（phase modulation）科技，並且改善所謂「海底線路終端裝備」（SLTE）。這種新科技能將資訊載運能力增加五十倍以上。此外，在使用無人系統、大數據分析與較好的材質以後，我們裝設、調整、維修與保養海底電纜的能力也不斷改善。

此外，有關如何利用海底電纜系統改善全球高速網際網路連網狀況的創意也越來越多。至少以目前而言，人造衛星不能解決問題。它們的訊號能力因延遲（latency）與位元損失（bit loss）而嚴重受限，而海底光纖電纜能以接近光速傳遞訊號（光纖電纜本就是光學裝備）。既如此，我們該怎麼做才能進一步發揮它們的功效？

一個構想是在空中與海面創建行動網路中心。空中的網路中心載具可以在四萬到五萬英尺高空運作，這樣的高度可以朝每一個方向進行距離達到兩百五十浬的廣播，還可以接收來自五百浬外的資料。海面行動網路中心是一種位於海底電纜上方的「立管」（risers）系統，可以將資料送到海面，供空中的網路中心取用。

這樣的系統當然從商業角度而言極為可行，但對於想尋求其他途徑傳送資料的軍事策畫人而言，它也極具價值。關鍵就在於，相對於人造衛星，這種系統的成本更低廉——就算將空中行動網路中心與「立管」中心的附加成本納入考量，就數量級（orders of magnitude）概念而言，仍比衛星系統低廉，而且速度快得多。從軍事角度而言，這是今天使用的骨幹衛星系統的一種後備系統。由於「立管」中心可以透過石油與天然氣業界平台目前使用的系統連線，這同時也是一種推動公民營事業夥伴關係的好辦法。

就像任何通信系統一樣，海底電纜有風險，也有可能為我們帶來回報。面對這樣一種全球通訊的重要環節，我們應該設法加強保護，找出更有創意的途徑發揮它的潛能。

如果這一切都能反映馬漢的思想，我們今天處於什麼態勢？在今天這個世界，這些經典理念與原則，是否與我們二十一世紀海權理念不可分割的新科技一樣重要？如果是簡答題，答案是「一樣重要」，不過有一定限度。

美國三大海洋軍種——海軍、陸戰隊與海岸防衛隊——的首長，在二〇一五年三月發表「二十一世紀海權合作戰略」，為美國如何肩負全球海洋戰略責任的問題，訂了一套前瞻進取、勇於參與的進程。時任海軍軍令部長的強納森・葛林納（Jonathan W. Greenert）將軍，陸戰隊司令、隨後晉升參謀首長聯席會議主席的小約瑟夫・鄧福（Joseph F. Dunford Jr.）將軍，以及海岸防衛隊司令保羅・祖康福（Paul F. Zukunft）將軍，在這套戰略中強調，為達成最大前進態勢，建立國防與國土安全所需戰力，各軍種能否加強合作的問題越來越重要。當這份文件在華府正式推出時，我曾與這三位將領交換意見。

這份文件的要旨不在貶低美國空軍與地面部隊的重要性：完全不是。它的要旨是，如何將海洋世界整合納入更廣的地緣政治範疇，以創建二十一世紀安全。

鳥瞰美國境內各處造船廠、港口設施、海軍艦艇、陸戰隊、海岸防衛隊以及特種部隊基地與兵站，當然看得出美國是一個全球海洋強國。從開國迄今，美國一直是個海權國。但我們往往忘了一件事：美國還有一套搭配所有這些能力的海洋戰略。三十年來，美國三大海洋軍種一直根據這樣的戰略擴大規模、部署型態與影響力，而且大體成功。

一九八六年，由於蘇聯海軍迅速擴張，對美國形成威脅，美國海軍與陸戰隊發表「海洋戰略」，旨在運用海洋兵力加上姊妹軍種與盟國兵力，以有利條件結束戰爭。這項戰略源自總統的指令──當時擔任海軍部長的約翰•雷曼（John Lehman）說，有人請隆納•雷根（Ronald Reagan）說明對冷戰的政策，雷根總統答道：「我們贏，他們輸。」就那麼簡單。

當時剛當上海軍少校（還是很低階的軍官）的我，在國防部擔任海軍軍令部長特別助理，也因此得以在「海洋戰略」訂定過程中扮演一個小角色。由於我新獲博士學位，當局認為我至少具備部分思考與寫作能力，於是在這項過程中派給我一項重責大任：為真正動筆的作者煮咖啡。這些作者都是資深海軍指揮官，不僅有學位，還有戰略企畫實戰經驗。不過就在陣陣咖啡濃香中，我學到許多戰略訂定之道，日後終於派上用場。

簡言之，這一切始於一種政治理念：要在戰略上推陳出新，「現在動手是好時機」。這類情事通常在高官（例如國防部長或海軍部長，或海軍軍令部長，或陸戰隊司令）上任時出現。有時當負面事件發生時，為轉移注意力，也會訂定新戰略。當局會選派一小群優秀軍官，其中幾人必須有從事這類工作的經驗。當局為他們撥出一間辦公室，再派一小組輔助人員（例如史塔萊迪少校），然後提出一個概念草案。

之後，草案得經國防部龐大的參謀團體審查，整個過程需要好幾個月。不同局處部門會設法將各自重點領域——如水面下作戰、電腦網路攻擊對航行的威脅、飛機與無人載具發動的戰術攻擊等等——的優先等級提升。經過許多討價還價與影響力角逐，角逐各方的層級也越來越高，直到起草領導人已經盡全力汲取各方「有益的反饋」之後，領導人會將這份綜合各方意見的概念草案提交決策人，假定是海軍軍令部長。權高位重的軍令部長獻上祝福，真正的苦工——撰寫戰略實際文字內容——於焉展開。

人若逮到機會對他人寫的文章進行審查，總是興高采烈、非改得體無完膚不肯罷休。等到審核小組終於完成一份真正的草案，包括句子、段落、標題等等都修整妥當以後，草案不僅要送交國防部各參謀部門、還要送交各艦隊傳閱。又有許多「有益反饋」傳回來，也又一次經過考慮（大部分考慮過後被拒）。一份體面的草案終於完成，可以「離開海軍（或陸戰隊）生命線」，正式送交國防部（老闆），非正式送交智庫（包括有影響力的思想家與作家，退休大人物等等）。

所有這一切一般需要九到十二個月時間，產品通常都能四平八穩、面面俱到，還往往能提出一些基本而有用的指導原則。一九八六年的「海洋戰略」是規模龐大、氣魄宏偉之作，很能展現海洋軍種的想像力。後續性戰略道路圖分別於一九九二、一九九四與二〇〇七年問世。蘇聯遠洋海軍帶來的龐大威脅消逝，根據一九九二年「……來自海上」(…From the Sea) 戰略指導原則，美軍的近岸作戰戰技更加熟練。(「來自海上」幾個字前面那三個點是刻意加上的，意在表示海軍的彈性。) 大部分仰賴海上商務運輸的世界經濟變得更加相互關聯。國家安全的挑戰範圍也越來越廣，舉凡大國間的戰爭、區域性衝突、國際恐怖主義、海盜與天然災害的應變救援等等都在考慮之列。只有一件事不變。每當新國際危機出現威脅到美國時，無論誰是總統都會問：「航空母艦在哪裡？陸戰隊在哪裡？」為什麼？因為航空母艦與陸戰隊是美國隨時可以動用、從海上出動的攻擊武力。

「二十一世紀海權合作戰略」就四個層面討論二〇一五年以降美國海洋軍種面對的挑戰與機會：

全球安全環境

前進介入與夥伴關係

支援國家安全的海權

兵力設計：打造未來的兵力

這項戰略在摘要中說明二〇〇七年以來的世局變化，然後詳加檢討：「今天的全球安全環境有以下特性：印度－亞－太地區重要性不斷增加；『反介入／區域阻絕』能力持續發展與部署，對我們的全球海洋進出形成挑戰；恐怖分子與犯罪網路不斷擴張、演化帶來的威脅；海上領土爭議越演越烈而且越來越頻繁；還有海洋商務——特別是能源運輸——遭到的威脅。」

中國海軍軍力、中國海軍進一步介入印度洋與太平洋、中國在領土主張方面越來越強硬，以及中國參與國際演習與災難援助任務等都是討論重點。就戰略角度而言，這些議題既是挑戰也是機會。但當然，這項戰略並非純以太平洋為主軸：歐洲仍然非常重要。

更多美軍船艦、飛機與陸戰隊兵力將在印度－亞－太地區作業。就廣義而言，如果海洋軍種的全球前進介入勢在必行，美國也必須與盟國以及全球各地友好國家擴大海軍與陸戰隊的企畫與作業。這種夥伴關係在承平時期能讓國際情勢更安定，一旦發生衝突能提高聯合作戰能力。同時，身為規範與執法機構，以及美國五大軍種之一的海岸防衛隊——憑藉已經與外國政府訂定的六十多項雙邊協定——也在擴大聯合作業能力，以對抗國際非法作業，進一步促進海洋情勢安定。

美國現在的海權需要保護美國本土、提供國家安全與制海權，必須擁有以下兵力：

海軍威力強大的航空母艦攻擊群（這種攻擊群以一艘巨型核動力航空母艦為核心，除艦載的航空聯隊以外，還配置一群護航的巡洋艦與驅逐艦）
兩棲特遣隊，以及艦上的陸戰隊
獨立作業或以小型戰術編隊集體行動的水面作戰艦艇與潛艇
海岸防衛隊具備合理戰鬥力的快艇

想成功遂行這項海洋戰略，美國必須能在所有領域全方位進出，也就是說，美軍作戰兵力無論在哪裡都能提供保護，在遭到外國挑戰的地區也能有效投入兵力、完成任務。套用海軍軍令部長葛林納的話：「我們必須能夠創造在任何領域進出的條件。這表示我們能改變預定計畫，協調在空中、海上、陸地、太空與網路領域的行動，找出適當的能力搭配，充分加以發揮利用，確保進出與行動自由權。」

在目前預算緊縮的條件下，美國必須建立「我們最大的非對稱優勢」——由訓練最精良、戰力最強的海軍、陸戰隊與海岸防衛隊官兵，組建有彈性、敏捷、隨時能派上用場的兵力。要建立這種優勢，美國必須擁有適度潛艇、航空母艦、兩棲作戰艦兵力，必須擁有進行嚇阻、海洋控制與兵力投射的水面戰鬥部隊，必須建立打擊恐怖主義、非法走私人口、毒品與槍械、打擊海盜、保衛自由航行的海洋安全體系。

這項新海權戰略從頭至尾反覆強調一個最重要的訊息：在今天的世界，海權比過去任何時間都更重要。當然這麼說並非意在削弱陸軍、空軍、特種作戰部隊與網路作戰部隊的重要性。但我們必須明白，美國將在今後幾年面對極端艱巨的國際威脅與挑戰。我們必須為海洋軍種提供所需物力與人力，這一點非常重要。而二十一世紀海權合作戰略對這個問題有很清楚的描述。

我在海軍服役近四十年，在這段漫漫歲月中，我投入過許多戰略計畫。與其他軍種一樣，海軍也在不斷嘗試新戰略。有時海軍會壯起膽子訂下真正大方案（二十世紀八〇年代的「海洋戰略」與因而展開的六百艘軍艦造艦計畫就是例子），有時只是小心翼翼、步步為營。如今二十一世紀動盪不堪的頭二十年已近尾聲，進行一些「藍天」（有人會說「藍海」）思考的時機已至。我們除了將海洋視為一條運輸商品的現成公路以外，仍然大體上對海洋漠視。美國如果想繼續繁榮強大，在這個世紀領導世界，就需要一套前後一貫的全國性戰略，而馬漢那些不朽的戰略原則——地理優勢、國家個性，以及對海洋潛力的敏銳感知——經過對今日世界的調整，應該是這項全國性戰略的要件。

最後需要思考的是，就戰略意義而言，我們應該如何從地理角度看待世上每一個大海洋。雖說在考慮海權本質時，我們得將各處海洋合為一個全球性公地，以便評估它們相互接合的力量，但基於歷史、文化、政治、經濟與軍事理由，我們必須從戰略角度對每一個海洋一一進行探討。

我們且先從世界海洋的「雙塔」——北大西洋與太平洋——著手。北大西洋與太平洋像兩個巨型守護神一樣，守護著美國本土兩側，提供距離優勢，讓美國得以免受來自世界其他各地的紛擾，一旦發生事端，還能為美國爭取因應準備的時間。美國自建國以來一直以敦睦南、北兩鄰的邦交為主要國策，而且也確實一直與加拿大和墨西哥建有絕佳的關係。加勒比海大體無害，美洲出現戰爭的可能性也很小。美國的戰略因此有三大關鍵：維持與美洲國家的和睦關係，特別是加拿大與墨西哥；確保足夠海權在北大西洋與北太平洋保有制海權；以及控制巴拿馬運河，提供美軍艦隊必要時「揮軍」出擊的能力。就實際作業來說，美國根據這些戰略造了三百五十艘大型戰艦，編成至少十二個航空母艦戰鬥群。三十年來，美國進行多次研究，一再驗證這些數字。

在二〇一二年大選期間，當共和黨總統候選人米特・羅姆尼（Mitt Romney）說我們需要至少擁有一定數量的船艦時，歐巴馬總統酸了他一句。當羅姆尼說，美國艦隊規模已經縮至幾十年來最小時（這是真的），歐巴馬指出，我們不再需要騎兵隊了（這也沒錯）。羅姆尼說得對，在談到軍艦時，量的本身就有屬於自己的質，大西洋與太平洋龐大無垠的水域也證明美國需要保有強大的艦隊。二〇一二年以來的事件——中國海軍崛起，俄國大舉造艦，作為比過去更加大膽，以及來自全球各地的威脅——使美國需要更多艦艇的論點更有說服力。美國必須擁有控制兩側海洋的絕對能力。我們今天還沒有遭遇嚴重挑戰，但如果我們忽視艦隊規模，一味縮減軍費開支，總有一天我們將無法隨意進出兩洋，與世界各地溝通往還。強大的艦隊是美國戰略的基石。

當然，我們在大西洋與太平洋駐有強大艦隊。

大西洋與太平洋艦隊各有一位四星海軍上將領軍，而且各有編號艦隊：太平洋艦隊下有第三艦隊，大西洋艦隊下有第二艦隊。第二與第三艦隊各有一名三星艦隊司令，奉大西洋與太平洋艦隊總司令之命行事。這兩位三星中將司令各有兩項重要任務：保護美國海岸與領海，以及大西洋與太平洋公海水域；進行訓練與演習，讓海軍艦艇能完成準備，調赴第六艦隊（地中海）、第五艦隊（阿拉伯／波斯灣）、第七艦隊（西太平洋與印度洋）與第四艦隊（拉丁美洲與加勒比海）出任務。這樣的結構目前仍然可行，不過再隔一段時間，印度洋作業需求增加，美國應考慮建立以印度洋為責任區的第八艦隊。我們現在還沒有為北冰洋建立艦隊的必要，不過應該為這塊極北之土保留「第九艦隊」編號。耐人尋味的是，美國海軍已經為電腦網路作戰指定了一個編號艦隊：第十艦隊。

繼北大西洋與太平洋之後，距美國最近的海當然就是加勒比海。加勒比海不僅是美國的「軟肚皮」，還是控制巴拿馬運河的海道。在美洲大陸進出的貿易絕大部分經由巴拿馬運河，美國必須控有這條水道。一九六二年，由於蘇聯意圖將載有核彈頭的飛彈運入古巴，美國險些與蘇聯開戰。這樣的武器出現在距離美國邊界這麼近的地方當然讓美國關切，但美國為此不惜一戰的理由其實很簡單：美國不能將加勒比海制海權拱手讓給其他國家。今天，每在思考加勒比海問題時，我比過去更加確定我們需要在加勒比海投入更多人力物力。

這個地區——加勒比海與拉丁美洲水域——是第四艦隊責任區。美國現代艦隊中成軍最晚的第四艦隊，總部設在北佛羅里達州，聽命於邁阿密的南方指揮部。當我在二〇〇六年以南方指揮部總司令身分抵達邁阿密時，美國還沒有專責加勒比海與拉丁美洲水域的艦隊。我得向大西洋艦隊總司令徵調部隊，但他自己也有許多需要完成的任務，不能隨時周全照顧這個地區的需求。我與時任海軍軍令部長的老友、也擔任過貝利號驅逐艦艦長的賈利・羅夫黑（Gary Roughead）上將合作，建了一個規模雖小，但具有象徵性重要意義的新指揮部：第四艦隊。

這個新指揮部的成立在加勒比海地區引起一些爭議，有些國家認為它代表美國帝國主義重回加勒比海。阿根廷、尼加拉瓜、特別是古巴（想當然爾）等左傾國家的各種報刊雜誌上開始出現挖苦我的漫畫，畫著一名頭戴戰盔的海軍上將手持長矛，刺穿南美洲的心臟。我在之後訪問拉美時，總是不斷解釋，第四艦隊的主要任務不是戰鬥，而是因應加勒比海地區的實際需求：人道援助、災害救濟、醫療外交、訓練與演習、保護巴拿馬運河不被破壞，以及打擊販毒。過去十年來，我這番苦口婆心總算有成，抗議聲浪已經消逝。但古巴領導人卡斯楚親自出馬，在古巴官方刊物《格拉瑪》（*Granma*）首頁對我發動人身攻擊的往事，至今仍掛在我心頭。

美國海軍設在關塔納摩灣的基地所以非常重要，原因就在這裡。我們必須從戰略意義上重建關塔納摩灣形象——就地緣政治角度而言，讓人將關塔納摩視為一處監禁恐怖分子的監獄是一項敗筆。今天的關塔納摩是後勤與訓練基地，是美國海軍在加勒比海與南大西洋的任務中心。這個地區颶風、地震與其他天然災害頻傳，每在災害發生後，美軍可以從關塔納摩灣發動大規模人道援助、救災與醫療救助行動。關塔納摩灣是美國從古巴租來的（不過卡斯楚政權認為這項租約不合法，也一直未曾將租金支票兌現）。

美國與古巴的「關係正常化」就整體而言是件好事，因為比起幾十年來對古巴實施的禁運，關係正常化對古巴政權形成的自由化壓力可能更大。隨著時間不斷消逝，它能逐漸帶來幫古巴人民實現潛能的效果。如蒙上帝垂憐，它最後總能加強古巴的民主化運動，以正面積極的方式為美洲最後一個獨裁政權畫上句點。

在今後五年，卡斯楚政權與它在美洲的夥伴（委內瑞拉、尼加拉瓜、厄瓜多爾、玻利維亞等）會加緊向美國施壓，要美國關閉關塔納摩灣海軍基地，將基地還給古巴。它們會說：你要交還巴拿馬運河，關閉設在其他地方（例如厄瓜多爾）的基地，未經地主國政府同意不得派駐軍隊。如果與古巴的關係「正常」，為什麼古巴不能得到同樣待遇？

解決這個問題的一個辦法是，美國將關塔納摩灣視為美國領導的國際行動的前進中心。透過古巴與美國的合作，美國海軍關塔納摩灣基地可以：

- 一旦發生颶風與地震，重創加勒比海地區時，推動大規模救災行動
- 推動人道援助作業，協助地方當局建立診所與學校，開發乾淨飲用水水源
- 進駐醫院船與訓練船，投入民生改善專案與教育
- 貯存救災補給物資——為這個目的而設的大型設施已經存在
- 與西礁島（Key West）的「聯合跨部會特遣隊」（Joint Interagency Task Force）聯手打擊毒品活動

所有這些工作都需要與古巴進行謹慎談判，需要美國同意繼續為相關活動提供大筆經費，需要其他夥伴（巴西、哥倫比亞與墨西哥）的合作。由於除非關塔納摩聯合特遣隊（關塔納摩監獄設施的指揮機構）撤離，其他國家參與的可能性很小，美國可能還得關閉這處監獄設施。而所有這一切都是非常複雜的問題。

但將關塔納摩海軍基地國際化的構想確實可行，還可以讓美國與古巴攜手合作，推動

正面積極的方案。所幸美洲和平無虞，美國需要利用這座基地進行戰鬥任務的機率基本為零。我們應該透過集體合作，用關塔納摩海軍基地解決這個地區真正的問題：貧窮、自然災害、發展與毒品。

從美國本土再往前行，有兩個「前進海洋」最為重要：地中海與南中國海。這兩個海的周邊都有許多美國盟國與友邦，也都各自面對各式各樣來自內部與外來的挑戰。

對地中海來說，從敘利亞海岸到利比亞，最危險的挑戰是刻正來自所謂伊斯蘭國暴力極端主義分子的壓力。此外還有來自俄羅斯的壓力。俄國一直設法保有在地中海的基地，並且從最近兼併的烏克蘭地區的克里米亞基地繼續向南方擴張。北約盟國與友邦需要美國提供援手，進駐這個地區。

巡弋地中海是第六艦隊的職責。第六艦隊駐在義大利，有一艘旗艦與幾艘水面戰艦（一般都是神盾級〔AEGIS〕導向飛彈驅逐艦與巡洋艦），一旦有需求，還可以取得從印度洋與波斯灣穿過蘇伊士運河北上的航空母艦與兩棲戰備部隊的支援。過去幾年發生的事件顯示，東地中海像南中國海一樣也是多事海域。我們因此應該擴大第六艦隊規模，在地中海保有一支至少有十艘戰艦的常設艦隊（目前我們一般只駐有兩、三艘）。

在南中國海，我們同樣也需要與盟國（韓國與菲律賓，以及南中國海北方的日本）以及友邦（越南、台灣、馬來西亞與新加坡）密切合作。我們目前在日本常駐一個航空母艦攻擊群，這支兵力應該繼續維持。我們需要以關島或日本為基地，增加我們在這個地區的潛艇兵力。要在南中國海維持均勢，美國海軍需要在這個地區進行前進部署。

在南中國海的北方，我們也需要一個海洋部署計畫，以備有一天對付北韓。首先談談為什麼這麼做。北韓很可能是全世界最危險的國家——他們有少量核武器，正在發展彈道飛彈，不久就能具備發動遠程攻擊能力，而且不時進行核試爆，不斷展現使用武力的意願。北韓有嚴重營養不良問題，巨額人均監獄人口，沒有民主接班手段，與南鄰大韓民國有領土爭議。北韓還經常威脅美國、日本與其他國家，說他們妨害到北韓的經濟與政治目標。綜上所述，基於北韓的行為模式，以及北韓境內基本事實，我們須訂定計畫對付這個被國際社會遺棄的國家。

首先，國際社會應該大幅提升對北韓的制裁。伊朗只因為追求核武器就遭到嚴厲制裁，北韓已經擁有這種武器，還進行沒有必要的核試爆，遭到的制裁為什麼反而較輕？美國國會不久前通過一項較嚴厲的修正制裁案，讓美國可以追蹤國際現金帳戶，懲罰與北韓有任何交道的銀行——這是其他國家也應跟進的重要一步。日本很可能也會對北韓實施新的、更強烈的制裁。東北亞地區其他國家，特別是中國，也應效法。

另一計畫要項是建立適當飛彈防禦能力，特別是在南韓與日本。這表示美國應將最先進的「終端高空防禦」（Terminal High Altitude Area Defense）、簡稱「薩德」（THAAD）

的反飛彈系統運交兩國。有鑑於日、韓境內駐有數以萬計美軍與他們的家屬，「薩德」的進駐不僅符合地主國利益，也符合美國利益。美國、南韓與日本應該合作出資，部署這種高性能反飛彈系統：它有遠超過兩百公里的射程，可以用八倍音速以上高速有效終結來襲飛彈。中國會不高興（中國認為薩德至少部分以中國的系統為對象），但為了其他國家，中國也必須接受。或許中國會因此對平壤採取更強硬的立場，那也是一件好事。（註：南韓已於二〇一七年完成薩德的部署。）

事實上，想壓制金正恩，許多地方得靠北京。雖說金正恩對中國的態度充其量也只能說是曖昧不清，但中國享有實際經濟操控大權。美國應該鼓勵中國運用這種經濟控制手段，而且如果必要，對付北韓的制裁也應該適用於與北韓打交道的中國銀行與企業。

除了薩德以外，美國應該部署更多先進「愛國者」防空（Patriot Air Defense）與神盾海基防空系統，以保衛南韓與日本。南韓與日本已經都部署了愛國者，日本並且有裝備神盾系統的戰艦；不過這些系統可以現代化，三國應該進行聯合演習與訓練，將它們整合納入一種統一的區域性飛彈防衛系統。

此外，在電腦網路世界，美國與其盟國還有許多事可以做。雖說北韓以極度難以滲透出名（因為北韓仔細過濾它與網際網路的連線），但為了特殊安全功能，北韓確實也使用部分網際網路，而且它的軍隊也仰仗一種以電腦為基礎的骨幹，而這骨幹雖說不易滲透，但並非銅牆鐵壁、滴水不漏。我們應該與南韓以及日本的電腦專家密切合作，積極運用電腦發動攻勢，破壞北韓武器項目，在北韓關鍵性基礎設施植入跟監裝置，讓我們在必要時可以攻擊北韓的發電設施，可以反制北韓對南韓的攻擊。北韓已經透過網路電路對美國公司「索尼影業」（Sony Pictures）發動攻擊，毀了數以百萬美元計的裝備，還公開數以千計的索尼內部電子郵件，對索尼的商譽與利益造成重創。

就額外軍事戰備而言，美國應該竭盡所能在空防與海洋合作領域與南韓和日本連線。空中與海上的合作有助於形成對北韓的嚇阻力量，與美國已經部署在朝鮮半島的強大地面軍力相互呼應。美國應該由聯合參謀本部主持，每年在東北亞舉行專門針對北韓與北韓威脅的大規模演習。演習項目也應該包括強大的電腦網路作業。

最後，儘管事情發展令人沮喪而且充滿凶險，我們仍須盡可能保持與北韓的溝通手段。雖說想與北韓進行有成果的談判似乎是緣木求魚，但我們仍應保持對話暢通——不過要小心，以免墜入北韓慣用的那一招老套：幹下壞事，談判；在食物、燃料與制裁問題上讓步，但繼續幹壞事。這已經成了北韓一種司空見慣、讓人無計可施的無賴循環。我們與中國的合作或許能在這裡發揮效果——中國若不干預，對北韓施以經濟手段，任何與北韓的談判都不可能有成果。

索尼影業因拍攝取笑金正恩的《刺殺金正恩》（*The Interview*）一片而遭駭客攻擊。

片中的金正恩肥頭大耳，狀至可笑，但金正恩對東亞地區是當前一項確切的威脅。他有可能在全球經濟心腹重地的東亞挑起重大危機，而且這種危險性正不斷升溫。我們必須下定決心，透過經濟、軍事與外交集體行動加以反制。

所有這些活動都在美國歷年來規模最大、戰力也最強的第七艦隊責任區內。第七艦隊需要裝備最先進的武器系統，包括神盾級戰艦上的反飛彈科技，需要航空母艦大舉進駐（至少要有兩艘航母，一艘常駐日本，另一艘在太平洋巡弋），需要強大的陸戰隊兵力（分駐沖繩與關島），需要「戰略核三角」（nuclear triad，註：指核導彈潛艇、戰略轟炸機與洲際彈道飛彈）中最有存活力的核導彈潛艇嚇阻中國，需要強大的特種部隊與電腦網路部隊支持。第七艦隊總部仍應設在我們在東亞地區最堅強盟國的日本，還需要在太平洋各地保有一連串基地。最主要的幾個基地可以設在日本本島，南朝鮮半島與沖繩。此外，美國還應至少透過合作協議談判，在菲律賓建一處小規模據點（菲律賓國會似乎準備批准，讓美軍重回歷史性的蘇比克灣），在澳洲北部（可能在達爾文）、假以時日還在越南建立基地。美國與新加坡有非常強大的防衛關係，使用新加坡境內基地對美國至為重要。

距離美國最遠的大洋，是不折不扣、位於世界彼端的印度洋。美國在印度洋的戰略，首先也是最重要的，就是必須將新興超級強國印度納入考量。我們必須在外交、文化、軍事、政治上竭盡所能加強與印度的關係。其中海洋領域的合作尤為重要，這類合作項目包括：與印度海軍進行一系列新的演習與訓練；促銷先進海軍硬體裝備，特別是水面戰艦的神盾戰鬥系統；核潛艇作業合作；與印度和日本進行以印度洋周邊反海盜作業為主軸的海軍演習；推動印度洋的海洋科學外交方案。

除了與印度密切合作以外，紐西蘭與澳洲也是我們在印度洋的重要盟國。澳洲由於有巨型海岸線，而且其中很長一段是印度洋「水岸」，地緣戰略重要性自不在話下。英國繼續保有狄耶戈加西亞，在阿拉伯／波斯灣也駐有兵力，我們自然也不能在當地缺席。

阿拉伯／波斯灣仍將是美國非常重要的水道，印度洋與阿拉伯／波斯灣之間的聯繫，將成為海洋事務上的一條「熱」縫。美國必須在這個地區繼續維持一支大型海軍艦隊（第五艦隊）。美國必須一天二十四小時、每週七天不斷，在這個地區保有一個航空母艦攻擊群（包括一艘核動力航空母艦與幾艘神盾導向飛彈護衛艦），這樣的兵力是基本需求。此外，最好還能在這裡進駐一支陸戰隊遠征隊（也叫做遠征攻擊群）。陸戰隊遠征隊的兵力包括三艘大型兩棲攻擊艦，艦上配置一支經過特殊訓練的加強遠征隊（約有一千名陸戰隊員，配備飛機，能高速運動）。我們還應該在阿拉伯／波斯灣擁有強大的掃雷與特種部隊戰力。這個地區顯然還會繼續紛擾多事，鑑於從這裡轉運的全球碳氫燃料數量之巨，美國必須與聯盟夥伴合作以保持阿拉伯／波斯灣暢通。

最後還有北冰洋。對美國的戰略而言，這處世界頂端的戰略地形已經越來越重要。美國在處理這塊「極北之土」的問題時，第一項也是最重要的一項要務是，必須擁有足夠破冰船。這也就是說，我們要訂定一項購買（或租用）破冰船的戰略計畫。根據絕對最起碼的要求，美國想在北冰洋推動一貫性的海洋戰略，至少要有四艘重型與四艘中型破冰船。所幸，華府幾乎每個人都同意我們需要破冰船，而且現在就需要。我們的全球海洋戰略應該有一個破冰船專項。

此外，我們必須在北冰洋建立更多運輸與探險基礎設施（包括道路、港口與機場）。雖說我們已經有了一些設施，而且也計畫造一些新設施，二〇一五至二〇一六年油價下挫已經使施工腳步放緩。除了建在岸上的基礎設施以外，我們還需要可以用於緊急搜救、環保災難反應與科研工作的海基結構。我們可以在外海油田與天然氣平台基本結構上建立這類海上基礎設施，一旦碳氫燃料價格回穩，還可以針對在北冰洋開採天然資源的公司徵稅，為這些項目提供經費。

美國海軍沒有指派艦隊進駐北冰洋，而且目前也無此必要。最好的做法是將北冰洋列為海岸防衛隊的重點關注地區，而以國防部為後援。

其他還有什麼？南大西洋與南太平洋相對安全，我們可以將它們視為「軍力戰略經濟」適用地區。簡單說，這表示我們不需要在這兩個地區部署常駐艦艇或永久性基地。我們只須不時派艦在兩地巡弋，展示國力，進行軍方對軍方接觸即可，不須派駐強大部隊。

總括言之，馬漢當年訂下的許多原則今天顯然仍然適用——我們仍然需要前進基地、需要強大的艦隊與安全穩固的後勤（不過不再需要那麼多煤了）。但我們可以在馬漢這套理論上做幾項加註：國際（包括北約盟國與非正式聯盟夥伴）、跨部會（特別是與海岸防衛隊），以及公－民營事業的合作。美國需要這項三百五十艘戰艦的二十一世紀全球海洋戰略，這是一項有伸縮彈性、美國負擔得起的戰略，它能為美國帶來硬實力與軟實力選項，它是一種針對海洋事務的「巧實力」做法。

美國將不斷走在對海員個人非常重要、同時具有極端地緣政治重要性的海洋上。畢竟美國是一個與海洋為鄰，靠全球商務、國際市場、漁捕、碳氫外海油井，與世界海洋戰略水道欣欣向榮的大島國。沒有海洋，少了駕馭海洋的能力，美國國力一定大幅縮水。美國在二十一世紀能不能一帆風順，是否具備暢行海洋（就字面與象徵性兩種意義而言）的能力是決定性要件。在寫這本書之初，我就相信，萬海歸宗的構想除了有一種航海與了解海洋的深度個人情懷之外，還有一種關鍵性地緣戰略意義。總歸而言，一切似乎已經明顯：想達到我們對我們國家與世界前途的願景與夢想，美國的海洋特性仍將是必不可缺的要件。讓我們揚帆出海，讓我們的船帶著我們進入不見陸地的一片汪洋。我們倚著窄窄甲板，凝望深海永恆，任憑浪濤翻滾，海風強勁！因為我們知道，我們是一個靠海權與海員謀得安全與繁榮的國家。

謝啟

首先，我在二〇一五至二〇一六學年的研究助理麥特・梅里吉（Matt Merighi）與麥肯吉・史密斯（McKenzie Smith），分別為有關太平洋與大西洋的第一與第二章貢獻心力。傑瑞米・韋金斯（Jeremy Watkins）中校協助完成第九章有關戰略問題的構想，還為第一章有關太平洋武器競賽的部分提供數據資料。

這本書的若干材料來自我過去發表的文章，它們大多來自《外交政策》（*Foreign Policy*）、《華爾街日報》（*The Wall Street Journal*）、《日經亞洲評論》（*Nikkei Asian Review*）、《訊號雜誌》（*Signal magazine*）與美國海軍研究所《院刊》（*Proceedings*），經過這些報刊同意而再版。當然，它們都是我的原創作品。特別是，本書第一章（太平洋專章）在結尾時使用的部分材料，以我在二〇一五年為日經／金融時報寫的一篇專欄為基礎。在為第三章（印度洋專章）寫結尾時，我用了二〇一四年為《外交政策》寫的一篇專欄的部分材料。第四章（地中海專章）的最後一段以我二〇一五年發表在《外交政策》上的一篇文章為基礎。第五章（南中國海專章）有幾段文字，以我二〇一五年在《外交政策》與《日經亞洲評論》發表的幾篇文章為基礎。第六章有一些材料來自我二〇一五年發表在《外交政策》上的一篇專欄。第九章有關海底電纜與新海洋戰略的一些材料則來自《訊號雜誌》。

比爾‧哈勞（Bill Harlow）上校是與我相交三十多年的密友與同事，他一直極力支持我，為我提供建議，還為這本書的編審工作效力頗多。

友人、書商安德魯‧韋萊（Andrew Wylie）支持這本書的寫作構想，幫著說服企鵝蘭登書屋（Penguin Random House）一頭栽進來，出版這本講來講去都是水的書。

現在在企鵝出版社（Penguin Press）擔任編輯的史考特‧摩耶斯（Scott Moyers）想出這個架構，打動我，要我接受挑戰，寫這本個人色彩非常濃厚、討論主題也極廣的書。

甚至在截稿日期逼近，我們的週末也顯得有些緊張兮兮時，我的妻子蘿拉像往常一樣，一直無怨無悔為我帶來無盡關愛與支持。

書中一切事實、內容或想像情景的錯誤當然唯我是問。

我將這本書獻給所有海員：上帝保佑，願他們都能乘風破浪，海闊天空，暢遊天地之間。

參考資料

非小說

Admiral Bill Halsey: A Naval Life by Thomas Alexander Hughes (Cambridge, Mass.: Harvard University Press, 2016)

America and the Sea: A Maritime History edited by Benjamin W. Labaree, et al. (Mystic, Conn.: Mystic Seaport Press, 1998)

The Anarchic Sea: Maritime Security in the 21st Century by Dave Sloggett (New York: Hurst, 2014)

Arctic Dreams by Barry Lopez (New York: Scribner, 1986)

Asia's Cauldron: The South China Sea and the End of a Stable Pacific by Robert D. Kaplan (New York: Random House, 2014)

Atlantic by Simon Winchester (New York: HarperCollins, 2013)

Atlantic History: Concept and Contours by Bernard Bailyn (Cambridge, Mass.: Harvard University Press, 2005) (Web)

Atlantic Ocean: The Illustrated History of the Ocean That Changed the World, by Martin Sandler (New York: Sterling, 2008)

Bitter Ocean: The Battle of the Atlantic, 1939–1945 by David Fairbank White (New York: Simon & Schuster, 2006)

Black Sea by Neal Ascherson (London: Jonathan Cape, 1995)

Blue Latitudes: Boldly Going Where Captain Cook Went Before by Tony Horwitz (New York: Picador, 2003)

Box Boats: How Container Ships Changed the World by Brian Cudahy (New York: Fordham University Press, 2006)

"Charting a New Course for the Oceans: A Report on the State of the World's Oceans, Global Fisheries and Fisheries Treaties, and Potential Strategies for Reversing the Decline in Ocean Health and Productivity" by William Moomaw and Sara Blankenship (Medford, Mass.: The Center for International Environment and Resource Policy, The Fletcher School of Law and Diplomacy, Tufts University, 2014)

Cod: A Biography of the Fish That Changed the World by Mark Kurlansky (New York: Walker, 1997)

The Cruise of the Snark, by Jack London (New York: Macmillan, reprint, 1961; 1939)

The Discoverers by Daniel Boorstin (New York: Vintage, 1983)

Dreadnought: Britain, Germany, and the Coming of the Great War by Robert K. Massie (New York: Random House, 1991)

Facing West by John C. Perry (Westport, Conn.: Praeger, 1994)

Gift from the Sea by Anne Morrow Lindbergh (New York: Pantheon, reprint, 1991; 1955)

Globalization and Maritime Power, edited by Sam J. Tangredi (Honolulu: University Press of the Pacific, 2011)

The Great Ocean: Pacific Worlds from Captain Cook to the Gold Rush, by David Igler (New York: Oxford University Press, 2013)

The Great Pacific Victory from the Solomons to Tokyo, by Gilbert Cant (New York: The John Day Company, 1946)

Great Wall at Sea: China's Navy Enters the 21st Century by Bernard Cole (Annapolis, Md.: USNI Press, 2011)

Guns, Germs, and Steel: The Fates of Human Societies by Jared Diamond (New York: Norton, 1999)

The Indian Ocean in World History by Edward A. Alpers (New York: Oxford University Press, 2014)

In the Heart of the Sea: The Tragedy of the Whaleship Essex by Nathaniel Philbrick (New York: Viking, 2000)

Inventing Grand Strategy and Teaching Command: The Classic Works of Alfred Thayer Mahan Reconsidered by Jon Sumida (Baltimore: Johns Hopkins University Press, 1997)

The Log from the Sea of Cortez by John Steinbeck (New York: Penguin Classics, reprint, 1995; 1951)

Longitude: The True Story of a Lone Genius Who Solved the Greatest Scientific Problem of His Time by Dava Sobel (New York: Walker, 1995)

Maritime Economics by Martin Stopford (New York: Routledge, 1997)
The Mediterranean and the Mediterranean World in the Age of Philip II, 2 vols., by Fernand Braudel (New York: Harper, 1972)
The Mediterranean in History edited by David Abulafia, (London: Thames and Hudson, 2003)
Mirror of Empire: Dutch Marine Art of the Seventeenth Century edited by George Keyes (Cambridge, UK: Cambridge University Press, 1990)
Monsoon: The Indian Ocean and the Future of American Power by Robert Kaplan (New York: Random House, 2010)
Ocean: An Illustrated Atlas by Sylvia Earl and Linda Glover (New York: National Geographic Press, 2008)
The Oxford Encyclopedia of Maritime History edited by John Hattendorf (Oxford and New York: Oxford University Press, 2007)
Pacific Ocean, by Felix Riesenberg (New York and London: Whittlesey House, McGraw-Hill, 1940)
The Pacific Theater: Island Representations of World War II, 8 vols, by Geoffrey M. White and Lamont Lindstrom (Honolulu: University of Hawaii Press, 1989)
The Polynesian Journal of Captain Henry Byam Martin, R.N., by Henry Byam Martin (Salem, Mass.: Peabody Museum of Salem, 1981)
The Price of Admiralty by John Keegan (New York: Viking, 1983)
Principles of Maritime Strategy by Julian Corbett (Mineola, N.Y.: Dover Publications, 1911)
The Quiet Warrior: A Biography of Admiral Raymond Spruance, by Thomas Buell (Annapolis, Md.: USNI Press, reissued 2013)
The Rise and Fall of the Great Powers by Paul Kennedy (New York: Random House, 1987)
The Sea and Civilization: A Maritime History of the World by Lincoln Paine (New York: Alfred A. Knopf, 2013)
The Sea Around Us by Rachel Carson (Oxford and New York: Oxford University Press, reprint, 1991; 1951)
Seapower by E. B. Potter (Annapolis, Md.: USNI Press, 1972)
Seapower: A Guide for the Twenty-First Century by Geoffrey Till (New York: Routledge, 2013)

Seapower as Strategy: Navies and National Interests by Norman Friedman (Annapolis, Md.: Naval Institute Press, 2001)

The Sea Power of the State by S. Gorshkov (New York: Pergamon Press, 1979)

Sovereign of the Seas by David Howarth (New York: Atheneum, 1974)

Villains of All Nations: Atlantic Pirates in the Golden Age by Marcus Rediker (Boston: Beacon Press, 2004)

Voyage of the Beagle by Charles Darwin (New York: Penguin Classics, reprint, 1989; 1839)

小說及傳說故事

The Caine Mutiny Court Martial by Herman Wouk—the stress of men at sea in a small minesweeper during World War II.

The Cruel Sea by Nicholas Monserrat—convoy duty in the North Atlantic during World War II, with lessons in leadership and coping with tragedy.

Lord Jim by Joseph Conrad—mistakes made at sea and their impact on a young life.

Master and Commander, the Novels of Patrick O'Brian by Patrick O'Brian—a series of twenty brilliant sea novels that take the reader deep into the lives of Captain Jack Aubrey and his seagoing surgeon, Stephen Maturin.

Moby-Dick by Herman Melville—in Captain Ahab's fevered search for the Great White Whale, we find the greatest sea story of all in the ill-fated voyage of the *Pequod*.

The Odyssey by Homer—a journey across the wine-dark sea from victory at Troy through a long decade returning home to Ithaca.

The Old Man and the Sea by Ernest Hemingway—Santiago the fisherman's fight with the huge fish and then the sharks is the stuff of legends, and a metaphor for life itself.

The Open Boat by Stephen Crane—survival at sea in the most challenging circumstances.

The Secret Sharer by Joseph Conrad—a sea captain's imaginary stowaway; or is he real? The sea can make men and women mad, especially those with the loneliness of command as part of their burden.

The Ship by C. S. Forester—a day in the life of a World War II destroyer in the Mediterranean, full of timeless observations of the sailor's life.

Toilers of the Sea by Victor Hugo—fishermen, salvage crews, battles with creatures of the deep.

Two Years Before the Mast by Richard Henry Dana Jr.— a weak-eyed college student ships out and discovers the life of a sailor in the nineteenth century.

全球視野81

海權爭霸：世界7大海洋的歷史與地緣政治，全球列強戰略布局與角力

2018年8月初版　　定價：新臺幣450元

著者	James Stavridis
譯者	譚天
叢書編輯	王盈婷
校對	馬文穎
內文排版	林婕瀅
封面設計	兒日
編輯主任	陳逸華

出版者	聯經出版事業股份有限公司
地址	新北市汐止區大同路一段369號1樓
編輯部地址	新北市汐止區大同路一段369號1樓
叢書主編電話	(02)86925588轉5316
台北聯經書房	台北市新生南路三段94號
電話	(02)23620308
台中分公司	台中市北區崇德路一段198號
暨門市電話	(04)22312023
台中電子信箱	e-mail：linking2@ms42.hinet.net
郵政劃撥	帳戶第0100559-3號
郵撥電話	(02)23620308
印刷者	文聯彩色製版印刷有限公司
總經銷	聯合發行股份有限公司
發行所	新北市新店區寶橋路235巷6弄6號2樓
電話	(02)29178022

總編輯	胡金倫
總經理	陳芝宇
社長	羅國俊
發行人	林載爵

行政院新聞局出版事業登記證局版臺業字第0130號

本書如有缺頁，破損，倒裝請寄回台北聯經書房更換。　ISBN 978-957-08-5153-3 (平裝)
聯經網址：www.linkingbooks.com.tw
電子信箱：linking@udngroup.com

Map illustrations by Jeffrey L. Ward unless otherwise credited.

國家圖書館出版品預行編目資料

海權爭霸：世界7大海洋的歷史與地緣政治，全球列強戰略布局與角力／James Stavridis著．譚天譯．初版．新北市．聯經．2018年8月（民107年）．376面．14.8×21公分（全球視野：81）
譯自：Sea power: the history and geopolitics of the world's oceans
ISBN 978-957-08-5153-3（平裝）

1.海權　2.地緣政治　3.歷史

592.2　　107011945